程 杰 曹辛华 王 强 主编

中国花卉审美文化研究丛书

03

梅 文 学 论 集

程 杰 著

北京燕山出版社

图书在版编目（CIP）数据

梅文学论集 / 程杰著 . -- 北京 : 北京燕山出版社，
2018.3
ISBN 978-7-5402-5115-4

Ⅰ . ①梅… Ⅱ . ①程… Ⅲ . ①梅花－审美文化－研究
－中国②中国文学－文学研究 Ⅳ . ① S685.17
② B83-092 ③ I206

中国版本图书馆 CIP 数据核字 (2018) 第 087835 号

梅文学论集

责 任 编 辑： 李涛
封 面 设 计： 王尧
出 版 发 行： 北京燕山出版社
社　　　址： 北京市丰台区东铁营苇子坑路 138 号
邮　　　编： 100079
电 话 传 真： 86-10-63587071（总编室）
印　　　刷： 北京虎彩文化传播有限公司
开　　　本： 787×1092 1/16
字　　　数： 314 千字
印　　　张： 27.3
版　　　次： 2018 年 12 月第 1 版
印　　　次： 2018 年 12 月第 1 次印刷
ISBN 978-7-5402-5115-4
定　　　价： 800.00 元

版权所有　侵权必究

内容简介

本论集为《中国花卉审美文化研究丛书》之第3种。收录论文15篇，论述梅花意象及其象征意义的发生，宋代咏梅文学繁盛状况，咏梅六大基本范式，咏梅典故与经典话语，杜甫、林逋、苏轼、龚自珍等名家咏梅事迹及成就，青梅的文学意义等。

作者简介

　　程　杰，1959 年 3 月生，江苏泰兴人。1975 年中学毕业，回乡务农。1978 年考入南京师范学院中文系，1985 年古代文学专业研究生毕业，获文学硕士学位，留校任教。1993 年任副教授，1994 年获文学博士学位，1995 年任硕士生导师。1999 年起任南京师范大学文学院研究员、博士生导师，2011 年起改任教授。著有《北宋诗文革新研究》《宋代咏梅文学研究》《梅文化论丛》《中国梅花审美文化研究》《中国梅花名胜考》《梅谱》（编辑校注），另与王三毛合作点校《全芳备祖》。

《中国花卉审美文化研究丛书》前言

所谓"花卉",在园艺学界有广义、狭义之分。狭义只指具有观赏价值的草本植物;广义则是草本、木本兼而言之,指所有观赏植物。其实所谓狭义只在特殊情况下存在,通行的都应为广义概念。我国植物观赏资源以木本居多,这一广义概念古人多称"花木",明清以来由于绘画中花卉册页流行,"花卉"一词出现渐多,逐步成为观赏植物的通称。

我们这里的"花卉"概念较之广义更有拓展。一般所谓广义的花卉实际仍属观赏园艺的范畴,主要指具有观赏价值,用于各类园林及室内室外各种生活场合配置和装饰,以改善或美化环境的植物。而更为广义的概念是指所有植物,无论自然生长或人类种植,低等或高等,有花或无花,陆生或海产,也无论人们实际喜爱与否,但凡引起人们观看,引发情感反应,即有史以来一切与人类精神活动有关的植物都在其列。从外延上说,包括人类社会感受到的所有植物,但又非指植物世界的全部内容。我们称其为"花卉"或"花卉植物",意在对其内涵有所限定,表明我们所关注的主要是植物的形状、色彩、气味、姿态、习性等方面的形象资源或审美价值,而不是其经济资源或实用价值。当然,两者之间又不是截然无关的,植物的经济价值及其社会应用又经常对人们相应的形象感受产生影响。

"审美文化"是现代新兴的概念,相关的定义有着不同领域的偏倚和形形色色理论主张的不同价值定位。我们这里所说的"审美文化"不具有这些现代色彩，而是泛指人类精神现象中一切具有审美性的内容，或者是具有审美性的所有人类文化活动及其成果。文化是外延，至大无外，而审美是内涵，表明性质有限。美是人的本质力量的感性显现，性质上是感性的、体验的，相对于理性、科学的"真"而言；价值上则是理想的、超功利的，相对于各种物质利益和社会功利的"善"而言。正是这一内涵规定，使"审美文化"与一般的"文化"概念不同，对植物的经济价值和人类对植物的科学认识、技术作用及其相关的社会应用等"物质文明"方面的内容并不着意，主要关注的是植物形象引发的情绪感受、心灵体验和精神想象等"精神文明"内容。

将两者结合起来，所谓"花卉审美文化"的指称就比较明确。从"审美文化"的立场看"花卉"，花卉植物的食用、药用、材用以及其他经济资源价值都不必关注，而主要考虑的是以下三个层面的形象资源：

一是"植物"，即整个植物层面，包括所有植物的形象，无论是天然野生的还是人类栽培的。植物是地球重要的生命形态，是人类所依赖的最主要的生物资源。其再生性、多样性、独特的光能转换性与自养性，带给人类安全、亲切、轻松和美好的感受。不同品种的植物与人类的关系或直接或间接，或悠久或短暂，或亲切或疏远，或互益或相害，从而引起人们或重视或鄙视，或敬仰或畏惧，或喜爱或厌恶的情感反应。所谓花卉植物的审美文化关注的正是这些植物形象所引起的心理感受、精神体验和人文意义。

二是"花卉"，即前言园艺界所谓的观赏植物。由于人类与植物尤其是高等植物之间与生俱来的生态联系，人类对植物形象的审美意识可以说是自然的或本能的。随着人类社会生产力的不断提高和社会财富的不断积累，人类对植物有了更多优越的、超功利的感觉，对其物色形象的欣赏需求越来越明确，相应的感受、认识和想象越来越丰富。世界各民族对于植物尤其是花卉的欣赏爱好是普遍的、共同的，都有悠久、深厚的历史文化传统，并且逐步形成了各具特色、不断繁荣发展的观赏园艺体系和欣赏文化体系。这是花卉审美文化现象中最主要的部分。

三是"花"，即观花植物，包括可资观赏的各类植物花朵。这其实只是上述"花卉"世界中的一部分，但在整个生物和人类生活史上，却是最为生动、闪亮的环节。开花植物、种子植物的出现是生物进化史的一大盛事，使植物与动物间建立起一种全新的关系。花的一切都是以诱惑为目的的，花的气味、色彩和形状及其对果实的预示，都是为动物而设置的，包括人类在内的动物对于植物的花朵有着各种各样本能的喜爱。正如达尔文所说，"花是自然界最美丽的产物，它们与绿叶相映而惹起注目，同时也使它们显得美观，因此它们就可以容易地被昆虫看到"。可以说，花是人类关于美最原始、最简明、最强烈、最经典的感受和定义，几乎在世界所有语言中，花都代表着美丽、精华、春天、青春和快乐。相应的感受和情趣是人类精神文明发展中一个本能的精神元素、共同的文化基因；相应的社会现象和文化意义是极为普遍和永恒的，也是繁盛和深厚的。这是花卉审美文化中最典型、最神奇、最优美的天然资源和生活景观，值得特别重视。

再从"花卉"角度看"审美文化"，与"花卉"相关的"审美文化"则又可以分为三个形态或层面：

一是"自然物色"，指自然生长和人类种植形成的各类植物形象、风景及其人们的观赏认识。既包括植物生长的各类单株、丛群，也包括大面积的草原、森林和农田庄稼；既包括天然生长的奇花异草，也包括园艺培植的各类植物景观。它们都是由植物实体组成的自然和人工景观，无论是天然资源的发现和认识，还是人类相应的种植活动、观赏情趣，都体现着人类社会生活和人的本质力量不断进步、发展的步伐，是"花卉审美文化"中最为鲜明集中、直观生动的部分。因其侧重于植物实体，我们称作"花卉审美文化"中的"自然美"内容。

二是"社会生活"，指人类社会的园林环境、政治宗教、民俗习惯等各类生活中对花卉实物资源的实际应用，包含着对生物形象资源的环境利用、观赏装饰、仪式应用、符号象征、情感表达等多种生活需求、社会功能和文化情结，是"花卉"形象资源无处不在的审美渗透和社会反应，是"花卉审美文化"中最为实际、普遍和复杂的现象。它们可以说是"花卉审美文化"中的"社会美"或"生活美"内容。

三是"艺术创作"，指以花卉植物为题材和主题的各类文艺创作和所有话语活动，包括文学、音乐、绘画、摄影、雕塑等语言、图像和符号话语乃至于日常语言中对花卉植物及其相应人类情感的各类描写与诉说。这是脱离具体植物实体，指用虚拟的、想象的、象征的、符号化植物形象，包含着更多心理想象、艺术创造和话语符号的活动及成果，统称"花卉审美文化"中的"艺术美"内容。

我们所说的"花卉审美文化"是上述人类主体、生物客体六个层面的有机构成，是一种立体有机、丰富复杂的社会历史文化体系，包含着自然资源、生物机体与人类社会生活、精神活动等广泛方面有机交融的历史文化图景。因此，相关研究无疑是一个跨学科、综合性的工作，需要生物学、园艺学、地理学、历史学、社会学、经济学、美学、文学、艺术学、文化学等众多学科的积极参与。遗憾的是，近数十年相关的正面研究多只局限在园艺、园林等科技专业，着力的主要是园艺园林技术的研发，视角是较为单一和孤立的。相对而言，来自社会、人文学科的专业关注不多，虽然也有偶然的、零星的个案或专题涉及，但远没有足够的重视，更没有专门的、用心的投入，也就缺乏全面、系统、深入的研究成果，相关的认识不免零散和薄弱。这种多科技少人文的研究格局，海内海外大致相同。

我国幅员辽阔、气候多样、地貌复杂，花卉植物资源极为丰富，有"世界园林之母"的美誉，也有着悠久、深厚的观赏园艺传统。我国又是一个文明古国和世界人口、传统农业大国，有着辉煌的历史文化。这些都决定我国的花卉审美文化有着无比辉煌的历史和深厚博大的传统。植物资源较之其他生物资源有更强烈的地域性，我国花卉资源具有温带季风气候主导的东亚大陆鲜明的地域特色。我国传统农耕社会和宗法伦理为核心的历史文化形态引发人们对花卉植物有着独特的审美倾向和文化情趣，形成花卉审美文化鲜明的民族特色。我国花卉审美文化是我国历史文化的有机组成部分，是我国文化传统最为优美、生动的载体，是深入解读我国传统文化的独特视角。而花卉植物又是丰富、生动的生物资源，带给人们生生不息、与时俱新的感官体验和精神享受，相应的社会文化活动是永恒的"现在进行时"，其丰富的历史经验、人文情趣有着直接的现实借鉴和融入意义。正是基于这些历史信念、学术经验和现实感受，我们认为，对中国花卉审美文化的研究不仅是一项十分重要的文化任务，而且是一个前景广阔的学术课题，需要众多学科尤其是社会、人文学科的积极参与和大力投入。

我们团队从事这项工作是从 1998 年开始的。最初是我本人对宋代咏梅文学的探讨，后来发现这远不是一个咏物题材的问题，也不是一个时代文化符号的问题，而是一个关乎民族经典文化象征酝酿、发展历程的大课题。于是由文学而绘画、音乐等逐步展开，陆续完成了《宋代咏梅文学研究》《梅文化论丛》《中国梅花审美文化研究》《中国梅花名胜考》《梅谱》（校注）等论著，对我国深厚的梅文化进行了较为全面、系统的阐发。从 1999 年开始，我指导研究生从事类似的花卉审美文化专题研究，俞香顺、石志鸟、渠红岩、张荣东、王三毛、王颖等相继完成了荷、杨柳、桃、菊、竹、松柏等专题的博士学位论文，丁小兵、董丽娜、朱明明、张俊峰、雷铭等 20 多位学生相继完成了杏花、桂花、水仙、蘋、梨花、海棠、蓬蒿、山茶、芍药、牡丹、芭蕉、荔枝、石榴、芦苇、花朝、落花、蔬菜等专题的硕士学位论文。他们都以此获得相应的学位，在学位论文完成前后，也都发表了不少相关的单篇论文。与此同时，博士生纪永贵从民俗文化的角度，任群从宋代文学的角度参与和支持这项工作，也发表了一些花卉植物文学和文化方面的论文。俞香顺在博士论文之外，发表了不少梧桐和唐代文学、《红楼梦》花卉意象方面的论著。我与王三毛合作点校了古代大型花卉专题类书《全芳备祖》，并正继续从事该书的全面校正工作。目前在读的博士生张晓蕾及硕士生高尚杰、王珏等也都选择花卉植物作为学位论文选题。

以往我们所做的主要是花卉个案的专题研究，这方面的工作仍有许多空白等待填补。而如宗教用花、花事民俗、民间花市，不同品类植物景观的欣赏认识、各时期各地区花卉植物审美文化的不同历史情景，以及我国花卉审美文化的自然基础、历史背景、形态结构、发展规律、民族特色、人文意义、国际交流等中观、宏观问题的研究，花卉植物文献的调查整理等更是涉及无多，这些都有待今后逐步展开，不断深入。

"阴阴曲径人稀到，一一名花手自栽"（陆游诗），我们在这一领域寂寞耕耘已近20年了。也许我们每一个人的实际工作及所获都十分有限，但如此络绎走来，随心点检，也踏出一路足迹，种得半畦芬芳。2005年，四川巴蜀书社为我们专辟《中国花卉审美文化研究书系》，陆续出版了我们的荷花、梅花、杨柳、菊花和杏花审美文化研究五种，引起了一定的社会关注。此番由同事曹辛华教授热情倡议、积极联系，北京采薇阁文化公司王强先生鼎力相助，继续操作这一主题学术成果的出版工作。除已经出版的五种和另行单独出版的桃花专题外，我们将其余所有花卉植物主题的学位论文和散见的各类论著一并汇集整理，编为20种，统称《中国花卉审美文化研究丛书》，分别是：

1.《中国牡丹审美文化研究》（付梅）；

2.《梅文化论集》（程杰、程宇静、胥树婷）；

3.《梅文学论集》（程杰）；

4.《杏花文学与文化研究》（纪永贵、丁小兵）；

5.《桃文化论集》（渠红岩）；

6.《水仙、梨花、茉莉文学与文化研究》（朱明明、雷铭、程杰、程宇静、任群、王珏）；

7.《芍药、海棠、茶花文学与文化研究》（王功绢、赵云双、孙培华、付振华）；

8.《芭蕉、石榴文学与文化研究》（徐波、郭慧珍）；

9.《兰、桂、菊的文化研究》（张晓蕾、张荣东、董丽娜）；

10.《花朝节与落花意象的文学研究》（凌帆、周正悦）；

11.《花卉植物的实用情景与文学书写》（胥树婷、王存恒、钟晓璐）；

12.《〈红楼梦〉花卉文化及其他》（俞香顺）；

13.《古代竹文化研究》（王三毛）；

14.《古代文学竹意象研究》(王三毛);

15.《蘋、蓬蒿、芦苇等草类文学意象研究》(张俊峰、张余、李倩、高尚杰、姚梅);

16.《槐桑樟枫民俗与文化研究》(纪永贵);

17.《松柏、杨柳文学与文化论丛》(石志鸟、王颖);

18.《中国梧桐审美文化研究》(俞香顺);

19.《唐宋植物文学与文化研究》(石润宏、陈星);

20.《岭南植物文学与文化研究》(陈灿彬、赵军伟)。

我们如此刈禾聚把，集中摊晒，敛物自是快心，乱花或能迷眼，想必读者诸君总能从中发现自己喜欢的一枝一叶。希望我们的系列成果能为花卉植物文化的学术研究事业增薪助火，为全社会的花卉文化活动加油添彩。

程　杰

2018 年 5 月 10 日

于南京师范大学随园

目 录

梅花意象及其象征意义的发生

一、引言：由果到花，由实用到审美

众所周知，梅花至赵宋一代成了文学中最为重要的意象和题材之一，今天我们有关梅花美的认识、信念，梅花的人格象征意义都是到宋代成熟、定型的。宋代咏梅臻于极盛，使宋人有资格反思、评判以往咏梅之不足，其中杨万里《洮湖和梅诗序》中的一段话是说得较为全面的："梅之名肇于炎帝之经，著于说命之书、召南之诗，然以滋不以象，以实不以华也。岂古之人皆质而不尚其华欤？然'华如桃李''颜如舜华'，不尚华哉！而独遗梅之华，何也。至楚之骚人，饮芳而食菲，佩芳馨而服葩藻，尽掇天下之香（草）嘉禾，以苾芬其四体，而金玉其言语文章，盖远取江篱杜若而近舍梅，岂偶遗之欤，抑亦梅之未遭欤？南北诸子如阴铿、何逊、苏子卿，诗人之风流至此极矣，梅于是时，始一日以花闻天下，及唐之李、杜，本朝之苏、黄，崛起千载之下，而蹢籍千载之上，遂主风月花草之夏盟，而梅于其间始出桃李兰蕙而居客之右，盖梅之有遭未有盛于（此）时者也。然色弥章而用弥晦，花弥利（而）实弥钝也。梅之初服，岂其端使之然哉，前之遗，今之遭，信然欤！"① 这段话清晰地勾勒了梅花由"晦"而"闻"，由

---

① 杨万里《诚斋集》卷七九，《四部丛刊》本。方回《瀛奎律髓》卷二〇"梅花类"题序对诗书至六朝的咏梅情况有更详细的论列。

"果"为世用至"花"为审美时尚的演进变化。所谓"说命之书、召南之诗",前者指《尚书·说命下》"若作和羹,尔惟盐梅"一语,为殷商高宗任命傅说为相的话,意在说明治国如烹饪,盐咸梅酸,贵在调适和合。后者指《诗经·召南·摽有梅》:"有梅摽,其实七兮。求我庶士,迨其吉兮。"以梅子成熟起兴隐喻男女相爱当及时行动,不可磨蹭。这两处梅之喻兴,后世作为典故,极其流传,但一以"滋",一以"实",都是梅树(果实)的实用价值。从人类认识史的一般规律来看,生物学的、经济的价值总是先为其他种类的价值提供最为便当的隐喻①,因而人们首先注意的是梅树的果实,引以谈情说理。当人们注意到梅花之花时,则完全是一副超功利的、审美的眼光。梅花之以花闻是魏晋以后的事。《西京杂记》:"汉初修上林苑,群臣各献名果,有候梅、朱梅、紫花梅、同心梅、紫蒂梅、丽友梅。"②这是西汉的事,但这众多品种到底是因为花"奇"还是果"异"而入贡禁苑尚难以确定。魏晋以来,梅花作为一种普通的、常见的花木开始为人们所欣赏、种植。园艺史家们常引用晋宋以来开始出现的咏梅诗赋来证明当时"梅始以花闻天下"③,我们却不能作同样的反证。梅花之写入诗赋,并作为专题描写的对象,本身即说明人们的"审梅"爱好已具有一定的水平。咏梅文学有了这一开端,隋唐五代持续发展,至宋代则形成高潮,奠定了中国人关于梅花的基本审美观。梅花之最终上升为重要的文化象征,主要地是由文学领域造成的。这里我们讨论魏晋南北朝隋唐五代之际梅花之作为文学意象和题材的历史,这一时期可以看作是宋代咏梅大潮

---

① 参考英·贡布里希《艺术中价值的视觉隐喻》,载《艺术与人文科学——贡布里希文选》,范景中编选,浙江摄影出版社1989年版。
② 徐坚《初学记》卷二八,《影印文渊阁四库全书》本。
③ 陈俊愉《一树独先天下春——梅花》,载《名花拾零》,农业出版社1987年版。

前的漫长积累，其间又明显地分为两个阶段：一是魏晋南北朝及隋朝；二是唐五代，尤其是中唐以来。

图 01　梅花，鱼飞摄。其花瓣洁白素淡，幽香沁脾，苏子卿《梅花落》写道："只言花似雪，不悟有香来。"（本论集插图均为此次出版新增。以下凡从网络引用图片，除查实作者或明确网站外，余均只称"网友提供"。因本论集为学术论著，所有图片均为学术引用，非营利性质，所以不支付任何报酬，敬祈谅解。对图片的摄者、作者和提供者致以最诚挚的敬意和谢意）

二、魏晋南北朝咏梅文学渐起

众所周知，汉末魏晋以来，中国文化进入"人的自觉""文的自觉"时代。人的生活、人的情感及其文学表现得到了重视，随着抒情思潮的深入发展，自然万物被逐步引入文学表现的视野。诗人们的心灵越来越精细，越来越敏感于自然物色的刺激，为其所吸引、骚动、兴奋与颤栗，表见于文学作品，则是越来越倾向于从"日暮思亲友，晤言用自写"①的直言其慨发展为"远望令人悲，春气感我心"②的感物起情。梅花正是在这样的大背景下，与其他许多草木鳞羽一起走进诗国的"万花筒"的。

图02　绿萼梅是梅中名品，花洁萼绿，尤为幽雅。南宋范成大《梅谱》："绿萼梅，凡梅花跗（fū）蒂皆绛紫色，惟此纯绿，枝梗亦青，特为清高，好事者比之九疑仙人萼绿华……人间亦不多有，为时所贵重。"此图网友提供。

梅花首先是作为春天的一种意象出现的。魏晋之际诗人们对春的

① 阮籍《咏怀诗八十二首》之十七，逯钦立辑校《先秦汉魏晋南北朝诗》，中华书局1988年版，上册，第500页。
② 阮籍《咏怀诗八十二首》之十一，逯钦立辑校《先秦汉魏晋南北朝诗》，上册，第498页。

感应初始仍主要从大处着眼，从阳气，从春风，从万物复苏的角度来把握："阳升土润，冰涣川盈。余萌达壤，嘉木敷荣。"①"欣此暮春，和气载柔。""三春启群品，寄畅在所因。仰望碧天际，俯磐绿水滨。"②逐渐地诗中写到了柔桑、杨柳、江芷、桃杏、飞鸟等，后来才用梅来表示。晋清商曲辞《子夜四时歌七十五首·春歌》："杜鹃竹里鸣，梅花落满道。燕女游春月，罗裳曳芳草。""梅花落已尽，柳花随风散。叹我当春年，无人相要唤。"③"梅花落"成了春光韶华流逝的象征，与夏荷、秋霜、冬雪成了四时代表性的意象。

　　集中突出地标举、运用这一意象的是乐府《梅花落》的拟作。《梅花落》，魏晋乐府曲调，属横吹曲。横吹曲本军中之乐，马上所奏④，与《折杨柳》大致同出于中原地区，魏晋以来流行。据载，《折杨柳》"其曲有兵革苦辛之辞"⑤，《梅花落》魏晋古辞不存，料其乐曲主题应与《折杨柳》相近，属于征人睹物感春思归之歌调。现存《梅花落》都是南朝宋、齐以下文人拟作，最早的是宋鲍照一篇："中庭杂树多，偏为梅咨嗟。问君何独然，念其霜中能作花，露中能作实，摇荡春风媚春日。念尔

---

① 闾丘冲《三月三日应诏诗二首》，逯钦立辑校《先秦汉魏晋南北朝诗》，上册，第749页。

② 王羲之《兰亭诗二首》，逯钦立辑校《先秦汉魏晋南北朝诗》，中册，第895页。

③ 逯钦立辑校《先秦汉魏晋南北朝诗》，中册，第1043页。

④ 郭茂倩《乐府诗集》卷二一："横吹曲，其始亦谓之鼓吹，马上奏之，盖军中之乐也。北狄诸国，皆马上作乐，故自汉已来，北狄乐总归鼓吹署。其后分为二部，有箫笳者为鼓吹，用之朝会、道路……有鼓角者为横吹，用之军中，马上所奏者是也。"引《乐府解题》曰："汉横吹曲，二十八解，李延年造。魏晋已来，唯传十曲：一曰《黄鹄》，二曰《陇头》，三曰《出关》，四曰《入关》，五曰《出塞》，六曰《入塞》，七曰《折杨柳》，八曰《黄覃子》，九曰《赤之扬》，十曰《望行人》。后又有《关山月》《洛阳道》《长安道》《梅花落》《紫骝马》《骢马》《雨雪》《刘生》八曲，合十八曲。"

⑤ 郭茂倩《乐府诗集》卷二二引《宋书·五行志》。

零落逐寒风，徒有霜华无霜质。"[1]托物言志，通过对"梅花落"的感念怜惜，表现才秀人微、旷废无用的身世之感。稍后陈吴均《梅花落》："终冬十二月，寒风西北吹。独有梅花落，飘荡不依枝。流连逐霜彩，散温下冰澌。何当与春日，共映芙蓉池。"[2]也是纯然咏本题，完全可以看作一首咏物诗。

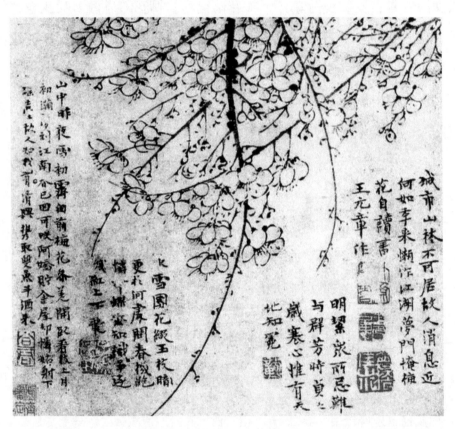

图03　［元］王冕《墨梅图》（局部）。纸本墨笔，纵67.7厘米，横25.9厘米，上海博物馆藏。

在南朝后期（梁、陈）艳情诗、宫体诗风流行的背景里，《梅花落》

① 逯钦立辑校《先秦汉魏晋南北朝诗》，中册，第1278页。
② 逯钦立辑校《先秦汉魏晋南北朝诗》，中册，第1721页。

多与女性相联系，主题添加了闺怨的内容，因而情调上与汉魏乐府民歌多言征夫思妇之苦、晋子夜四时歌多村姑恋歌的传统稍见沿袭沟通，但此时诗中所谓的"闺"已非成人之妇、乡村少女，而是金闺粉泽、宫中佳丽，"闺怨"而近乎"宫怨"，所写梅花也多是"庭梅""园梅""阶梅"，标明是贵族、宫廷园林所植，诗歌整体气质与乐府民歌的风格相去较远。倒是后来唐人拟作《梅花落》，虽然数量不多，与南朝相比，明确回归征夫思妇之苦，如卢照邻《梅花落》开篇"梅岭花初发，天山雪未开"，结言"匈奴几万里，春至不知来"。中唐刘方平《梅花落》。"小妇今如此，长城恨不穷。莫将辽海雪，来比后庭中。"有意识地追摹汉魏乐府传统，更切合《梅花落》"兵革苦辛之辞"的主题本色。在南朝诸家《梅花落》乐府诗中，陈朝江总的一首值得一提，江总共有三首《梅花落》，两首五言，一言闺情，一略涉边地的背景，第三首则出以七言歌行，气局开阔，内容上以梅花纷开纷落为背景，描写长安"少年""佳人"游春赏花之生活，情绪偏于欢快热烈，无论主题还是风格都有所突破。

《梅花落》之外，南朝时期数量更多的是直接的咏梅赋梅之作：齐谢朓《咏落梅诗》，梁何逊《咏早梅诗》、萧纲《雪里觅梅花诗》《春日看梅花诗》、王筠《和孔中丞雪里梅花诗》、萧绎《咏梅诗》、庾信《梅花诗》、阴铿《雪里梅花诗》、陈谢燮《早梅诗》等近十首。这些文人五言咏梅之作与乐府《梅花落》的写作是同时的事，有些诗人既用乐府体，也写五言古体。与《梅花落》中的情况一样，所咏也多庭梅园树。与乐府《梅花落》中不同的是，乐府体有着以"梅花落"表现征夫怨妇这一民歌曲调传统主题的影子，而五古咏物虽然也不乏闺怨的含思与措语，但表现兴趣集中在钻研草木、力构形似。选材的角度不拘一格，或咏早芳，或咏落花，或写雪中觅梅，或写折梅赏枝，侧重于图形写貌，主要摹写梅花为众芳之先、映雪冲寒、枝叶色香等方面的形象和物理特征。有些作品不乏成功之笔，其巧言切状、思致精妙为后人所称道。如萧绎《咏梅》五言小诗："梅含今春树，还临先日池。人怀前岁忆，花发故年枝。"①就梅花开于岁尾年交的特点进行构思，不只写花，更有人情，两相映印，语短思巧，意味隽永。阴铿《雪里梅花诗》："从风还共落，照日不俱销。"写雪与梅之异同，虽用意略嫌胶着，语亦平淡，但体现了比较见精神的写物思路。陈苏子卿《梅花落》中的名句"只言花似雪，不悟有香来"，也是采用了这一思路，抓住了梅花与雪花的异同，在似与不似的比较感悟中，揭示了梅花在色、香两方面的鲜明特征，成了千古警言。

综观这一阶段的咏梅赋梅之作，无论是情感取向还是写物艺术，都可以用萧纲的《梅花赋》作为代表。其写梅曰："梅花特早，偏能识春。或承阳而发金，乍离席而被银。吐艳四照之灵，舒荣五衢之路。既玉缀而珠离，且冰悬而雹布。叶嫩出而未成，枝抽心而插故。摽半落而飞空，香随风而远度。"从花期、色香、枝叶等方面着笔，包括了同时赋梅最为基本的视角。其写情曰："重闺佳丽，貌婉心娴，怜早花之惊节，讶春光之遣寒。""春风吹梅长落尽，贱妾为此敛蛾眉。花色持相比，恒愁恐失时。"②以春花之香丽拟佳人之娇美，因春花之零落，感韶华之飘忽，怨美人之失时。这几乎在全世界范围里具有普遍性的文学表现模式，也正是梅花之作为文学意象和题材的表情功能。当然，在诸花色中，梅花是有其优势的，何逊《咏早梅诗》诗曰："兔园标物序，

---

① 逯钦立辑校《先秦汉魏晋南北朝诗》，下册，第2057页。
② 严可均校辑《全上古三代秦汉三国六朝文》全梁文卷八，中华书局1958年版，第2997页下。（以下凡引用此著，均省略版本信息。）

8

惊时最是梅。"梅花在后人总结的"二十四番花信风"中，居诸花最首，是春天的第一使者，因而极易引起注意。其花开早，其落也早，"梅花落"景象最早为乐府民歌所采用，可能就因其特别"煽情"。梅花开早落早的"物色"特征，比其他花品更容易为诗人引作时序迁逝的表征、春恨春愁的起因，梅花意象的情感喻意也因而高度集中于这一点。

无论是乐府代言体，还是文人五言咏物诗，梅花意象都主要地与女性的生活、情感、形象相联系。南朝文学中诗人咏梅的兴趣多是"有色"的，艳情的，对梅花美的认识和描写也多是肤浅的，甚至是无谓的。这里面既有题材发生之初技巧把握上的稚嫩，更重要的是此间文学创作大气候的影响。齐梁以来艳情诗、咏物诗的流行，导致了咏梅诗的出现，同时也决定了"审梅"的情趣意向。当然这一阶段也出现了少数不同流俗的作品，如前面所言鲍照的《梅花落》托物言志、江总之写都市风情。另外,据载为隋炀帝宫女侯夫人所作的《春日看梅诗二首》也值得注意："砌雪无消日，卷帘时自颦。庭梅对我有怜意，先露枝头一点春。""香清寒艳好，谁惜是天真。玉梅谢后阳和至，故与群芳自在春。"[①]虽属闺情，但非代言，不仅语言较少着"色"，意境也清新脱俗。第一首以一枝特写镜头，见春色之早、人情之喜；第二首赞叹梅花"香清寒艳"，是为"天真"本色，已略具品格称美之意向。这一意向在中唐以后，尤其是入宋以后大肆发展，此时只是偶露端倪。

---

① 逯钦立辑校《先秦汉魏晋南北朝诗》，下册，第 2739 页。

三、唐五代作品渐多认识渐高

入唐以来咏梅之作渐多，尤其是中唐以来（安史之乱以后），诗人咏梅的机缘明显增加。整个唐五代，现存各类咏梅或以梅花为主要内容的诗（包括拟古题《梅花落》）76 首，咏梅词 2 首，赋 1 篇①。

初盛唐时，诗人咏梅仍主要沿袭六朝风格，或作乐府体，如卢照邻、杨炯、宋之问等人的《梅花落》，或咏物，如李峤《百咏》中的《梅》诗。李峤《百咏》包含着技巧演示的意味，它几乎用了此前发生的有关梅花的重要典故：庾岭、南枝、梅花妆、梅梁、望梅止渴等，南朝的咏梅诗中已有用典的先例，如张正见《梅花落》"周人叹初摽，魏帝指前林"，但不似如此全然出于组织拼凑②。一些作品沿袭六朝闺怨主题，风格意境则有所改进，如孟浩然《早梅》、蒋维翰《春女怨》等。后者："白玉堂前一树梅，今朝忽见数花开。儿家门户寻常闭，春色因何入得来。"③运意轻巧，语言清新自然，与六朝诗风格迥异，意境略胜。

初盛唐也开始出现一些全新背景下写成的作品，有了具体的情景机缘。如初唐王适的《江边梅》："忽见寒梅树，开花汉水滨。不知春色早，疑是弄珠人。"④大概是一次旅途中睹花惊艳心理体验的记录，显示了走出闺阁，走向江山，即景写生的新鲜气息。张说《幽

---

① 宋璟《梅花赋》，不见于宋初编成的《文苑英华》《唐文粹》，南宋周密等人疑为伪托。
② 关于咏梅诗赋典故形成沿袭的过程当俟专文梳理，此处不及细究。
③ 《全唐诗》，上海古籍出版社 1986 年缩印扬州诗局本，第 335 页。
④ 《全唐诗》，第 228 页。

州新城作》(开元六年)："去岁荆南梅似雪，今年蓟北雪如梅。共知人事何常定，且喜年华去复来。"[1]卢僎《十月梅花书赠》："君不见巴乡气候与华别，年年十月梅花发。上苑今应雪作花，宁知此地花为雪。自从迁播落黔巴，三见江上开新花。故园风花虚洛汭，穷峡凝云度岁华。花情纵似河阳好，客心倍伤边候早……一向花前看白发，几回梦里惊红颜。红颜白发云泥改，何异桑田移碧海。却想华年故国时，唯余一片空心在。空心吊影向谁陈，云台仙阁旧游人。倘知巴树连冬发，应怜南国气长春。"[2]人之离合迁徙与花之开落盛衰两相对比映照，情景具体，感慨深婉，气局开阔，语言清畅。王维的《杂诗》："君自故乡来，应知故乡事。来日绮窗前，寒梅着花未。"梅花是故乡记忆里最美好的一页，如今成了思乡之情难忘的对象，梅花被赋予了个人特定的情感内容。

与隋帝侯夫人《春日看梅诗》一样值得特别一提的是张九龄的《庭梅咏》："芳意何能早，孤荣亦自危。更怜花蒂弱，不受岁寒移。朝雪那相妒，阴风已屡吹。馨香虽尚尔，飘荡复谁知。"[3]比鲍照的《梅花落》托物言志之意更为明显，与其《感遇》诗一样，"托讽禽鸟，寄词草树，郁然与骚人同风"[4]。不只单纯惜花飘零以自怜，一方面以雪妒风欺强调外在环境之压力，同时又指出梅花"不受岁寒移"之品性。侯夫人赞美梅花清艳天真，主要仍侧重于其清丽自然之风姿，而张九龄这里已属守正不阿之人格气节的比兴寄托。在其《感遇十二首》《杂诗五首》中，这种刚正孤愤的情怀是通过春兰秋桐、丹橘香桂等传统象征来寓

---

[1] 《全唐诗》，第 226 页。

[2] 《全唐诗》，第 250 页。

[3] 《全唐诗》，第 148 页。

[4] 刘禹锡《读张曲江集作》，《刘禹锡集》卷二一，上海人民出版社 1975 年版。

托的（《感遇》其七："江南有丹橘，经冬犹绿林。岂伊地气暖，自有岁寒心。"），现在延伸到了梅花上。当然这在初盛唐仍是一种偶例，并且属于一种传统的托物言志手法。

杨万里称"唐之李、杜"以来咏梅始盛，这里的"李、杜"也只是一种习惯说法，用以代表一个时代更为准确。其实，李白的诗歌虽不少涉及梅花意象，如写春景之《携妓登梁王栖霞山孟氏桃园中》："碧草已满地，柳与梅争春。"写笛声有《观胡人吹笛》："吴人吹玉笛，一半是秦声。十月吴山晓，梅花落敬亭。"《与史郎中钦听黄鹤楼上吹笛》："黄鹤楼上吹玉笛，江城五月落梅花。"但却没有专门的咏梅之作，他的作风使他很少着意于一花一木的细致观察与描写。他的《送人游梅湖》"送君游梅湖，应见梅花发。有使寄人来，无令红芳歇"，也只是因地名联想到"驿寄梅花"。李白诗中梅花意象的使用，主要沿袭六朝诗歌的惯例，少有自己的创意。

杜甫也许是唐代第一个对梅花着笔较多的大诗人[①]。在他的诗中可以读到与友人野外折梅赏梅的细节，"安得健步移远梅，乱插繁花向晴昊"[②]，"何当看花蕊，欲发照江梅"[③]，"绣衣屡许携家酝，皂盖能忘折野梅"[④]，"巡檐索共梅花笑，冷蕊疏枝半不禁"[⑤]。他安居成都、夔州等地，

[①] 据陈植锷统计，杜甫诗集中泛称"花"266次，梅12次，菊12次，桃11次，荷6次，莲4次，杨花3次，芦花2次。见其《诗歌意象论》第十章，中国社会科学出版社1990年版。

[②] 杜甫《薛端薛复筵简薛华醉歌》，钱谦益笺注《钱注杜诗》，上海古籍出版社1958年版，上册，第47页。

[③] 杜甫《徐九少尹见过》，钱谦益笺注《钱注杜诗》，下册，第395页。

[④] 杜甫《王十七侍御抡许携酒至草堂奉寄此诗便请邀高三十五使君同到》，钱谦益笺注《钱注杜诗》，下册，第395页。

[⑤] 杜甫《沙头》，钱谦益笺注《钱注杜诗》，下册，第570页。

图04 [宋]马麟《层叠冰绡图》。绢本设色，纵101.5厘米，横49.6厘米，故宫博物院藏。绘梅花两枝，一枝昂首，一枝低头含笑，工细敷粉，清瘦冷艳，俏美动人，故有"官梅"之称。中有宋宁宗皇后杨氏所题"层叠冰绡"四字。上部有七言诗一首，下方有"臣马麟"三字款。唐代以来人们多关注梅花的香清、寒艳之美，比为冷美人，此图可作写照。

渾如冷蝶宿花房
擁抱檀心憶舊香
開到寒梢尤可愛
此般必是漢宮粧

層疊冰綃

栽植都少不了梅树，"草堂少花今欲栽，不问绿李与黄梅"①，"梅熟许同朱老吃，松高拟对阮生论"②，"楂梨且缀碧，梅杏半传黄。小子幽园至，轻笼熟奈香"③，"雪篱梅可折，风榭柳微舒"④。在成都，杜甫写下了著名的《和裴迪登蜀州东亭送客逢早梅相忆见寄》："东阁官梅动诗兴，还如何逊在扬州。此时对雪遥相忆，送客逢春可自由。幸不折来伤岁暮，若为看去乱乡愁。江边一树垂垂发，朝夕催人自白头。"在夔州则有《江梅》一诗，也是因梅开生发漂泊异乡的时序之感和思乡之情。《和裴迪登蜀州东亭送客逢早梅相忆见寄》开篇何逊咏梅典故的使用具有某种象征意义。何逊《咏早梅诗》纯然咏物之作，其中"朝洒长门泣，夕驻临邛杯"两句，用了两个怨情典故，目的也主要是侧面运笔，渲染梅花之美妙动人。杜甫把此事引入诗境，则突出何逊对景感怀的一面。这一微妙的改造标志着梅花从最初的闺怨意象已完全转变为文人表现时序之心、乡国之愁的感怀抒情意象。杜甫之后，何逊咏梅成了诗人赋梅惯用的典故就说明了这一点。

　　杜诗多及梅花，主要是晚年流寓巴蜀，漂泊荆湘之际的事。前引王适、张说、卢僎三首诗所言"汉水""荆南""巴乡"，也都属南方。众所周知，虽然梅树花期较早，但梅树性不耐寒，一般只能抵抗零下8℃到零下14℃的低温，而喜欢温暖且湿度较大的气候。因而虽然隋唐之际我国历史气候进入"第三个温暖期"⑤，北方颇多植梅的记载，但相

---

① 杜甫《诣徐卿觅果栽》，钱谦益笺注《钱注杜诗》，下册，第400页。
② 杜甫《绝句四首》之一，钱谦益笺注《钱注杜诗》，下册，第467页。
③ 杜甫《竖子至》，钱谦益笺注《钱注杜诗》，下册，第487页。
④ 杜甫《将别巫峡赠南卿兄瀼西果园四十亩》，钱谦益笺注《钱注杜诗》，下册，第591页。
⑤ 王育民《中国历史地理概论》，上册，第五章，人民教育出版社1985年版。

对而言，南方的山壑水滨、村间道旁野生梅要远远多于北方。前一节

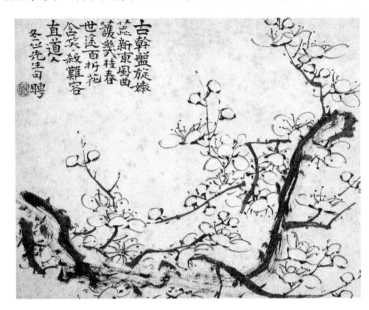

未及论述到这一点，咏梅文学滥觞于南朝，一个重要的原因就是南朝统治的江南地区，宜于梅树生长繁育。晋陆凯与范晔交好，自江南寄梅花一枝至长安赠范晔①，这至少说明江南梅花

图 05　［清］罗聘《梅花册》。纸本墨笔，纵 17.5 厘米，横 22.1 厘米，天津市艺术博物馆藏。

之早盛远过于北方，以至于可作为礼物相赠。张九龄诗中径称梅花为"南国树"②。后来宋代尤其是南宋咏梅臻于极盛，与自然条件极宜梅花生长，梅树栽培极其普遍有很大关系。唐代江南地区的野生梅已是很普遍了，晚唐诗人罗邺《梅花》诗说："繁如瑞雪压枝开，越岭吴溪免用栽。

---

① 事见《太平御览》卷九七〇引盛弘之《荆州记》。陆凯诗《赠范晔》："折花逢驿使，寄与陇头人。江南无所有，聊赠一枝春。"范晔一作路晔，《太平御览》卷九七〇引《荆州记》、卷四〇九人事五〇交友四作范晔，卷一九时序部·春中引作路晔。据聂世美《陆凯〈赠范晔〉诗考辨》考证，陆凯与范晔不同代，又不同时，范晔（398－445）一生未到长安一带。范晔为路晔之误。聂文载《文学遗产》1987 年第 2 期。
② 张九龄《和王司马折梅寄京邑昆弟》，《全唐诗》，第 147 页。

却是五侯家未识，春风不放过江来。"①集中反映了南方梅花繁布的情况。

"安史之乱"以来，士人因避地、仕宦、贬谪而进入南方的越来越多，江南地方文人也渐趋活跃，耳濡目染之际，便多感物咏梅之作。大历、兴元时活跃在南方的诗人张谓、钱起、顾况、刘方平等都有专门的咏梅之作。中唐诸大家名家少有不染翰梅花的。韩愈、柳宗元、刘禹锡、张籍、元稹、白居易、杜牧、李商隐都有咏梅专题之作。尤其是白居易，任职杭州等地，诗中多次写到出游寻梅、花下聚饮、居处植梅等雅事，这说明文人赏梅活动也已普及。晚唐五代，中原干戈动乱，南方一时偏安，诗人多寄身荆湘、吴越、巴蜀等地，咏梅之作更是大幅增加。如皮日休和陆龟蒙唱和《行次野梅》、罗邺《早梅》《梅花》、罗隐《梅》《梅花》、郑谷《江梅》《折得梅》、崔涂《初识梅花》、韩偓《早玩雪梅有怀亲属》《湖南梅花一冬再发偶题于花援》、吴融《旅馆梅花》、陆希声《梅花坞》、崔道融《梅花》《对早梅寄友人二首》、李建勋《醉中咏梅花》《梅花寄所亲》、齐己《早梅》等。从这些标题不难看出，诗人咏梅的机缘增加，咏梅的视角也趋于多样，或遇于郊游，或得于道行，或因于栽种，等等，情境趋于个性化、具体化。中唐以来诗歌题材多所开拓，趋于多样化、日常化、细节化。包括咏梅在内的咏花之作渐见频繁，一些名不见经传的花卉也开始见诸吟咏（如海棠），构成了当时诗歌发展一道别致的风景。

对于梅花美的认识有所深入，诗人们不仅停留于梅花外在的花枝色相形貌，而是着眼于其整体气质与品格。与唐代整个诗歌艺术的发展相一致，对梅花形象的描写水平也有所提高。杜甫《沙头》"冷蕊疏

---

① 《全唐诗》，第1653页。

16

枝"四字称梅,可谓摄神。张谓（一作戎昱）《早梅》："一树寒梅白玉条,迥临村路傍溪桥。应缘近水花先发,疑是经冬雪未销。"①以疑梅为雪的错觉以及"白玉条"的比喻写出寒梅一树独放、洁白烂漫、生动鲜明的形象。梅花之冒寒遇雪、早芳早零不只是令人感伤,诗人们开始从梅花与寒风、霜雪、冷月、寒水、修竹的比并交映中感受梅花色白香清的物色特征,调动各种手法渲染描写其寒素美、冷艳美。如钱起《山路见梅有感而作》："晚溪寒水照。"韩愈《春雪映早梅》："芳意饶呈瑞,寒光助照人。"李商隐《十一月中旬至扶风界见梅花》："匝（一作雨）路亭亭艳,非时沼沼香。素娥惟怀月,青女不饶霜。"李商隐《酬崔八早梅有赠兼示之作》："谢郎衣袖初翻雪,荀令熏炉更换香。"②李群玉《人日梅花》："玉鳞寂寂飞斜月,素艳亭亭对夕阳。"③温庭皓《梅》："晓觉霜添白,寒迷月借开。"④韩偓《早玩雪梅有怀亲属》："冻白雪为伴,寒香风是媒。"⑤《湖南梅花一冬再发偶题于花援》："玉为通体依稀见,香号返魂容易回。"⑥罗邺《早梅》："冻香飘处宜春早,素艳开时混月明。"⑦或正面白描,或借他物侧面渲染,或用典,或比喻,都写出梅花独特的美感,表现出肯定的评价和欣赏的态度。除此之外,诗人开始用美人比喻梅之高洁,如杜牧《梅》："轻盈照溪水,掩敛下瑶台。"⑧皮日休《行次野梅》："莺拂萝梢一树梅,玉妃无侣独裴回。好临王母

① 《全唐诗》,第 460 页。
② 《全唐诗》,第 1366 页。
③ 《全唐诗》,第 1240、1366、1455 页。
④ 《全唐诗》,第 1519 页。
⑤ 《全唐诗》,第 1710 页。
⑥ 《全唐诗》,第 1711 页。
⑦ 《全唐诗》,第 1651 页。
⑧ 《全唐诗》,第 1324 页。

瑶池发，合傍萧家粉水开。"①

与上述对梅花"冷美人"形象美欣赏肯定的同时，诗人们不断抬高梅花在花卉中的地位，从梅花寂寞野处、抗寒早芳等特征演绎其高尚的意义，从而使梅花意象逐步具有了人格情操的象征意蕴。象征品位的提高主要是通过比较的方式进行的，即通过与桃李等花卉草木的比较以凸显梅花的精神品位。比较有两个层面，首先是形似层次，方干《胡中丞早梅》："芬郁合将兰并茂，凝明应与雪相宜。"②郑谷《梅》："素艳照尊桃莫比，孤香粘袖李须饶。"③这些都仍属于描写色、香特色的形似之言。进一步的比较才是精神品格。李绅《过梅里七首》："不竞江南艳阳节，任落东风伴春雪。"④梅花开早，风霜雪欺，在闺怨诗中多是佳人自怜的形象，但在此间诗人看来，早开早落正展示其与天下争春，与霜雪竞威的风采。韩偓《梅花》："风虽强暴翻添思，雪欲侵凌更助香。应笑暂时桃李树，盗天和气作年芳。"⑤把这层意思说得极其分明。陆希声《梅花坞》："冻蕊凝香色艳新，小山深坞伴幽人。知君有意凌寒色，羞共千花一样春。"⑥以隐士独特心理解释梅花的早芳，赋予梅花以远世避俗的精神品格。徐夤《梅花》："举世更谁怜洁白，痴心皆尽爱繁华。"⑦虽只是赞扬梅花花色素洁，但与时人"尽爱繁华"风气相比较，同样高抬了梅花不同凡俗的价值。前引晚唐诗人罗邺《梅花》称吴越多梅，而北方王公贵族无缘得识，潜含了以梅花与牡丹这

① 《全唐诗》，第1552页。
② 《全唐诗》，第1641页。
③ 《全唐诗》，第1704页。
④ 《全唐诗》，第1220页。
⑤ 《全唐诗》，第1710页。
⑥ 《全唐诗》，第1737页。
⑦ 《全唐诗》，第1789页。

一京洛贵族时尚的富贵花相抗衡的用意，梅花成了诗人傲世品格的象征。通过褒贬抑扬，梅花晋升了价位，获得了与松、竹等传统"比德"之象相媲美的地位。朱庆余《早梅》："天然根性异，万物尽难陪。自古承春早，严冬斗雪开。艳寒宜雨露，香冷隔尘埃。堪把依松竹，良涂一处栽。"[①]宋以后流行的"岁寒三友"的说法，在这里已具雏形[②]。当然必须说明的是，这些对梅花的精神价值的体认与寓托尚属分散的个性感受，远未形成诗坛普遍的共识。

综观魏晋南北朝隋唐五代时期的咏梅之作，虽然数量远不及宋代繁盛，但总体上呈现出不断增加的趋势。梅花虽尚未推尊到宋时那样群芳盟主的地位，但其独特的美感不断地被注意、发现，得到越来越多的肯定和表现，某些宋代流行的象征意义在这一阶段的某些诗人的作品里开始初露端倪，甚至已形成较为明确的主题。

（原载《南京师大学报》1998 年第 4 期，又载程杰《宋代咏梅文学研究》，第 1～16 页，安徽文艺出版社 2002 年版，此处有修订。）

---

① 《全唐诗》，第 1305 页。
② 可参阅张仲谋《"松竹梅"何时成"三友"》，载《文学遗产》1988 年第 1 期；谢先模《也谈"松竹梅三友"》，载《文学遗产》1989 年第 3 期。

杜甫与梅花

杜甫并不以咏梅名世，但据学者统计，杜诗中除了泛称"花"之外，专称某花最多的是梅花①，可见与梅花情缘不浅，或者说梅花在其创作中地位不低。笔者关注此事，略有感想，论述如下。

一、杜甫诗歌中的梅花

杜甫现存 1460 首诗歌中，写及梅和梅花的共有 32 首，其中简单指称"梅雨""梅岭"和"盐梅"（和羹）的三首。剩下 29 首明确涉及或描写梅与梅子，虽然绝对数量有限，但却给我们提供了很多可贵的信息，也包含了很多值得玩味和思考的意味。

（一）花卉方面

1. 花与果

这 29 首中 25 首指花，4 首指果，可见杜甫主要关注的是梅的花色。梅作为鲜花，比较其果实更有观赏意义，也就更有文学意义。这其中明确属于田园或园林种植的有 10 首，着眼于果实的 4 首作品都在其中。属于野梅或泛指梅花而倾向于野梅的 19 首，反映这个时代人们观赏梅花的机会多得自野外，田园尤其是园林植梅并不普遍。

---

① 陈植锷《诗歌意象论》，中国社会科学出版社 1990 年版，第 215 页。

2. 花期

就开花时间而言，杜甫诗中的梅花花期较今偏早。29首中，后人明确系在冬季的有11首。这其中又有两首标明是冬至前后(《至后》《小至》)，题中有时间"十二月一日"的一首，《江梅》诗称"梅蕊腊前破，梅花年后多"，是说腊月已见花，都充分说明杜甫的时代，梅花的花期较今为早。其原因正是竺可桢先生所论证的，隋唐时期较今天的气温偏高，因而花期趋前，多在冬季见花。反之，杜甫诗中的这些情况对竺先生的观点也是一个有力的佐证。

3. 分布区域

29首中2首写于安史之乱前的长安（今西安），其他均作于晚年漂泊西南期间。晚年的诗歌有两首是回忆故乡巩县和两京(长安、洛阳)梅花的。这说明唐代梅花的自然分布较今天要偏北一些，至少在今天的黄河沿线即陕西、河南是有梅花分布的。29首中成都8首、夔州9首，两地梅诗相对较多。梓州、阆州等四川其他地区4首、湖北江陵2首、湖南岳阳1首。从空间上说，属于长江流域的作品占了绝对的优势。由此也可见即便是在气温较今偏高，梅花分布广及黄河流域的唐朝，梅的分布也仍以南方地区更为丰富。

4. 名称

杜诗这些作品中，有两个概念或说法在梅花园艺史上影响较大。一是《江梅》诗，杜甫的意思也许只是说江边梅树，但到了宋代，江梅开始成为一个品种的专名，如今园艺界更是认其为梅花品种中一大品系。追溯这个名称的源头，杜诗这首诗歌是第一个出现"江梅"这个概念的，开创意义不容小觑。另一是"江县红梅已放春"(《留别公安太易沙门》)句。红梅是一种极其古老的梅花品种，早在《西京

图06　蒋兆和《杜甫像》。纸本墨笔，纵131厘米，横90厘米，中国历史博物馆藏。杜甫现存1460首诗歌中，写及梅和梅花的共32首，与梅情缘不浅。

杂记》就俨有这类品种的记载，但真正作为一个明确的品种概念要等到宋代。杜甫这句诗中却明确写及这一信息，应该是梅之园艺史上值得重视的环节[1]。江梅和红梅两大梅花品系，都由杜甫最早正式揭出名称，特别值得我们关注。

（二）文学方面

1. 意象与题材

杜甫涉梅的29首诗歌中，梅花多属写景或一般的意象使用，算得上专题咏梅的只有两首，一是《和裴迪登蜀州东亭送客逢早梅相忆见寄》："东阁官梅动诗兴，还如何逊在扬州。此时对雪遥相忆，送客逢春可自由。幸不折来伤岁暮，若为看去乱乡愁。江边一树垂垂发，朝夕催人自白头。"一是《江梅》："梅蕊腊前破，梅花年后多。绝知春意好，最奈客愁何。雪树元同色，江风亦自波。故园不可见，巫岫郁嵯峨。"从严掌握，其实前一首也还算不上咏梅诗。不仅是杜甫，整个初盛唐，真正称得上专题咏梅诗的

① 程杰校注《梅谱》，中州古籍出版社2016年版，第13～36页。

22

作品极其罕见，在杜甫这个时代梅花还远不像宋人林逋之后那样受关注和推崇，杜甫自然也是如此。但杜诗中花色专称最多的又是梅花[①]，这可能与梅花作为早春第一花的地位有关。

2. 情感与意趣

（1）抒情

杜甫笔下的梅花主要仍属于一个纯粹的春花形象，着意花开花落、早开早落的时序标志，借以兴发韶光流逝、人生漂泊的感慨和伤情。上述所谓两首咏梅诗其实都是这样的内容，洋溢着浓郁的抒情意味。尤其是"东亭送客"一首，因朋友的赠诗往复感怀，曲折抒情，表达出漂泊无依、迟暮感伤的凄楚心境，明人王世贞推为"古今咏梅第一"[②]。正如清沈德潜《说诗晬语》所说，"此纯乎写情"[③]，诗中写得最打动人的是诗人的感情，而不是梅花的形象。

（2）写意

杜甫涉梅诗也包含了风雅游赏的情趣，主要体现在这样两句诗中："巡檐索共梅花笑，冷蕊疏枝半不禁。"（《舍弟观赴蓝田取妻子到江陵喜寄三首》）"安得健步移远梅，乱插繁花向晴昊。"（《苏端、薛复筵简薛华醉歌》）宋末方回说："老杜诗凡有梅字者皆可喜，'巡檐索共梅花笑，冷蕊疏枝半不禁'，'索笑'二字遂为千古诗人张本。"[④]"巡檐索笑""健步移远""乱插繁花"云云，是一种典型的春兴勃发、恣意游赏的文士闲逸宴游情态，至少后人从中读到了这种情趣。宋人就

---

① 陈植锷《诗歌意象论》，中国社会科学出版社1990年版，第215页。
② 杜甫著，仇兆鳌注《杜诗详注》卷九，商务印书馆1983年版。
③ 丁福保《清诗话》，中华书局1963年版，下册，第551页。
④ 陈杰《自堂存稿》卷二〇，江西新昌胡思敬刻本1923年版。

画有《杜甫巡檐索笑图》(如陈杰《题老杜巡檐索笑图》①),所画当非孤芳自怜、风雪苦吟之态,而是一种寄情花色、闲吟放逸的欢快形象。后来文人早春探梅、踏雪寻梅所追求的乐趣正是此类,所谓"为千古诗人张本",说的就是杜甫诗歌对后世文人赏梅嗜梅情趣的启发意义。"巡檐索笑""健步移远""乱插繁花""冷蕊疏枝"也成了后人咏梅常用的语汇。

图07 杜甫用"冷蕊疏枝"形容梅花,以"冷"状花,以"疏"称枝,抓住了梅花形象的两个核心。此图网友提供。

(3)咏物(写形)

杜甫对梅花其实从未着意于咏物,但对梅花形象的观察和描写也不是了无贡献。至少前引诗句中"冷蕊疏枝"一语就值得重视,以"疏"

---

① 陈杰《自堂存稿》卷四。

字状梅，杜甫可以说是第一人。宋人林逋《山园小梅》"疏影横斜水清浅"云云着意于梅花的枝干之美，拉开了后来梅花观赏重在疏枝、古干的序幕，具有划时代的意义。而早于林逋两个半世纪，杜甫就有了类似的感觉和发现。纵观人们对梅花形象神韵的认识和描写，"冷蕊疏枝"四字虽然简洁，但以"冷"状花，以"疏"称枝，可以说一下抓住了梅花形象的两个核心，前无古人，不能不算是传神之语，真可谓是大家手笔，落纸不俗。

二、杜甫咏梅的影响

作为千古诗圣，沾溉后人者至为深切具体，同样写梅诗句亦复如此，前举宋人《杜甫巡檐索笑图》就是一例。下面就诗歌内外各选一点略作阐说，以斑见豹。

（一）东阁官梅

"东阁官梅动诗兴，还如何逊在扬州"，后世赋咏梅花，"东阁官梅"成了咏梅最常用的典故。何逊《咏早梅诗》是六朝时期的咏梅名作，杜甫因朋友裴迪寄来一首《东亭送客逢早梅》诗，便以何逊咏梅来比拟赞美。语意本属一般，但"官梅"二字却颇堪注意。此前有"官柳"一说，指官道、馆驿所植杨柳，比较常见，而"官梅"之称杜诗首见。范成大《梅谱》说："唐人所称'官梅'，止谓在官府园圃中。"[1]其实唐代官圃种梅的直接记载不多，但这不影响"官梅"一词的意义，它预示了梅花与广大士大夫尤其是广大中下层官僚知识分子的密切关系。

---

[1] 程杰校注《梅谱》，中州古籍出版社 2016 年版，第 6～8 页。

知识分子辗转任职各地，官府公余或宦游驿途多有遇梅成赏之机，梅花成了感遇咏物、遣情托怀的常见对象。

我们从杜甫之后关于何逊咏梅之事的附会传说也可以看出这一点。据考证，何逊《咏早梅诗》约作于梁天监七年（508）的春天，何逊在都城建业（今江苏南京）任建安王、扬州刺史萧伟的法曹参军，所咏梅花是梁武帝所赐萧伟居第芳林苑中的景物①。芳林苑是皇家大型囿苑，苑中有"却月观""凌风台"等建筑，其梅景可以说是"兔园"之物、"宫梅"之属，而后人却倾向于理解为郡圃所见、"官梅"之属。宋人《老杜事实》注释杜诗，杜撰故实，"谓（何）逊作扬州法曹，廨舍有梅一株，逊吟咏其下"②。六朝的扬州，治所在建业（今南京），隋唐以来扬州概念发生变化，治所在广陵（今江苏扬州），后来扬州地方志中也就有了"（逊）后居洛，思梅，因请曹职。至（扬州），适梅花方盛，逊对之彷徨终日"③一类讲述。

这是一个美丽的错误，"官梅"的说法反映了广大官僚文士的心理期待，他们接触更多的是宦游征途和州县官圃的梅花。杜甫与同时诗人们对何逊之事、扬州之地所知应无误，但人们更愿意把何逊咏梅理解成文人仕宦生活的风流佳话，把梅花视作官署清寒、闲淡岁月中温暖的遭遇和美丽的安慰。杜甫"东阁官梅"云云正是提供了这种理解的范本，宋人说"梅从何逊骤知名"（赵蕃《梅花六首》），而何逊咏梅是因杜甫的标举而意蕴转深、声名大振的，正是杜诗的影响，"东阁官梅"就成了后世赏梅咏梅中最常见的场景、最流行的掌故。

① 程章灿《何逊〈咏早梅〉诗考论》，《文学遗产》1995年第5期，第47～53页。
② 葛立方《韵语阳秋》卷一六，上海古籍出版社1984年版。
③ 祝穆《方舆胜览》卷四四，中华书局2003年版。

（二）草堂梅花

我们这里说的是成都西郊浣花溪畔的草堂梅花。从乾元二年（759）末到永泰元年（765）四月，杜甫在东西两川寓居近五年半时间，在成都草堂居住三年零九个月。生活虽然清贫，却是安宁、闲适的，留下了240多首吟咏草堂风光，描述安居生活风貌的诗歌。作为千古诗宗的故居，被誉为"中国文学史上的一块圣地"①。

图 08　草堂梅花。根据杜诗的描述，杜甫草堂植有梅树，但极为有限。晚清兴起了人日草堂赏梅风气，清末《成都通览》记载："草堂，在南门外西南七里，修竹千万，梅花亦多……每年正月初七日，游人纷至。"

---

① 冯至《杜甫传》，人民文学出版社 1952 年版，第 110 页。

根据杜诗的描述，杜甫草堂植有梅树。早在草堂经营之初，杜甫接连以诗代简，向友人索要花竹苗木植于庭院内外，其中《诣徐卿觅果栽》"草堂少花今欲栽，不问绿李与黄梅"，所说黄梅即蔷薇科梅树。四年后的广德二年（764）《绝句四首》咏园中夏景："堂西长笋别开门，堑北行椒却背村。梅熟许同朱老吃，松高拟对阮生论。"可见这时的梅树已经结实供食了。不仅是草堂园内，附近浣花溪畔也有野梅分布。其《西郊》诗写道："市桥官柳细，江路野梅香。"市桥在当时城内西南隅，南对笮桥门，而所说"江路"，则主要指浣花溪沿岸古道，沿路多野梅。另在《王十七侍御抡许携酒至草堂，奉寄此诗，便请邀高三十五使君同到》诗中也写道："绣衣屡许携家酝，皂盖能忘折野梅。"是说朋友高适一定记得，往日来访时曾经顺道折过梅花，可见杜甫草堂附近也多野梅。这种情况延续到宋代，南宋陆游《梅花绝句》："当年走马锦城西，曾为梅花醉似泥。二十里中香不断，青羊宫到浣花溪。"可见当时成都西郊浣花溪沿岸梅花十分繁盛。

不过，就杜诗描写的草堂风景和生活情况看，当时草堂园内所种梅花是极为有限的。草堂所植较多的是竹子、楷木，果树中则以桃树最多，这些都是实用价值较高、清贫之家必需的植物。竹子是常用的建筑、编织和制作材料，竹笋又是家常食品。楷木为速生树种，三年长成，伐为薪柴。杜甫《凭河十一少府邕觅榿木栽》："草堂堑西无树林，非子谁复见幽心。饱闻榿木三年大，与致溪边十亩阴。"在众多常见果树中，桃树适应性强，结果快，产量高，营养好，因而经济价值较大，家常种植较为普遍，正如杜甫《题桃树》所说，"高秋总馈贫人实，来岁还舒满眼花"，杜甫一次就向友人"奉乞桃栽一百根"（《肖八明府实处觅桃栽》)。相对而言，梅树不如这些植物必需，尤其是不必大量种植，以杜甫当时的经济状况，也不会专为赏花而造个梅园之类。因此杜甫草堂内的梅花种植并不突出，只是零星闲植。但杜甫的草堂咏梅作品，尤其是和答裴迪的这首千古佳作，为杜甫草堂这一遗迹留下了一段风物佳话，也为后人在此营建祠宇植梅纪念提供了一个历史机缘和想象空间。

这其中最值得一提的是晚清兴起的人日草堂赏梅风气[①]。杜甫本人没有写到人日赏梅，但友人高适《人日寄杜二拾遗》诗曰："人日题诗寄草堂，遥怜故人思故乡。柳条弄色不忍见，梅花满枝堪断肠。"联想杜甫草堂植梅的情景和饱含深情的咏梅，人们自然会感怀倍增。晚清傅崇矩（1875—1917）《成都通览》记载："草堂，在南门外西南七里，修竹千万，梅花亦多……每年正月初七日，游人纷至。"[②]据吴鼎南《工部浣花草堂考》考证，"人日游草堂之相习成风，当在清道、咸以后。盖自嘉庆重修（按：指草堂），放翁配享，少陵旧迹愈为人所重，人日游草堂渐见于士大夫之题咏，而尤以咸丰中何绍基一联为著，曰：'锦水春风公占却，草堂人日我归来。'其时盖已成俗矣"[③]。清末民初的文人多有作品咏及草堂梅景，如高文《人日游草堂寺》："人日残梅作雪飘，出城携酒碧溪遥。"刘咸荥《草堂怀古》："诗人有宅花潭北，千载梅花闲不得。翻江红雪日初晴，酒气春浓醉香国。"[④]赵熙（1866—1948）《下里词送杨使君之蜀》："西向最将人日报，草堂花发最思君。"[⑤]

① 程杰《中国梅花名胜考》，中华书局2014年版，第583～593页。
② 傅崇矩《成都通览》，巴蜀书社1987年版，第78页。
③ 吴鼎南《工部浣花草堂考》后考四，新新新闻报馆1943年版。
④ 冯广宏、肖炬《成都诗览》，华夏出版社2008年版，第176页。
⑤ 林孔翼《成都竹枝词》，四川人民出版社1986年版，第147页。

这些都可见当时人日草堂赏梅风气之盛。透过这一故迹细事，我们不难感受到杜甫草堂艺梅赏梅之事千秋遗泽，影响深远。

（原载《北京林业大学学报》自然科学版2015年增刊，此处有修订。）

宋代咏梅文学的繁荣及其意义

一、繁荣状况

（一）作品数量

诗：《全宋诗》收，25.4 万多首，据笔者粗略清点，梅化题材之作（含梅画及梅花林景题咏）4700 多首，占 1.85%。

词：《全宋词》收词 2 万多首，咏梅词（含相关题材之作）1120 多首，占 5.6%。

文：据《四库全书》集部宋代别集统计，梅花题材赋 17 篇、其他杂文（含各种梅花林亭记、画梅咏梅作品的序跋）49 篇，合计 66 篇。

上述三项合计 5800 多篇。对比一下宋以前的情况：《诗经》《先秦汉魏晋南北朝诗》共收诗 10800 多首（不含两句以内断章残句），其中咏梅诗（含相关题材）26 首，占 0.23%；《全唐诗》及《全唐诗补编》55000 多首，其中梅诗 90 多首（其中《补编》6 首），占 0.16%；《全唐五代词》(上古版) 收咏梅词 2 首；宋以前梅花赋 3 篇（含宋璟赋 1 篇，现存该赋两种，都属后世赝品）。无论是绝对数量还是相对数量都属大幅度剧增，现存宋代咏梅诗词比南朝宋齐梁陈四朝现存诗歌总数还多，是宋以前咏梅总数的 50 倍。在同期诗词存量中所占比重（2.1%）也是宋以前（0.18%）的 12 倍。

宋代文学题材的横向比较，也证明了咏梅创作数量的绝对优势。兹以宋词为例，据南京师范大学文学院 2001 届博士许伯卿学位论文《宋词题材研究》[①]提供的统计，宋词咏花之作共 2208 首，所咏之花 57 种，其中数量居于前十位的依次是：梅花 1041 首，占咏花词的 47.15%；桂花 187 首，占 8.47%；荷花 147 首，占 6.65%；海棠 136 首，占 6.16%；牡丹 128 首，占 5.80%；菊花 76 首，占 3.44%；酴醾 60 首，占 2.72%；蜡梅 49 首，占 2.22%；桃花 48 首，占 2.17%；芍药 41 首，占 1.86%（另兰花 15 首，占 0.68%，排居 17 位）。梅花和蜡梅共 1090 首（纯粹的咏梅之作），占整个咏花词的一半。

根据南京师范大学的《全宋词检索系统》，这里还可提供另一组相关数据：《全宋词》（含孔凡礼补辑）词作正文（不含词的题序）包含"梅"字的单句有 2946 句，"柳" 2853 句，"桃" 1751 句，"竹" 1479 句，"兰" 1136 句，"杨" 1039 句（其中"杨柳" 368 句），"松" 995 句，"菊" 695 句，"桂" 659 句，"荷" 663 句，"莲" 622 句，"李" 557 句，"杏" 553 句，"芙蓉" 361 句，"梧" 328 句，"海棠" 308 句，"茶" 196 句，"萍" 183 句，"牡丹" 140 句，"榆" 85 句，"芍药" 46 句。除"杨""柳"两字合计数量超前外，其他植物意象出现的频率都远逊于"梅"。这也从一个侧面反映了梅花题材在宋代文学中的地位。

（二）繁荣迹象

梅花作品数量的激增，是实际创作活动繁兴的结果，也与相应的文献情况密切相关。下面是几方面的具体情形：

1. 赏梅诗会

咏梅创作可以说是赏梅活动的一个环节或内容。宋代咏梅的繁荣

---

① 许伯卿《宋词题材研究》，中华书局 2007 年版。

首先应该归结于赏梅艺梅的普及。赏梅活动固然有纯个人的方式，但大多数情况下，踏青赏花都引发诗人间的群会起兴、聚游通雅。从现存宋代诗词作品看，咏梅作品的绝大多数都是探春赏梅活动的直接产品。一些规模较大的聚会更是诗篇盈积的大箩筐。吴聿《观林诗话》："（汴京）都下旧无红梅，一贵人家始移植，盛开，召士大夫燕赏，皆有诗，号《红梅集》，传于世。"①邵雍《同诸友城南张园赏梅十首》②，可见也出于一场赏梅盛会。南宋绍兴间冯时行等一行十五人出赏成都西郊王建梅苑古梅，行酒树下，分韵赋诗，诗载于地方文献③。

2. 文人酬唱

酬和之风是中唐以来诗坛的基本趋向，入宋后尤其如此。作为一个极称风雅的热点题材，咏梅唱和尤为人们所热衷。唱和分两种：

一是诗人辞客间的笔墨酬应、此唱彼和。如郑獬熙宁二年知杭州有《和汪正夫梅》七绝二十首④，这可以说宋代现存最早较大规模的唱和。苏轼有《次韵杨公济奉议梅花十首》《再和杨公济梅花十绝》⑤，作于元祐年间知杭州任上。杨公济，名蟠，时任杭州通判，杨氏原唱今不存。苏轼以文坛盟主，此番十首反复唱和，艺术上颇为经意，引人瞩目。元祐间黄庭坚等人在京师围绕蜡梅这一梅花新品也多有唱和。周必大《二老堂诗话》记载："政和中，庐陵太守程祁（引者案：程祁于徽宗政和二年出知吉州），学有渊源，尤工诗。在郡六年，郡人段子冲，字

---

① 丁福保辑《历代诗话续编》，中华书局 1983 年版，上册，第 120 页。
② 邵雍《同诸友城南张园赏梅十首》，《全宋诗》，第 7 册，第 4584 页。
③ 程遇孙《成都文类》卷一一，《影印文渊阁四库全书》本。
④ 郑獬《和汪正夫梅》，《全宋诗》，第 10 册，第 6891 页。本为十七首，同卷另有三题《江梅》《雪里梅》《落梅》与此同韵，当为同时唱和之作。
⑤ 苏轼《次韵杨公济奉议梅花十首》《再和杨公济梅花十绝》，王文诰辑注，孔凡礼点校《苏轼诗集》卷三三，中华书局 1986 年版。

谦叔，学问过人，自号潜叟，郡以遗逸八行荐，力辞。与程唱酬梅花绝句，展转千首，识者已叹其博。"[1]两相唱酬而至于千首，可见其递唱之繁复。

图09　清陈枚《月曼清游图》之《正月·寒夜探梅》。

---

[1]　何文焕辑《历代诗话》，中华书局1981年版，下册，第672页。

二是和往贤佳作。林逋的"孤山八梅"、苏轼的次韵杨公济的《梅花十绝》《十一月二十六日松风亭下梅花盛开》及次韵七古三首①、朱熹的《元范尊兄示及十梅诗……》②，后来都不断有人追和。如苏轼的《十首》和者就有李之仪《次韵东坡梅花十绝》③、王之道《追和东坡梅花十绝》④、刘黻《用坡仙梅花十韵》⑤等。还有广泛收集前人咏梅作品逐篇和制的。周必大《二老堂诗话》记载，南宋孝宗朝陈从古，"裒古今梅花诗八百篇，一一次韵……日积月累，酬和千篇"⑥，"计三十六卷"⑦。

3.组诗创作（十咏、百咏）

宋代咏梅文学之繁盛，一个重要的现象是专题联章组诗多。上述唱和就大多属于联章组诗。宋初林逋"孤山八梅"，实际分为四题，可见非一时一地之作，后来便有整体应和的，如胡铨《和和靖八梅》⑧。但七律意重格严，难于组织展衍，宋诗中联章创作最多的是七言绝句。梅尧臣《京师逢卖梅花五首》⑨，首开七绝联章咏梅之方式。稍后邵

---

① 苏轼《十一月二十六日松风亭下梅花盛开》，王文诰辑注，孔凡礼点校《苏轼诗集》卷三八。

② 朱熹《元范尊兄示及十梅诗……》，《晦庵先生朱文公文集》卷七，《四部丛刊》本。

③ 李之仪《次韵东坡梅花十绝》，《全宋诗》，第 17 册，第 11199 页。

④ 王之道《追和东坡梅花十绝》，《相山集》卷一四，《影印文渊阁四库全书》本。

⑤ 刘黻《用坡仙梅花十韵》，《蒙川遗稿》卷三，《影印文渊阁四库全书》本。

⑥ 何文焕辑《历代诗话》，下册，第 672 页。

⑦ 刘学箕《陈洮湖取古今梅诗自鲍明远降至今日名胜集中所赋，悉和之，凡千首，计三十六卷，十日然后读毕，用其叙中四韵和题其后》，《方是闲居士小稿》卷上，《影印文渊阁四库全书》本。

⑧ 方回选评，李庆甲集评校点《瀛奎律髓汇评》卷二〇，上海古籍出版社 1986 年版，第 816 页。据方回所言，胡铨有两组和作，今存其一。

⑨ 梅尧臣《京师逢卖梅花五首》，《全宋诗》，第 5 册，第 3066 页。

雍有《同诸友城南张园赏梅十首》①，前述郑獬《和汪正夫梅》七绝二十首，苏轼《次韵杨公济奉议梅花十首》《再和杨公济梅花十绝》，都是十首以上的组咏。苏轼以文坛盟主，十首反复唱和，影响较大。也许是受苏轼作品有形无形的启发，此后咏梅中十首组咏的方式极为频繁，张耒、李之仪、邹浩、王之道、刘才邵、陆游、杨万里、朱熹、徐国安、王炎、吴咏、张侃、方岳、释绍翁、刘黻、张至龙、萧立之等都有整十的咏梅组诗，陆游、杨万里则有多组十咏（各三组）。十咏组诗外，三五首、七八首一组的吟咏和唱和更是普遍，而十首以上的也不在少数，如晁说之《枕上和圆机绝句梅花十有四首》②、胡寅《和坚伯梅六题，一孤芳，二山间，三雪中，四水边，五月下，六雨后，每题二绝，禁犯本题及风花雪月天粉玉香山水字十二绝》《和（赵）用明梅十三绝》③、王铚《同赋梅花十二题》④、楼钥《谢潘端叔惠红梅》二十绝⑤、唐友仲《蜡梅十五绝和陈天予韵》⑥、张镃《玉照堂观梅二十首》⑦、陈傅良《和张倅唐英咏梅十四首》五言古诗⑧，等等。

更大规模的咏梅组诗则是"百咏"。百咏大型组诗的创作方式至少

---

① 邵雍《同诸友城南张园赏梅十首》，《全宋诗》，第 7 册，第 4584 页。
② 晁说之《枕上和圆机绝句梅花十有四首》，《全宋诗》，第 21 册，第 13774 页。同韵之作实有 22 首。
③ 胡寅《和坚伯梅六题，一孤芳，二山间，三雪中，四水边，五月下，六雨后，每题二绝，禁犯本题及风花雪月天粉玉香山水字十二绝》《和（赵）用明梅十三绝》，《斐然集》卷四，《影印文渊阁四库全书》本。
④ 王铚《同赋梅花十二题》，《雪溪集》卷五，《影印文渊阁四库全书》本。
⑤ 楼钥《谢潘端叔惠红梅》，《攻媿集》卷九，《四部丛刊》本。
⑥ 唐友仲《蜡梅十五绝和陈天予韵》，《全宋诗》，第 47 册，第 28986 页。
⑦ 张镃《玉照堂观梅二十首》，《南湖集》卷九，光绪乙丑杭州广寿慧云禅寺依知不足斋本重雕本。
⑧ 陈傅良《和张倅唐英咏梅十四首》，《止斋集》卷三，《影印文渊阁四库全书》本。

可以追溯到中唐王建的《宫词》百首、唐末钱珝的《江行无题一百首》。入宋后士人夸尚文才，始多百首之咏，如宋太宗朝翰林学士杨砺"为文尚多，无师法，每作诗一题或数十篇"[1]，当时文人至有应试"百篇科"者[2]。宋人作品中，宫词之外，风土地理、咏史览古等题材多有成百一组的创作，如朱存《金陵览古》二百首[3]、杨蟠《钱塘西湖百题》[4]、郭祥正《和杨公济钱塘西湖百题》[5]、曹组《艮岳百咏》、阮阅《郴江百咏》等。此类百题，多为一地故事遗迹和山川风土等历史、地理的集锦式组咏，由于所咏内涵丰富，一景一题或一事一题，弥足展衍罗陈。而咏物诗的情况有所不同，视野止于一物，小题要能做大，更须人心之专致、才艺之激发，因而"百咏"之类出现较晚，也并不多见，如江西诗人谢逸有蝴蝶诗三百首，一时传诵，人称"谢蝴蝶"[6]。而"梅花百咏"却一枝独盛。"梅花百咏"产生于南宋。高宗朝李缜，"汉老参政之子，号万如居士，有《梅花百咏》"[7]。李作已佚，今仅存一些散句。南宋后期写作"梅花百咏"的诗人渐多，其中刘克庄等人的百咏唱酬最具盛名。与李缜略有不同的是，刘克庄的百咏是由十绝应酬反复迭唱，递积而成。莆田一带士人先后和作有二十余家，姓名可考者有林仲嘉、吴尧、赵志仁、赵时愿、何谦、方元吉、方楷、王景长、林天麟、方至、方蒙仲、陈珽、袁相子、陈汝一、黄祖润、黄珩、徐用虎、江

① 李焘《续资治通鉴长编》卷四三，中华书局1979～1995年版。
② 龚明之《中吴纪闻》卷一，丛书集成本。
③ 朱存《金陵览古》，《全宋诗》，第1册，第3～6页。
④ 杨蟠《钱塘西湖百题》，辑存三四十首，《全宋诗》，第8册，第5043～5052页。
⑤ 郭祥正《和杨公济钱塘西湖百题》，《青山集》卷二五，黄山书社1995年版。
⑥ 厉鹗《宋诗纪事》卷三三引《豫章诗话》，上海古籍出版社1983年版。
⑦ 叶寘《爱日斋丛钞》卷二，守山阁丛书本。脱脱等《宋史》卷二〇八艺文志七录李缜《梅百咏诗》一卷。

浴龙、陈迈高、魏定清等二十人①。此外南宋后期从事"梅花百咏"之作的还有楼考甫、吴元叔、陈公哲、赵时寒、李龙高、刘辰翁、方回等②。遗憾的是这些"百咏"之作，除刘克庄百首，方蒙仲、李龙高数十首，黄祖润等数首外，大多未能保存下来。但"梅花百咏"的出现以及如此众多参与者，充分显示了咏梅创作的空前兴盛。影响于后世，"百咏"之制成了咏梅创作的一个基本方式。百咏之外还有更大规模的咏梅。《宋史·艺文志》著录彭克《玉壶梅花三百咏》③。彭克，南丰人，"宝祐中，乡人陈宗礼典中秘书，檄取其书藏之秘阁，其书已佚"④。上述主要是绝句，南宋后期也有较大规模的律诗组咏出现，如张道洽《梅花》六十首、陆梦发《梅兴三十首》等⑤。

---

① 据《爱日斋丛钞》卷二、《后村先生大全集》卷二〇、一〇八、一〇九、一一〇。

② 方岳《书楼考甫〈梅花百咏〉因徐直孺寄考甫》，《秋崖集》卷一四，《影印文渊阁四库全书》本；姚勉《跋吴玉壶〈梅花百咏〉》，《雪坡集》卷四一，《影印文渊阁四库全书》本；戴表元《陈公哲〈梅花百咏〉》，《全宋诗》，第69册，第43710页；何梦桂《赵司理〈菊梅百咏〉跋》，《潜斋集》卷一〇，《影印文渊阁四库全书》本；《全宋诗》卷三七六三（第72册，第45377～45387页）载李龙高七绝梅诗93首；刘诜《百咏梅诗》：刘辰翁"短调亦至百篇"，《桂隐先生集》卷一，台湾新文丰出版公司元人文集珍本丛刊影印嘉靖本。周密《癸辛杂识》别集卷上："（方）回为庶官时，尝赋《梅花百咏》以诶贾相，遂得朝除。"

③ 脱脱等《宋史》卷二〇八，中华书局1977年版，第5379页。

④ 孔凡礼辑撰《宋诗纪事续补》卷二〇，北京大学出版社1987年版，下册，第841页。

⑤ 方回选评，李庆甲集评校点《瀛奎律髓汇评》卷二〇，第850、851页。

图10　[宋]黄大舆《梅苑》书影。民国十年（1921）上海古书流通处影印《楝亭十二种》本。南宋王灼《碧鸡漫志》卷二云："吾友黄载万（引者按：即黄大舆）歌词……所居斋前，梅花一株甚盛，故录唐以来词人才士之作，凡数百首，为斋居之玩，命曰《梅苑》。"

词中组咏也复不少。如黄大舆《梅苑》所载组词就有莫将《木兰花·十梅》、李子正《减兰十梅并序》、无名氏《捣练子·八梅》[①]。另外，扬无咎《柳梢青》十首、葛立方《满庭芳》七首、赵长卿《探春令·赏梅十首》、姜夔《卜算子·吏部梅花八咏夔次韵》八首、黎廷瑞《秦楼月·梅花十阕》等[②]也都是著名的梅花组词。

① 唐圭璋编《全宋词》，第2册，第894、995页；第5册，第3625页。
② 唐圭璋编《全宋词》，第2册，第1196、1340页；第3册，第1780、2185页；第5册，第3390页。

4. 其他专题创作

李龏(1194？—1272)《梅花衲》,是个人咏梅集句诗集,共212首(五绝65首,七绝147首),所集之句以唐宋诗家为主,下及四灵、江湖诗人。据该集刘宰序,光宗绍熙间"江宁有李魴伯鲤者","《梅花集句》百首,其所取用上及晋宋,下止苏门诸君子"①。另郭适之"举业余暇,为梅、雪集绝句,至六百余篇"②。释绍嵩《咏梅五十首呈史尚书》七绝③也是著名的集句之作。

方蒙仲以前人咏梅名句为题一一作诗,有《以诗句咏梅》46首④。赵时韶也有类似(用林逋山园小梅中四句为题)的组诗,又以林逋"疏影"一联十四字逐字为韵作七绝组诗⑤。

题画诗也有因绘画之集锦、连环而写成组诗的,如释师范《花光十梅》⑥。宋伯仁《梅花喜神谱》是画梅图谱,共百幅图,每图配以五绝一首进行文字说明,从咏梅的角度看,这也可看作描写一百种不同形态的大型组诗。

5. 专嗜与日课

整个宋代尤其是南宋中后期,颇有一些文人着意咏梅世称擅场,甚或嗜梅自任高自标榜的。林逋自然是其中先导,今存咏梅三题八首,世称"孤山八梅"。后来爱梅嗜咏者益渐增多。如北宋董贞元,政和

---

① 刘宰《〈梅花衲〉序》,《梅花衲》卷首,南宋六十家集本。
② 楼钥《跋郭适之集句梅雪诗》,《攻媿集》卷七五。
③ 释绍嵩《咏梅五十首呈史尚书》,《全宋诗》,第61册,第38650页;释绍嵩《江浙纪行集句诗》卷五,《宋椠南宋群贤小集》本。
④ 方蒙仲《以诗句咏梅》,《全宋诗》,第64册,第40058页。
⑤ 赵时韶《山园小梅得《疏影横斜……》十四诗》等,《全宋诗》,第57册,第35896～35897页。
⑥ 释师范《花光十梅》,《全宋诗》,第55册,第34790页。

间忤蔡京，携家居乌程梅林里，性好赋梅诗，所谓"三槐九棘浮云外，一树寒梅寄我心"①。南宋宋伯仁自称"余有梅癖，辟圃以栽，筑亭以对，刊《清臞集》以咏"②。自衷咏梅作品为专集的还有张道洽，"平生梅花诗三百余首"。据说"尝自衷所作，次为二卷，并自为序，其略云，余诗似梅乎，梅似余诗乎"③。今存仍有86首之多。宋末"李迪，字惠叔，号爱梅，都梁人，与文信国同时"。其《自题爱梅》："我被梅花恼几年，梅花才发便诗颠。月明绕却梅花树，直入梅花影里眠。"④另外王义山《题陈宗阳〈梅花全韵诗集〉》⑤、刘克庄《（题）李洞斋〈梅供诗卷〉》⑥，所题都属咏梅专集。方逢辰《题〈梅骚〉后》："有客过予，自号'梅友'，出示一编曰《梅骚》，且以不及梅为骚之欠，不入骚为梅之耻，将以补骚缺也。"⑦所谓《梅骚》是专题补骚的辞赋集。朱雍现存20首词尽属咏梅，编为《梅词》⑧。另有一些诗人辞家，虽无赋梅专辑，但集中作品以咏梅为主，如姚勉《毛霆甫诗集序》介绍："（毛）霆甫（震龙）之人，盖独立尘埃万物之表，诗十之八为梅花，而韵远思清，真与梅同一清格。"⑨

① 董贞元《梅》，孔凡礼辑撰《宋诗纪事续补》卷八。
② 宋伯仁《宋本梅花喜神谱》卷首自序，文物出版社1981年版。
③ 方回选评，李庆甲集评校点《瀛奎律髓汇评》卷二〇，中册，第778页；曹庭栋编《宋百家诗存》卷三五，《影印文渊阁四库全书》本。
④ 陆心源《宋诗纪事补遗》卷八四，清光绪癸巳刊本。
⑤ 王义山《题陈宗阳〈梅花全韵诗集〉》，《全宋诗》，第64册，第40088页。
⑥ 刘克庄《（题）李洞斋梅供诗卷》，《后村先生大全集》卷一〇七，《四部丛刊》本。
⑦ 方逢辰《题〈梅骚〉后》，《蛟峰文集》卷六，《影印文渊阁四库全书》本。
⑧ 朱雍《梅词》，唐圭璋编《全宋词》，第3册，第1509～1512页。
⑨ 姚勉《毛霆甫诗集序》，《雪坡集》卷三七，《影印文渊阁四库全书》本。

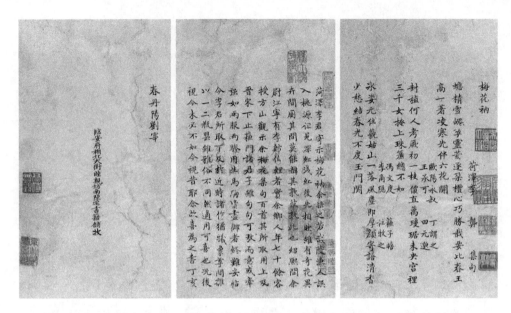

图 11 ［宋］李龏《梅花衲》书影，明影宋钞本。《梅花衲》是咏梅集句诗集，共212首（五绝65首，七绝147首），所集之句以唐宋诗家为主，下及四灵、江湖诗人。

南宋文人不乏以咏梅为日课者，如陆游，范成大《古梅二首》其二："陆郎旧有梅花课，未见今年句子来。"①陆游晚年居闲，吟怀洒落而笔耕勤奋，据自计一次"七十八日，得诗百首"②。是否真能像范成大所说以梅诗为日课，很难认真，但从现存作品看，年课梅诗却是事实，而且很少间断，陆游常因春间拖欠诗债而深自怨责③。据称当时"日

① 范成大《古梅二首》，《范石湖集》卷二三，上海古籍出版社1981年版。
② 刘克庄《（题）仲弟诗》，《后村先生大全集》卷九九。
③ 庆元二年，《春初骤暄一夕梅尽开明日大风落成积戏作》其二："堪笑老人风味减，三年不作送梅诗。"自注："予往岁多有送梅之作，今阁笔已累年。"（钱仲联校注《剑南诗稿校注》卷三四）嘉定三年，《梅开绝晚有感》："寻梅不负雪中期，醉倒犹须插一枝。莫讳衰迟杀风景，卷中今岁欠梅诗。"（钱仲联校注《剑南诗稿校注》卷七五）

作梅课"的还有赵蕃[①]，赵氏今存梅诗 120 多首。

除这些事迹显著者，宋人中注重咏梅者其实比比皆是。我们不妨再提供一些数据。林逋可谓宋代咏梅第一人，存梅诗八首，以此为基数，《全宋诗》近 600 位有咏梅之作的诗人中，有 136 人达到这一标准，其中 20 首（含 20 首）以上的就有 55 人：梅尧臣 20 首、邵雍 21 首、郑獬 24 首、苏轼 42 首（另有 5 首有异议未计入）、黄庭坚 27 首、张耒 33 首、晁说之 24 首、邹浩 33 首、周紫芝 59 首、李纲 32 首、曾几 26 首、刘才邵 24 首、王洋 45 首、陈与义 33 首、王之道 45 首、张嵲 31 首、胡寅 41 首、王铚 22 首、吴芾 44 首、王十朋 25 首、陆游 159 首、范成大 35 首、杨万里 140 首、喻良能 21 首、项安世 23 首、朱熹 33 首、张栻 28 首、许及之 42 首、虞俦 25 首、廖行之 29 首、陈傅良 22 首、楼钥 27 首、王炎 27 首、赵蕃 123 首、张镃 87 首、韩淲 46 首、陈宓 34 首、洪咨夔 20 首、郑清之 21 首、程公许 22 首、赵时韶 32 首、刘克庄 137 首、张侃 31 首、李龏 216 首、王柏 43 首、宋伯仁 108 首、方岳 71 首、释绍嵩 61 首、萧立之 30 首、张道洽 86 首、卫武宗 21 首、方蒙仲 178 首、舒岳祥 25 首、杨公远 27 首、李龙高 93 首。宋诗大家中较早着意咏梅的是王安石与苏轼，王安石梅诗（含相关题材）18 首，苏轼 42 首，以苏轼为基点，达到这一标准的也有 20 人。其中 100 首以上的有 7 人。

词中情况也复如此，宋词名家中以晏几道、苏轼较早着意咏梅，晏现存梅词 5 首，苏轼 6 首。以苏轼为基准，达到此数的有 48 人，其中 10 首以上的 20 人：周邦彦 10 首、毛滂 12 首、莫将 11 首、向子諲

---

① 方回："赵章泉日作梅诗。"方回选评，李庆甲集评校点《瀛奎律髓汇评》卷二〇，中册，第 773 页。

13首、李子正10首、李弥逊10首、张元干12首、扬无咎18首、曹勋15首、葛立方10首、朱雍20首、赵长卿37首、辛弃疾16首、姜夔19首、韩淲17首、吴潜12首、吴文英14首、刘辰翁11首、周密13首、黎廷瑞10首。

图12　苏州光福镇"香雪海"梅池，吴亦农提供。

上述作家中，林逋、王安石、苏轼、黄庭坚、陈与义、扬无咎、陆游、范成大、杨万里、朱熹、姜夔、张镃、刘克庄、李龏、宋伯仁、方蒙仲、张道洽等，或以咏梅艺梅名家，或梅作数量特多，或现存作品以咏梅为主，尤为引人瞩目。另外，石延年、晏殊、邵雍、晁补之、王直方、高荷、朱敦儒、李清照、萧德藻、魏了翁等也都因这样那样的咏梅情缘和成就而为世人所关注。

6. 梅花专题文献

现存宋代咏梅作品数量之可观，与文献的编纂与传承也不无关系。宋人重视梅花和咏梅，对有关文献工作也多经心。陈从古之和梅诗，哀集鲍照以来迄于当时梅诗800首，可见搜罗之全面。惜乎此书不存。《宋史》卷二〇八"艺文志七"载《宋初梅花千咏》二卷，不知何人所编，也未见宋人称述，从书名看当成于宋亡后。黄大舆《梅苑》是现存仅见的宋人咏梅总集，据周辉《清波杂志》卷一〇记载，收词"四百余阕"，今本《梅苑》已非黄氏原编，目录标508阕，实存412阕。其中有30多人的词作唯赖斯书以传。宋人中留意梅花作品整理编纂工作还大有人在。周辉得黄大舆《梅苑》"续以百余阕。复谓昔人谱竹及牡丹、芍药之属，皆有成咏，何独于梅阙之？乃采掇晋宋既国朝骚人才士凡为梅赋者，第而录之，成三十卷，谋于东州王锡老：'词以苑名矣，诗以史目，可乎？'王曰：'近时安定王德麟诗云：自古无人作花史，官梅须向纪中书。盖已命之矣'"。① 其实更早些南渡初期的扬无咎已表示过为梅著书修史的愿望，其《玉烛新》："高压尽、百卉千葩，因君合修花史。"《柳梢青》十首之十："群芳欲比何如。癯儒岂、膏粱共途。因事顺心，为花修史，从记中书。"② 稍后的"宁海方元善岳……尝著《梅史》行于世"③。此类《梅史》或《梅书》，其实大概也如周辉所编，以总集作品为主。遗憾的是，这些赋梅专集都已失传。专集之外，方回《瀛奎律髓》所收咏物诗于植物中独梅花辟出专类，收唐宋律诗211首（含苏轼《岐亭道上见梅花戏赠季常》诗下附舒亶《和石尉早梅》

---

① 周辉撰，刘永翔校注《清波杂志》卷一〇，中华书局1994年版，第455页。
② 唐圭璋编《全宋词》，第2册，第1195、1197页。
③ 陈郁《藏一话腴》内编卷下，适园丛书本。方岳，字元善，号菊田，宁海人，著《深雪偶谈》。另祁门方岳，字巨山，号秋崖。

二首），其中宋代192首。陈景沂《全芳备祖》为植物学资料汇辑，前集花部27卷，著录植物120种，梅花居其首，合红梅、蜡梅独占两卷，共收咏梅诗186首、词81首，另有各类散句若干，其中宋以前作品只有20篇。这两部书对保存咏梅作品也贡献不少。

7.咏梅题材的泛衍繁富

图13　广东省普宁市大坪镇善德村梅花，周坤亮摄。

咏梅创作的繁荣，不只是简单的量的增加，更是情趣内涵的拓展。表现在诗歌题材上，则是日趋繁富细致，表现出物情竞逐，人意烂漫的生动景象。

首先是梅花品种。宋以前人们艺梅尚未形成明确的品种意识，诗人所咏只是笼统的梅花，从所写特征看，属于宋人所说的"江梅"之类。入宋后，艺梅兴趣高涨，红梅、蜡梅、古梅相继为人们所认识，引起注意，成为热点，另外还有千叶、重台、绿萼等新品异类，"世之诗愈多，而和亦多，情益多而梅亦益多也，曰红，曰白，曰蜡，曰香，曰桃，曰绿萼，曰鹅黄，曰纷红，曰雪颊，曰千叶，曰照水，曰鸳鸯者，凡数十品"①。

其次是梅花景观。艺梅的普及，使园艺梅景成了咏梅的主要内容。晋唐之际诗人所咏之梅多属天然野生，"庭梅""宫梅"一类取材和措辞也属偶见，而宋人所咏梅景各类人工营建形形色色，如李质《艮岳百咏》所写就有"梅池""梅岗""梅岭""梅渚""蜡梅屏"等景观②。其他如梅林、梅园、梅村、梅坡、梅涧、梅溪、梅岩、梅亭、梅台、梅轩、梅屋、梅窗、梅径、三友亭、梅竹馆之类，更是不胜枚举。另外梅画（以墨梅为主）、瓶梅（插花）、盆梅（盆景）等人文题材，北宋后期以来方兴未艾。

对梅花形象的观察和把握愈益深入，诗题也便愈趋细致。梅花的不同形态，如："梅梢""蓓蕾""欲开""半开""全开""欲谢""半谢""全谢""小实""大实"③等，不同生态，如"清晨""风前""月下""雪后""雨中""水边""竹外""江村""山馆""薄暮"④"岭梅""野梅""早梅""寒梅""小梅""疏梅""枯梅"⑤等，名目别立，层出不穷。

梅花有关的文化活动也愈益展开。人围绕梅花的不同活动和情态，如："催梅""探梅""赏梅""泛梅"（酒杯泛花）"簪梅""评梅"⑥"恋梅""爱梅""梦梅""折梅""叹梅""感梅""梅癖""梅债""问梅"⑦"吟

① 刘学箕《梅说》，《方是闲居士小稿》卷下，《影印文渊阁四库全书》本。
② 李质《艮岳百咏》，《全宋诗》，第 26 册，第 17026 页。
③ 以上张至龙《梅花十咏》诗题，《全宋诗》，第 62 册，第 39091 页。
④ 以上王铚《同赋梅花十二题》诗题，《雪溪集》卷五，《影印文渊阁四库全书》本。
⑤ 以上朱熹《元范尊兄示及十梅诗风格清新意寄深远吟玩累日欲和不能昨夕自白鹿玉涧归偶得数语》诗题，《晦庵先生朱文公文集》卷七。
⑥ 以上葛立方《满庭芳》诗题，唐圭璋编《全宋词》，第 2 册，第 1340～1342 页。
⑦ 以上赵时韶《吟梅》等 32 首七绝诗题，《全宋诗》，第 57 册，第 35896 页。

梅""种梅""接梅""催梅""买梅""忆梅""折梅""寄梅"等。与梅有关的各种用品，如"消梅""盐梅""梅角""梅屏""梅香""纸帐梅"等。还有各类梅花故事、遗迹及相关人物等，如"禹庙""成都"（梅龙）"扬州""真州""罗浮""艮岳""梅关""道山堂"（杨万里陆游事迹）"绿珠楼""红罗亭""玉堂""东阁""苏词""宋赋""陶诗"（陶诗无专题咏梅）"范谱"①，等等，都成了流行的诗题。上述所列大都是十、百组咏中的子目，其他梅各有态、人各有情的情境更是不胜枚举。从内容上看，一部分属于梅花形象认识方面的细致深入，另一方面则是主体活动和精神意趣的全方位展开，典型地体现了士大夫梅文化活动的繁兴和情感意态的漫然高涨。

8. 宋人的总结与反思

入宋后梅花审美兴趣的高涨、咏梅创作的繁兴是极其耀眼的历史现象、有目共睹的事实，宋人多有感慨和论述，如杨万里《洮湖和梅诗序》："梅之名肇于炎帝之经，著于说命之书、召南之诗，然以滋不以象，以实不以华也……南北诸子如阴铿、何逊、苏子卿，诗人之风流至此极矣，梅于是时，始一日以花闻天下，及唐之李、杜，本朝之苏、黄，崛起千载之下，而蹢籍千载之上，遂主风月花草之夏盟，而梅于其间始出桃李兰蕙而居客之右，盖梅之有遭未有盛于（此）时者也。然色弥章而用弥晦，花弥利（而）实弥钝也。梅之初服，岂其端使之然哉，前之遗，今之遭，信然欤！"②如罗大经《鹤林玉露》丙编卷四："《书》曰，'若作和羹，尔惟盐梅'，《诗》曰'摽有梅，其实七兮'，又曰'终南何有，有条有梅'，毛氏曰'梅，柟也'。陆玑曰，'似

---

① 以上李龙高《梅百咏》诗题，《全宋诗》，第72册，第45377～45387页。
② 杨万里《洮湖和梅诗序》，《诚斋集》卷七九，《四部丛刊》本。

杏而实酸’。盖但取其实与材而已，未尝及其花也。至六朝时，乃略有咏之，及唐而吟咏滋多，至本朝，则诗与歌词，连篇累牍，推为群芳之首，至恨《离骚》集众香草而不应遗梅。”罗大经还就梅花由晦而显，"天地之气，降腾变易，不常其所，而物亦随之"之自然规律进行思考。方回《瀛奎律髓》卷二〇梅花类序，对先秦以来梅花文学逐步发展的历史也有细致的勾勒。站在本朝咏梅繁荣的高度，反顾先秦以来梅花形象的长期不振，宋人多有困惑、遗憾乃至于不满形诸言表。其中致意最多的便是罗大经所说的"恨《离骚》集众香草而不应遗梅"，如曹勋《山居杂诗》："调羹商相业，粉额汉宫妆。寄远与却月，六朝用弥彰。犯寒清而洁，骚经何独忘。"[1]辛弃疾《和傅岩叟梅花二首》其二："灵均恨不与同时，欲把幽香赠一枝。堪入离骚文字否，当年何事未相知。"[2]刘克庄《梅花十绝答石塘二林》九叠之七、"名见商书又见诗，畹兰难拟况江蓠。灵均苦要群芳聚，却怪骚中偶见遗。"[3]王之望《和钱处和梅花五绝》其四："铁心开府不妨狂，赋语轻便独擅唐。堪笑离骚穷逐客，只知兰蕙有幽香。"[4]这种历史的回眸与追憾，正是出于宋朝咏梅繁荣、梅花地位空前尊崇之现实状况的反射激发。

① 曹勋《山居杂诗》，《松隐集》卷二一，《影印文渊阁四库全书》本。
② 辛弃疾《和傅岩叟梅花二首》，辛弃疾撰，邓广铭辑校审订，辛更儒笺注《辛稼轩诗文笺注》，上海古籍出版社 1995 年版，第 201 页。
③ 刘克庄《梅花十绝答石塘二林》，《后村先生大全集》卷一七。
④ 王之望《和钱处和梅花五绝》，《汉滨集》卷二，《影印文渊阁四库全书》本。

二、发展进程

图 14 ［宋］马远《梅石溪凫图》。绢本设色，
纵 27 厘米，横 28 厘米，故宫博物院藏。

两宋之际咏梅的繁荣也有一个渐行渐盛的过程，大致可以分为三个阶段：

（一）北宋前期

大约是宋太祖、太宗、真宗及仁宗朝早期，这时作为政治、文化重心的汴洛地区，牡丹栽培成风，梅花尚未引起特别注意，其地位与桃杏一类大致相若。虽然真宗朝以来，林逋、晏殊、梅尧臣等南方士人多有爱梅之意，写作了一些咏梅作品，甚至产生了"疏影横斜"那样的佳作，但影响一时未能开展。林逋的出名，主要因其孤隐，而非咏梅。时人对其咏梅的欣赏，如欧阳修及稍后司马光的《诗话》所载关于"疏影"一联的评价，注重的也只是写景咏物的艺术成就。

（二）北宋中后期

神宗熙宁尤其是哲宗元祐以来，梅花越来越引起重视，开始出现于京洛皇家和公卿园林，士人赏梅咏梅渐成风气。梅花新品如蜡梅、千叶梅等相继发现和认识。咏梅诗词数量明显增多。诗中开始出现十首以上的咏梅组诗，文人间有关的酬赠唱和也趋于频繁。"梅格"与咏梅，成了士人越来越常见的话题。相应地，"梅画"作为画科走向独立，释仲仁首开墨梅画法，"墨梅"题咏开始成了诗词的重要题材。据宋人笔记，宋徽宗年间，晁冲之、宋齐愈、陈与义等人曾因咏梅作品为当政或君主赏识，获超次擢拔①，梅花题材之在时人心目中的地位，于此可见一斑。编成于建炎三年黄大舆《梅苑》，所收"四百余阕"当属北宋作品，集中反映了北宋后期咏梅盛行一时的景况，可以视作这一阶段的一个总结。

---

① 曾敏行《独醒杂志》卷四记晁冲之《汉宫春》梅词为蔡京赏识除大晟府丞；《唐宋诸贤绝妙词选》卷八记宋齐愈召对《眼儿媚》梅词为宋徽宗所喜；葛胜仲《丹阳集》卷八《陈去非诗集序》："宣和中徽宗皇帝见所赋《墨梅》诗善，亟命召对，有见晚之嗟，遂登册府，擢掌符玺。"

（三）南宋

宋室南渡，梅花以风土之利更得人气之旺①，圃艺观赏蔚然成风，南宋中后期更是每况愈盛。"梅，天下尤物，无问智贤愚不肖，莫敢有异议"②，以至"骇女痴儿总爱梅，道人衲子亦争栽"③，"便佣儿贩妇，也知怜惜"④。新品异类层出不穷，园艺谱录类著作纷纷出笼。文人嗜梅自标、梅格比德者越来越多，"梅友""梅溪""梅边""梅涧""梅谷""梅轩""梅亭""梅窗""梅屋"一类表德字号遍布士林，如刘辰翁《梅轩记》所说："数年来，梅之德遍天下。余尝经年不见梅，而或坡或谷或溪或屋者，其人无日而不相遇也，往往字不见行而号称著焉。"⑤梅花成了士大夫人格最普遍、最崇高的象征。咏梅创作趋于繁盛，唱和日见频繁，十而百，百而千，规模逐步增大。作家别集中各种咏梅赋梅作品数量突出，优势显赫。咏梅诗数量达到或超过 42 首（苏轼的水平）的 20 位宋代诗人中，苏轼之外的其他 19 人都在南宋（其中 18 人属于南宋中后期）。存词 10 首以上的 21 人中至少有 16 位属于南宋。各类咏梅专集、梅史梅谱类编著也开始产生，咏梅文学乃至于整个梅花审美文化进入了鼎盛时期。

---

① 刘辰翁《梅轩记》："物莫盛于东南，而其盛于冬者，以其钟南方之气也。故梅尤盛于南，而号之者皆南人也。是其盛也，地也，号之者亦地也。若出于关陇也，而亦号之则异矣。"《须溪集》卷三，《影印文渊阁四库全书》本。
② 范成大《梅谱》，程杰校注《梅谱》，中州古籍出版社 2016 年版。
③ 杨万里《走笔和张功父玉照堂十绝句》其三，《诚斋集》卷二一。
④ 吕胜己《满江红》，唐圭璋编《全宋词》，第 3 册，第 1759 页。
⑤ 刘辰翁《梅轩记》："物莫盛于东南，而其盛于冬者，以其钟南方之气也。故梅尤盛于南，而号之者皆南人也。是其盛也，地也，号之者亦地也。若出于关陇也，而亦号之则异矣。"《须溪集》卷三，《影印文渊阁四库全书》本。

三、繁荣原因

两宋时期咏梅文学的繁荣，实际是当时整个梅艺文化繁盛的一个方面。而整个梅文化的兴盛，梅花之成为文化时尚，得到社会普遍推尊，又有着经济政治、思想文化的广阔背景，同时也与梅花自身的物理特色密切相关。笔者《梅花象征生成的三大原因》一文，从社会学、思想史、生物学三个方面进行分析，可以移作咏梅繁荣问题的参考[①]。

无论是对文学繁荣，还是对整个梅花审美文化发展来说，主导的、根本的原因是社会方面的。中唐以来，封建政治、经济和文化的发展都进入了一个新的阶段。尤其是宋以来随着科举取士制度的扩大和新型官僚政治体制的发展，广大庶族地主阶级知识分子队伍日益壮大，政治和社会地位稳步提高。经济上随着土地私有制进一步发展、租佃制的普及，地主和自耕农经济迅猛发展。在此基础上，封建官僚地主知识分子即士大夫主流文化积极建设、蓬勃发展，道德教育、思想学术、艺术审美、生活闲雅全面拓进，经史子集、道释农医、琴棋书画、衣食住行，物质和精神生活丰富多彩，并且越来越弥漫着一种士夫缙绅风流儒雅、闲适娱乐的文化意味。

在这日益丰富弥漫的士大夫"雅"文化中，园林圃艺是最生动的一个方面。汉唐之际园林艺术发展本就呈现这样的趋势，即由皇家园林的一统天下逐步让位给私家园林的发展。在私家园林中，又由六

---

① 程杰《梅花象征生成的三大原因》，《江苏社会科学》2001 年第 4 期。

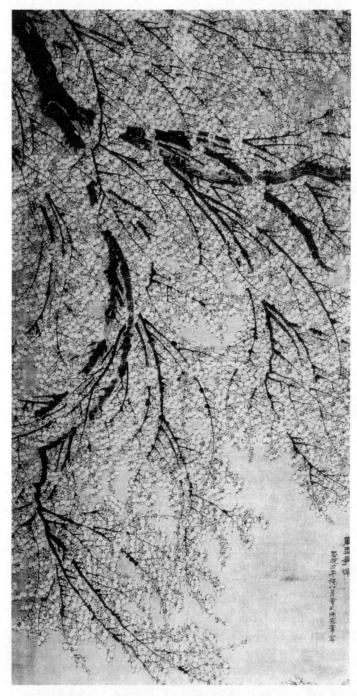

图15 ［明］陈录《万玉争辉图》，台北故
宫博物院藏。其画梅全学王冕，花枝更为繁密。

朝少数豪门贵族和寺院规模庞大的庄田园林逐步让位给官僚士大夫的别业经营。入宋后由于土地买卖和租佃制的发展，广大官僚地主更是普遍地占有土地，士大夫积极经营私产，促进了园林圃艺业及其相应文化活动的兴盛。在宋人的园艺建设中，花卉种植最常见的项目。尤其是对于中下层官僚知识分子来说，莳花艺木较之凿石叠山、筑台建楼简俭易行、力所能及，因而更为普遍。"夫人容膝之外，非甚俗者亦或莳花植木，以供燕娱。"①刘克庄诗中所说的，"买得荒郊五亩余，旋营花木置琴书。柳能樊圃犹须种，兰纵当门亦不锄""抱瓮荷锄非鄙事，栽花移竹似清谈"②。这种生活情景在广大中下层士人中是极其普遍的。而梅花以其宜暖宜润不宜寒、"江南此物处处有"③、"越岭吴溪免用栽"④的习性适应了两宋之际社会经济、文化以及政治重心的南移，并以其早馨凌寒、幽姿淡雅的独特形象适应了宋人道德意识和审美"比德"追求的心理期待，因此逐步成为时尚之最爱、芳国之至尊。南宋中后期的情况尤其如此，"学圃之士，必先种梅，且不厌多，他花有无多少，皆不系轻重"⑤。艺梅、赏梅、用梅、画梅、咏梅，认盟结友，专嗜表德，乃至为梅著书立说。在这样普遍钟情于梅的时尚风气中，正如前引宋人所说，是梅益多，情益多，而诗亦益多，咏梅之繁荣就是极其自然而然的事。

除了这相对的文化高潮外，咏梅创作的繁荣也有随着整个文学创作的普遍发展水涨船高的因素。宋代文人队伍壮大、文化相对普及、

---

① 林景熙《五云梅舍记》，《霁山文集》卷四，《影印文渊阁四库全书》本。
② 刘克庄《即事》，《后村先生大全集》卷七。
③ 赵蕃《次韵斯远折梅之作》，《淳熙稿》卷六，《影印文渊阁四库全书》本。
④ 罗邺《梅花》，《全唐诗》，第1653页。
⑤ 范成大《梅谱》，程杰校注《梅谱》，中州古籍出版社2016年版。

文学创作更是普及，出版印刷业的发达为虎添翼，人各有集，集各有诗有词，创作数量和传世机会都大大增加。从我们前面所介绍的繁荣现象，不难体验到整个文学艺术创作的普及与活跃对咏梅创作绝对数量的增加所带来的影响。

四、成就意义

繁荣不只是数量的，更是质量的，不只是活动外延的，更是精神内涵的。此点前文已间有述及。任何文化时尚的热点，都必然是时代精神的载体，宋代咏梅文学的兴盛，以审美的方式体现着宋人道德情怀的健举、人文意趣的拓展。宋代咏梅文学的最大贡献就在于展示了梅花审美文化的丰富内容与意趣，以语言艺术的明确意义和丰富手法揭示了梅花形象的审美意蕴，引导了梅花走向崇高文化形象的过程，促进了宋代梅花审美文化的兴旺发达。对此我们可以从以下两个层面来具体把握。

（一）审美态度的变化、审美意趣的开拓发展

"《离骚》偏撷香草，独不及梅。六代及唐，渐有赋咏，而偶然寄意，视之亦与诸花等，自北宋林逋诸人递相矜重，暗香疏影、半树横枝之句，作者始别立品题。南宋以来，遂以咏梅为诗家一大公案。"[1]宋代咏梅文学的发展过程，同时也就是梅花形象审美地位的提升过程。纵观六朝及唐，梅花的地位并不突出。诗赋所咏，虽然也偶有"庭梅""宫梅""官梅"一类园艺之属，但总体上以自然野生梅景为主。认识上也主要视

---

① 永瑢等《四库全书总目》卷一六七《郭豫亨〈梅花字字香〉提要》。

梅为桃杏一类的早春芳物。其作用主要在"花开花落"的景象触发情感，所谓"兔园标物序,惊时最是梅"(何逊),由此抒发时序迁转、青春易逝、生命漂泊的凄苦悲怨。乐府《梅花落》的落花意象和悲怨主题可以说是当时梅花观照中的流行基调。当然也有一些积极的姿态和立意,但也不出春光来早、阳和新好的感奋与欢欣。这种情态里,梅花只是时序变迁、物色荣谢的一个表象、一个细节,是人们情感抒发的一个触机和媒介,尚未取得充分独立自足的审美意义。

图 16 〔清〕金农《梅花图扇页》, 故宫博物院藏。

这种情况从中唐开始逐步得到改变。中唐文人开始表现出物色征逐、追求赏心悦目的主动意态和情趣。杜甫有"巡檐索共梅花笑"(杜甫《沙头》)的诗句,白居易更有《和薛秀才寻梅花同饮见赠》《与诸客携酒寻去年梅花有感》《忆杭州梅花因叙旧游寄萧协律》《新栽梅》等诗作,或叙携友踏青探梅之乐事,或写闲居植梅赏花之雅趣。但睹诗题也不难感受到与《梅花落》悲声古调完全不同的文人揽物游乐的情景。不仅是梅花，人们在对唐诗中樱花描写的考察中也发现了类似的变化。日本市川桃子指出："在描写樱桃花之际，盛唐诗人只对花之'开''落'感兴趣。这并不意味盛唐诗人的表现力贫乏，而只显示出他们关注的趣向所在。在盛唐诗中，作者们无论咏樱桃还是咏风景，都不是着眼于樱桃、风景本身，而是把重点放在述说由此触发的作者自身的心境。""与此不同，中唐诗相对人生深重的感慨及那种场合漠然的气氛来说，更关心具象的事物。"中唐文人"自白居易、韩愈以降，大体都有享受安逸生活的体验，在那种时候，似乎也有爱花种花的余暇，中唐普遍流行欣赏植物的风气"。"这个时期许多植物都被人欣赏，它们的姿态描绘在诗中。爱花而至于自己种植，自然会观察得更加细致，描写得更加具体，而且感情会随之移入到作为描写对象的植物中去。"①由形色摇情的自然物色意象，到主体深入观照欣赏的审美对象，是文学中植物形象变化的基本趋势，体现了社会生产和生活发展基础上人与自然关系的不断改善。其中梅花入宋后更得历史机遇，不仅成为一个引人注意的审美对象、一个清倩新丽的芳菲形象，逐步被赋予深刻的精神意义和思想价值，从而上升为崇高的文化象征。

入宋后的咏梅文学提供了这样一些重要的审美感受和认识：

一、林逋为先驱，其"孤山八梅"凸显了梅花"疏影横斜""暗香浮动"的幽雅形姿，体现出闲静淡泊的隐者意趣，奠定了梅花作为人格写意的审美发展方向。

二、以苏轼为代表，不仅进一步强化了梅花超凡脱俗的品格，同时感遇咏怀、借梅自寓，注入主流士大夫宦海沉浮、入世历炼的人生

---

① 市川桃子《中唐诗在唐诗之流中的位置（下）——由樱桃描写的方式来分析》，蒋寅译，江苏古籍出版社《古典文学知识》1995 年第 5 期。

体验，表现出雅狷兀傲、清逸超迈而又不免几分孤清落寞的复杂性格和丰富意态。

三、随着道德意识的高涨、儒家义理的深入人心，北宋中期以来梅花的素色、幽姿，尤其是凛然"岁寒"的花期习性都得到了深入的格究理会，赋予了刚直端毅、坚贞不屈等品格意志、气节情操，梅花逐步成为儒家君子人格"比德"的最佳形象。

四、理学家在品节情操之外还独得"天地之大德曰生"之理趣。"吟客漫能工水月，先儒曾此识乾坤。"[1] "一日微阳积一分，看看积得一阳成。夜来迸出梅花里，天地初心只是生。"[2]他们从梅花的凌寒而

图 17　[清]弘仁《梅花图》。纸本墨笔，纵 22 厘米，横 13.8 厘米，安徽省博物馆藏。

发领悟和证示天理的大气斡旋、流行化育、无处不在，这一理学别裁，客观上揭示了梅花天地先春的生机之美："一气独先天地春。"[3] "一夜霜清不成梦，起来春意满人间。"[4]宋以前有关立意只是感梅时序之早，

①　萧立之《再为梅赋》，《全宋诗》，第 62 册，第 39181 页。
②　方夔《梅花五绝》其二，《富山遗稿》卷一〇，《影印文渊阁四库全书》本。
③　于石《早梅》，《紫岩诗选》卷三，吴师道编选，《影印文渊阁四库全书》本。
④　黄铢《梅花》，厉鹗《宋诗纪事》卷五二，上海古籍出版社 1983 年版。

赏其物色新好，现在突出其生机独发，管领春风，化生万物之气象。在梅花"清气""骨气"之外，开出梅花"生气"之美的新思路。

五、南宋士人，尤其是广大江湖士人，江山半壁、世事惨淡与人生的支离浮泛，百般寒薄枯淡的感受与期艾，使他们对梅花这一江南芳物出以更深的体恤与观照，古苍、简劲、疏瘦、枯淡之象，孤寂、幽峭、野逸、清冷之趣，得到了充分的表现和发挥。

六、宋元易代之际的逸民遗士更是视梅为患难之友、德业之师[①]，高仰其忠贞不屈、远引自守之义，赋予了一定的民族气节意识。

上述这些虽然属于不同的时代，也有着社会层面和思想传统种种殊异，但总属"比德"寄托、品格写意的审美需求，体现着这个时代封建士大夫道德意识高涨，人文意趣张扬的普遍精神。梅花审美越来越超越外在形似的追求，淡化花容形色因素，向品格意趣的观照、发现、想象与寄托的方向迈进。我们可以从中梳理出一个遗貌取神不断提高的认识进程。宋初咏梅仍停留于写形拟似或编缀故事，林逋的成就在因象见意、目即道存。苏轼对石延年"认桃辨杏"寻枝摘叶的胶柱之法提出批评，标志咏梅求格意识的自觉。到了南宋，有关认识进一步提高："对梅欲作语，当在梅之外。""无能根本求，仅为色香嗜。""愿闻第一义，更作向上计。"[②]"若以色见我，色衰令人忘。香为众妙宗，妙亦不在香。"[③]"说着色香犹近俗，丹心只许伯夷知。"[④]梅高在格，格在形外，已成了美学共识。以这样的水平来衡量，林逋的诗句也显

① 胡次焱《雪梅赋》，《梅岩文集》卷一，《影印文渊阁四库全书》本。
② 杜范《方山有转语之作并用韵二章》序引方山诗，《清献集》卷一，《影印文渊阁四库全书》本。
③ 陈傅良《和张倅唐英咏梅十四首》，《止斋集》卷三，《影印文渊阁四库全书》本。
④ 刘黻《梅花》，《蒙川遗稿》卷三，《影印文渊阁四库全书》本。

得落后:"梅花如高人，妙在一丘壑。林逋语虽工，竟未脱缠缚。"[①]"高人风味天然别，不在横斜不在香。"[②]梅花脱弃花容形迹，精神全在心志意气，成了纯然的品格之象、道德之标。这是宋代咏梅意趣的极致。当然"意格"不能完全脱离形迹，梅花品格意趣之美的发展其实包含两个有机统一的方面，一是梅之疏影暗香、花期习性、幽姿古干等形象因素的抉发与提炼，一是主观精神意趣的体悟和发挥。经过这"意"与"象"双向有机的持续推演，到南宋后期梅花之作为文化象征符号已是完全成熟定型。

审美认识存在于具体的审美活动之中，与上述审美认识相联系，宋代咏梅文学的巨大数量展示了宋人艺梅赏梅文化的丰富内容，展示了审美方式和文化意趣的广泛方面。从前述繁富泛衍的梅花题材可以看出，宋人咏梅赋梅，远远突破了晋唐之际探春惊时、惜艳摹状的单一视野和意向。其中既有客观物色的深入欣赏，更多主观活动的意兴感咏。既多日常生活化的内容，又包含文学、绘画、圃艺的广泛体验，表现出宋代士大夫积极开拓生活空间，发展人文意趣、创造生活艺术的时代特征。这些形形色色的题材和景观、活动和创作、遗迹和故事，铺设了梅花这一类层文化生活的主要范围，奠定了我们民族梅花审美文化的基本面貌。

（二）艺术表现方式的探索和演进

艺术技巧是审美认识的途径，通向美学意义的桥梁。审美认识的发展，包含着艺术把握方式的发现和演进。梅花由一般意象到独立对象，

---

① 陆游《开岁半月湖村梅开无余偶得五诗以烟湿落梅村为韵》其三，钱仲联校注《剑南诗稿校注》卷四二。
② 方岳《雪后梅边》其八，《秋崖集》卷一，《影印文渊阁四库全书》本。

由美感形象到文化象征，相应地，艺术表现手段也出现了一系列的嬗变和改进。晋唐诗赋主要着眼于梅花的直观形象，或取其"花开花落"的物色效果，或摹其花色花香的物形特征，总属"窥情风景""钻研形似"的范畴。入宋后主要有如下创新：

一、精心裁择，以意炼象。宋以前咏梅着眼多在花之色、香。林逋发明梅枝"疏影横斜"之美，南宋人进而"以横斜疏瘦与老枝怪奇者为贵"①，这都是宋代梅花审美上的大斩获，使梅花突破了一般春花容色呈妍的凡姿俗态，展现出疏雅瘦劲的骨格形象。另外，强调梅香之"暗""淡"，避实就虚，多捕捉"幽影"扶疏之象，多撷取"竹外一枝"、水边篱落两三枝，追求以少胜多一枝传神，诗歌对偶中"香与影对"取代了"色与香对"成为流行组合，诸如此类都是宋人匠心所在。表面上看，这些都是客观自然因素，但正如贡布里希所说："艺术家的倾向是看到他要画的东西，而不是画他所看到的东西。"②这些独特的取景和组合，有着视角的大转换，更多出于主观的期待、选择与构想，直接体现着梅花品格、意趣美的发明与创造。

二、虚处传神，离形得似。"画论形似已为非，牝牡那穷神骏知。莫向眼前寻尺度，要从物外极观窥。山因雨雾青增黛，水为风便绿起漪。以是于梅觅佳处，故就偏爱月明时。"③宋人大量发展起以物类聚、渲染烘托、旁敲侧击、横斜取势的手法。林逋首开此例，"写照乍分清浅水，传神初付黄昏月"④，宋人广为传效，不断琢磨提炼。"梅花佳处是孤影，

---

① 范成大《梅谱》，程杰校注《梅谱》，中州古籍出版社 2016 年版。
② 英国 E.H. 贡布里希《艺术与错觉——图画再现的心理学研究》，林夕、李本正、范景中译，浙江摄影出版社 1987 年版，第 101 页。
③ 赵蕃《梅花六首》其五，《章泉稿》卷三，《影印文渊阁四库全书》本。
④ 汪莘《满江红》，唐圭璋编《全宋词》，第 3 册，第 2195 页。

月落参横真见之。"① "本是前村深处物，竹篱茅舍却相宜。"② "破寒迎腊吐幽姿，占断一番清绝。照溪印月，带烟和雨，傍竹仍藏雪。"③ "天付风流，相时宜称，著处清幽。雪月光中，烟溪影里，松竹梢头。"④ 这些都是宋人咏梅侧面烘托的常例。事物的所谓"神"所谓"韵"，并非自明的，而是潜在的、有待发现和言说的一系列可能性。侧面的烘托与渲染依靠的是事物间相类相辅的关系，建构感知方向，映示事物的性质、神采和意义。梅花置于水月、霜雪、松竹、篱落茅舍等意象纵横交错的气象氛围中，就获得了清晰的趣味指向。

三、评骘高低，拟议阐说。比较、比喻和比拟是文学中最基本的描写手法，也是表意较为明确的手法。宋前咏梅中已不乏先例，比较、比喻尤为多见，如苏子卿"只言花是雪，不悟有香来"，卢照邻《梅花落》："梅岭花初发，天山雪未开。雪处疑花满，花边似雪回。"前一例隐有比较，后一例显系比喻，但都停留于写形拟貌，而宋人之比较重在品格，如苏仲及《念奴娇》："韵绝姿高直下视，红紫端如童仆。"⑤ 王庭珪《和王宰早梅》："疏影横斜语最奇，桃李凡姿无此格。"⑥ "桃李真肥婢，松筠共老苍。"⑦ 都着眼于高低尊卑。宋人之比喻意在精神，如无名氏《愁倚栏》："冰肌玉骨精神，不风尘。"⑧《减字木兰花》："雪中风韵，皓

---

① 赵蕃《桃花十绝句》其九，《章泉稿》卷四。
② 谢逸《梅六首》其二，《全宋诗》，第 22 册，第 14850 页。
③ 扬无咎《御街行》，唐圭璋编《全宋词》，第 2 册，第 1196 页。
④ 扬无咎《柳梢青》其九，唐圭璋编《全宋词》，第 2 册，第 1197 页。
⑤ 苏仲及《念奴娇》，唐圭璋编《全宋词》，第 2 册，第 991 页。
⑥ 王庭珪《和王宰早梅》，《全宋诗》，第 25 册，第 16765 页。
⑦ 尤袤《梅》，方回选评，李庆甲集评校点《瀛奎律髓汇评》卷二〇，中册，第 769 页。
⑧ 无名氏《愁倚栏》，唐圭璋编《全宋词》，第 5 册，第 3639 页。

图18 ［元］青白釉堆梅带座瓶。通高
24.7厘米，口径2.6厘米，江西万年县出土，
江西省博物馆藏。

质冰姿真莹静。"①《玉楼春》："爱君风措莹如冰,伴我情怀清似水。"②霜、雪不是用来拟其色而是拟其质,拟其格,揭示梅花的风味精神。拟人是宋代咏梅最富写意性的一种技巧。唐人写梅也有以美人比喻或比拟的,但所拟仍重在梅花的粉色玉貌,而宋人则拟人论格,以人格之高喻"梅格"之高。首先是选择月宫嫦娥、瑶池仙姝、姑射神女、深宫贵妃、林中美人、幽谷佳人等特品"美人"来拟喻,进而认为"美人"形象"终恨有儿女子态"③,仍不免脂粉色相之累,有碍道德境界之庄严威仪,于是改"以神仙、隐逸、古贤士君子比之,不然则以自况"④。"花中儿女纷纷是,唯有梅花是丈夫。"⑤梅花直接与士人品格、人文意趣(如"离骚句""贾岛诗")挂钩比拟,梅花的象征意义也就明通无碍、尽显无遗。

上述表现技巧的核心是遗貌取神、比德写意,彰显梅花的品格风神。或因景取裁,以意炼象;或侧面渲染,物外传神;或比类拟议,直言阐说,充分发挥了语言艺术想象自由、表意明确的审美表现优势和崇理尚意、重神写意的美学精神,对梅花崇高品格形象的塑造,深刻思想意义的揭示贡献多多。这些成功的构想和创造,为梅花审美提供了一系列经典的视角立场、意象构形、语词说法和故事情结。"暗香疏影""水边篱落""竹外一枝""江头千树""罗浮幽梦""月落参横""冰肌玉骨""铁心石肠""林下美人""山中高士"等宋人的咏梅胜境广为人们口传手

① 无名氏《减字木兰花》,唐圭璋编《全宋词》,第5册,第3639页。
② 无名氏《玉楼春》,唐圭璋编《全宋词》,第5册,第3638页。
③ 向子諲《卜算子》序,唐圭璋编《全宋词》,第2册,第972页。
④ 方回选评,李庆甲集评校点《瀛奎律髓汇评》卷二〇,中册,第812页。
⑤ 苏泂《和赵宫管看梅三首》其一,《冷然斋诗集》卷八,《影印文渊阁四库全书》本。

追，影响极其深远。在宋代，梅文化的繁荣虽然是多方面的，但文学一直处于前沿。"梅经和靖诗堪画"[①]，诗人的生花妙笔于视觉艺术启发多多，绘画和园艺经营中的"暗香""疏影""水边梅""竹里梅""月下梅"一系列的品题和名目都衍自文学的创意。宋代咏梅文学不仅体现了梅文化繁荣昌盛的生动图景，而且主导了梅花审美的基本方式和理念，代表了这一类层文化意识发展的高度。

（原载《阴山学刊》2002年第1期、第2期，又载程杰《宋代咏梅文学研究》，第17～47页，安徽文艺出版社2002年版，此处有修订。）

---

① 林希逸《题梅花帖（为徐山长作）》，《竹溪鬳斋十一稿续集》卷四，《影印文渊阁四库全书》本。

林逋咏梅在梅花审美认识史上的意义

林逋咏梅共有诗八首、词一首。诗八首宋时即被称为"孤山八梅"，其中"疏影横斜水清浅，暗香浮动月黄昏"一联最为脍炙人口。围绕林逋咏梅诗的艺术成就，尤其是"暗香""疏影"一联，人们已发表了不少介绍、鉴赏、评析的文章。据笔者所见，已故赵齐平先生《暗香疏影——说林逋〈山园小梅〉》[①]一文广征博引，论说精到，值得一读。赵先生的立场主要在分析诗歌的艺术性，尤其是以作品为切入点进一步理会评价林逋诗歌创作的整体风格和成就。笔者在此要做的是，从咏梅文学发展过程的角度考察林逋写梅的特点，揭示其在我们民族对梅花这一自然物审美认识史上的划时代意义与深刻影响。

一、林逋发现了"疏影横斜"之美

"孤山八梅"中常为人们称道圈点的其实只是以下三联：

疏影横斜水清浅，暗香浮动月黄昏。

雪后园林才半树，水边篱落忽横枝。

湖水倒窥疏影动，屋檐斜入一枝低。

---

① 赵齐平《宋诗臆说》，北京大学出版社 1993 年版。

图 19　林逋像，见清王复礼《孤山志》卷首。

这三联有一个共性，即都写到梅枝，虽然所谓"枝"当属有花之枝，但单元梅枝成了诗人观照的视角，其枝影形态成了描写的内容。第一联上句写枝形，下句写花香。第二联先写疏花，后写横枝，但两句间由于虚字的转折抑扬，突出的是梅枝的疏爽清拔之美。第三联则纯然着笔梅枝，写水中倒影、檐下独枝。可以说，梅枝被推到了较为突出的视点。

园艺学者通常把花卉美概括为"色""香""姿""韵"四个方面①。"色""香""姿"是花卉植物自然物理形态的美,"韵"是指人类主观情操、趣味投射寄托于物从而具有的象征之美。一般说来,对于梅花这样的花树来说,人们首先注意的当是花的"色"和"香",这是其形态自然美中最易于引起注意的方面,而枝干、树叶之类是较次要的(在不以花闻的树木则又是主要的)。纵览林逋之前的咏梅作品,笔者发现,确是如此,诗人们写梅普遍地从色、香两方面咏梅。抄缀历代诗句如下:

> 映日花光动,迎风香气来。②
>
> 只言花是雪,不悟有香来。③
>
> 雪含朝暝色,风引去来香。④
>
> 朔吹飘夜香,繁霜滋晓白。⑤
>
> 委素飘香照新月,桥边一树伤离别。⑥
>
> 谢郎衣袖初翻雪,荀令熏炉更换香。⑦
>
> 芬郁合将兰并茂,凝明应与雪相宜。⑧
>
> 愁怜粉艳飘歌席,静爱寒香扑酒樽。⑨

---

① 参考周武忠《中国花卉文化》,广州花城出版社 1992 年版,第 6 页。
② 陈叔宝《梅花落二首》其一,逯钦立辑校《先秦汉魏晋南北朝诗》,下册,第 2507 页。
③ 苏子卿《梅花落》,逯钦立辑校《先秦汉魏晋南北朝诗》下册,第 2601 页。
④ 李峤《梅》,《全唐诗》,上海古籍出版社 1986 年缩印扬州诗局本,第 147 页。
⑤ 柳宗元《早梅》,《全唐诗》,第 875 页。
⑥ 李绅《过梅里七首·早梅桥》,《全唐诗》,第 1220 页。
⑦ 李商隐《酬崔八早梅有赠兼示之作》,《全唐诗》,第 1366 页。
⑧ 方干《胡中丞早梅》,《全唐诗》,第 1641 页。
⑨ 罗隐《梅花》,《全唐诗》,第 1660 页。

素艳照尊桃莫比，孤香粘袖李须饶。①

冻白雪为伴，寒香风是媒。②

早梅初向雪中明，风惹奇香粉蕊轻。③

越岭寒枝香自拆，冷艳奇芳堪惜。④

这些南朝以来的咏梅诗句中，贯穿一个写梅的思维定势，这就是：梅之美质在其色和香，梅之特征在其素艳与寒香。这两方面都是梅花之"花"的内容。

图20　[清]朱奔《梅花图》。

其间诗人也说到枝，如"南枝北枝"，这是用典。又如折枝，也多属折梅寄远的用典。至于像白居易《寄情》所写："灼灼早春梅，东南枝最早。持来玩未足，花向手中老。"⑤这里的折枝显然只是"一枝花"而不是"一树枝"的意思。值得一提的是晚唐以来咏梅作品中也开始出现了聚焦梅枝，以少胜多，甚至一枝传神的咏梅倾向，如李建勋《梅花寄所亲》："一气才新物未知，每惭青律与先吹。雪霜迷素犹

① 郑谷《梅》，《全唐诗》，第1704页。
② 韩偓《早玩雪梅有怀亲属》，《全唐诗》，第1710页。
③ 和凝《宫词》之七十二，《全唐诗》，第1839页。
④ 和凝《望梅花》，张璋、黄畲编《全唐五代词》，上海古籍出版社1986年版，第333页。
⑤ 《全唐诗》，第1116、1847页。

嫌早，桃杏虽红且后时。云鬒自粘飘处粉，玉鞭谁知出墙枝。"①孙光宪《望梅花》："数枝开与短墙平。见雪萼，红跗相映。"②以出墙之枝渲染梅花独领春光之先。齐己《早梅》更具代表性："万木冻欲折，孤根暖独回。前村深雪里，昨夜一枝开。风递幽香去，禽窥素艳来。明年如应律，先发映春台。"③据说"一枝开"本作"数枝开"，"郑谷为点定曰：'"数枝"非早，不若"一枝"佳耳。'"④同样这里的"花一枝"，虽然已着眼于梅枝单元，但表现目的也在于突出梅开之早。梅开百芳之先，一枝又为满树之先。就写早梅报春而言，构思深入了一步，反映了晚唐五代荒乱苍凉岁月里诗人们潜心吟业、苦心构思的成就，但用意未变，并非是为了表现梅枝之美。当然这种以少胜多的观察和描写视角对后来咏梅者也属启发多多，诗歌在笼统的树花描写之外多了许多枝头特写的镜头。甚至包括林逋上述三联，尤其是后两联，不能说没有齐己"一枝"传神的影响。但齐己表现的终是花"开"，林逋则主要着眼于枝，着眼于梅树枝形之"疏"，枝势之或"横"或"斜"。三联都是如此。

众所周知，林逋的"疏影横斜"之句是由南唐江为"竹影横斜水清浅"句改窜一字而得。竹不以花闻而纯以茎节枝叶为美。我们不能起林逋以诘之，到底是受到了江为此句的启发从而注意起梅树枝干之美，还

---

① 《全唐诗》，第 1847 页。

② 张璋、黄畬编《全唐五代词》，第 829 页。

③ 《全唐诗》，第 2066 页。

④ 王士禛原编，郑方坤删补，戴鸿森校点《五代诗话》卷八，人民文学出版社 1998 年版。

是先得于己心偶感于前人佳作裁而用之[①]，但有一点是极其明了的，如此移花接木又能吻合无间，说明诗人表现的不可能再是色、香等"花"美的范畴，而是梅与竹之间极其相通的美质，即枝干的形影姿态之美。

图21　梅枝（网友提供）。

花与枝是梅树自然形态的不同方面。六朝以来漫长的时期中，诗人于梅枝也不可能全然盲目。如何逊《咏早梅诗》即言："衔霜当路发，映雪拟寒开。枝横却月观，花绕凌风台。"[②]"枝"与"花"对列。杜甫《沙头》"巡檐索共梅花笑，冷蕊疏枝半不禁"[③]，"疏枝"与"冷蕊"并举。但这只是极个别的现象，也非经意所得。宋人《雪浪斋日记》说："为

① 在另一处，林逋自己也写到月下竹影的景色，并用到"疏影"二字。见《寄题僧院庭竹》："岑寂宝坊清夜月，几移疏影上蚍蜉。"《全宋诗》，第2册，第1237页。

② 逯钦立辑校《先秦汉魏晋南北朝诗》，中华书局1988年版，中册，第1699页。

③ 钱谦益笺注《钱注杜诗》，上海古籍出版社1958年版，下册，第570页。

诗当饱参，然后臭味乃同，虽为大宗匠者亦然。'月观横枝'之语，乃何逊之妙处也，自林和靖一参之后，参之者甚多。"①此语意在倡导作诗要转益多师，善学出新，因而强调了林逋与何逊"枝横"之语的联系，但前后比较，无论是何逊，还是杜甫，写及梅枝都属偶见，也过于简单，远不如林逋聚焦特写，连篇冲击，来得豁人耳目，影响深远。

让我们来看看林逋"一参"之后的情况。花之"色"与"香"依然是观梅写梅最基本的审美取向，但梅之树形枝态与梅花之色、香一起成了诗人关注描写的内容，而且越来越得到重视。比林逋晚一辈、仁宗朝的著名诗人梅尧臣庆历八年（1048）的《梅花》诗颔联"薄薄远香来幽谷，疏疏寒影近房栊"②，"薄""香"与"疏""影"相对成联，明显地带有林逋"疏影"一联的影子。至于皇祐五年（1053）《京师逢卖梅花五首》(其四)"曾见竹篱和树夹，高枝斜引过柴扉"③，更是主要着意于梅枝的"斜"劲。苏轼的回应更为引人瞩目，元丰年间在黄州写作的《红梅三首》之三："乞与徐熙画新样，竹间璀璨出斜枝。"④《和秦太虚梅花》："江头千树春欲暗，竹外一枝斜更好。"⑤尤其是后一句，为人们所激赏，声名与林逋"疏影""雪后"诸联相侔。从描写技巧上看，与齐己"昨夜"句同是一枝特写，以少胜多。从美感内容上讲，则包含了对梅枝清拔挺秀之美的捕捉与表现。由于这些著名作品的作用，梅之秀枝疏影成了与"花色花香"几近并列的审"梅"视角，反映在诗歌对联的组合上，从北宋后期开始，经常出现"花"与"枝"对，

---

① 胡仔《苕溪渔隐诗话》前集卷二七，人民文学出版社 1981 年版。
② 《全宋诗》，第 5 册，第 2974 页。
③ 《全宋诗》，第 5 册，第 3067 页。
④ 苏轼撰，王文诰辑注，孔凡礼点校《苏轼诗集》卷二一，中华书局 1982 年版。
⑤ 苏轼撰，王文诰辑注，孔凡礼点校《苏轼诗集》卷二一。

"香"与"影"对的方式，如：

> 一树轻明侵晓岸，数枝轻瘦耿疏篱。（释道潜《梅花寄汝阴苏太守》）

> 清香侵砚水，寒影伴书灯。（张耒《偶折梅数枝置上盎中芬然遂开》）

> 暗吐幽香穿别院，半欹斜影入寒塘。（田亘《江梅》）

> 欲危疏朵风吹老，太瘦长条雨飐低。（胡铨《和和靖八梅》）

> 风裾挽香虽淡薄，月窗横影已精神。（范成大《再题瓶中梅》）

> 枝似去年仍转瘦，花于来岁定谁看。（杨万里《怀古堂前小梅渐开》）

> 移灯看影怜渠瘦，掩户留香笑我痴。（陆游《十一月八夜灯下对梅独酌累日劳甚颇自慰也》）

> 色疑初割蜂脾蜜，影欲平欺鹤膝枝。（陆游《荀秀才送腊梅十枝奇甚为赋此诗》）

> 数枝寒照水，一点净沾苔。（翁卷《道上人房老梅》）

> 绰约花房宜戏蝶，崔嵬枝干若游龙。（韩淲《梅下》）

> 冰池照影何须月，雪岸闻香不见花。（戴复古《梅》）

> 水际寒香迥，窗间夜影横。（张道洽《梅花》）

> 三点两点淡尤好，十枝五枝疏更佳。（张道洽《梅花》）[①]

真可谓花、枝齐招展，香、影同摇曳了。至于纯然咏梅枝的，如《瀛奎律髓》所收如尤袤、杨万里、陆游、张道洽等人的诗篇就不烦枚举了。

注意到梅枝，其意义并不仅仅在于发现了梅花美的一个新方面。

---

① 以上诸例均引自《瀛奎律髓》卷二〇，李庆甲汇评校点本，上海古籍出版社 1986 年版。

众所周知，梅花在大自然的"百花园"里，花形小、花期短、色彩淡，除了其味微馨，清新宜人外，花的视觉形象其实并不突出。倒是梅枝条畅秀拔，尤其是花期无叶，唯疏花点缀其间，更显出枝干之疏挺醒目。因此可以说，梅之香与梅之枝倒是梅树审美价值的两个亮点，也就是说，梅之"疏影""暗香"是两个最具鲜明个性的方面。抓住了这两方面，才可谓抓住了梅树形象美的核心。因此说，梅枝美的发现，不仅在于多了一个"审梅"视角，更重要的是表明人们对梅花美的认识更为准确，更为全面。事实也是如此，正是在梅花冷蕊幽香的基础上发现了疏枝横斜，才建立起梅花淡雅、高洁、冷峭、清瘦美的整体认识。尤其是一个"瘦"字，虽然其中包含了花之素洁色淡予人"脱脂""减肥"的感受，但主要地却是由梅树花时无叶唯"疏影横斜"的特征。这一认识是逐步明确起来的。苏轼诗友释道潜《梅花寄汝阴苏太守》曰："湖山摇落岁方悲，又见梅花破玉蕊。一树轻明侵晓岸，数枝清瘦耿疏篱。"[1]这是宋人用"瘦"状梅较早的例子。到了南宋，时势之局促，人生之漂泊，人们心理上普遍有一种落寞苍凉之感，诗人写梅花就更是满纸老干瘦形了，以致最终形成了"梅以韵胜，以格高，故以横斜疏瘦与老枝怪奇者为贵"[2]的审美风尚。

纵观我们民族的"审梅"活动，从《诗经》《尚书》中的梅"实"（果实及其滋味）比兴到六朝以来以"花"作为审美对象，着眼梅花"色""香"进行咏物抒情，是一大进步[3]。林逋则把人们的视野从"花"引向"枝"，

① 《全宋诗》，第 16 册，第 10762 页。

② 范成大《梅谱》，程杰校注《梅谱》，中州古籍出版社 2016 年版。

③ 参阅程杰《梅花意象及其象征意义的发生》，载《南京师大学报》1998 年第 4 期。

发现了梅树的秀枝曲干之美，从而丰富了人们对梅花的形象认识，使梅花形象美更完整、更准确，同时也更鲜明地定位于清瘦淡雅的审美意向，为进一步赋予士大夫人格意趣奠定了基础。

二、"写照乍分清浅水，传神初付黄昏月"[①]

林逋不仅在梅花之外发现了梅枝，而且开始以水、月等映衬烘托梅花风概，使梅花意象洋溢着幽闲清雅的神韵意味。正如元人冯子振《梅花百咏·水月梅》诗中所说："浮玉溪边夜未期，暗香疏影静相宜。一时意味无人识，只有咸平处士知。"[②]林逋在这一点上也有着划时代的作用。

最能体现这一点的是"疏影横斜水清浅，暗香浮动月黄昏"一联。正如上一节所说，它抓住了"疏影""暗香"两个最能体现梅花形象特征的方面，同时又放置在由"水"与"月"组合的极其幽静澄澹的环境里，构成了两两映衬，整体上极具"统觉"效果的画面，有力地突现了梅花清雅、疏淡、幽独、冷静的意趣。这是一个极其成功的"四件套"。其中"水""月"的引入，既切合梅花生长的自然特征，又具有色调和环境方面极强的渲染力，对表现梅花的体态风神意义重大。回顾林逋之前的咏梅作品，未见有这样明确的"四件"映衬组合，只是有一些梅与水、梅与月单方面的描写关系，与之相比，林逋的集中组合要自觉得多，也高明得多。

---

① 汪莘《满江红》，唐圭璋编《全宋词》，第 3 册，第 2195 页。
② 顾嗣立编《元诗选》三集，中华书局 1987 年版，第 136 页。

梅花与水的关系是有生物种性之根据的。"梅爱山傍水际栽"①，梅花性喜温暖湿润的气候，野生多于江岸山壑。唐代以来，诗人写梅大都有意无意中涉及这一特性。如王适《江边梅》："忽见寒梅树，开花汉水滨。"②张谓（一作戎昱）《早梅》："一树寒梅白玉条，迥临春路傍溪桥。不知近水花先发，疑是经春雪未销。"③钱起《山路见梅感而有作》："晚溪寒水照，晴日数蜂来。"④杜牧《梅》："轻盈照溪水，掩敛下瑶台。"⑤韦蟾《梅》："高树临溪艳，低枝隔竹繁。"⑥李群玉《寄友》："无因一向溪头醉，处处寒梅映酒旗。"⑦来鹄《梅花》："枝枝倚槛照池水，粉薄香残恨不胜。"⑧或实录梅花生长环境，或描写花溪映照之景象，都包含了梅花与水的"伴生"关系。也许林逋完全了解这些诗句的存在，但作为久居西湖，一生经历未离水乡泽国的诗人，对梅与水近、花水相照之物色必定自有其深切的感受。"疏影横斜水清浅""湖水倒窥疏影动"这样的景致，或有前人诗句的影响，但主要地仍属于自己隐居江湖的耳濡目染，因而比较起前人写得相对生动鲜明。尤其是"疏影"一句，以清浅剔透之水倒映疏秀峭拔之枝，较前人笼统的梅枝照水要来得具体生动，同时意境也远为空灵淡泊。

梅花与月之间没有植物生态习性上的联系，而主要属于审美感觉上的相通。最初诗人咏梅多以雪、霜作类比、映衬，至迟到晚唐李商

① 郑獬《梅花》，《全宋诗》，第10册，第6895页。
② 《全唐诗》，第238页。
③ 《全唐诗》，第460页。
④ 《全唐诗》，第596页。
⑤ 《全唐诗》，第1324页。
⑥ 《全唐诗》，第1446页。
⑦ 《全唐诗》，第1456页。
⑧ 《全唐诗》，第1618页。

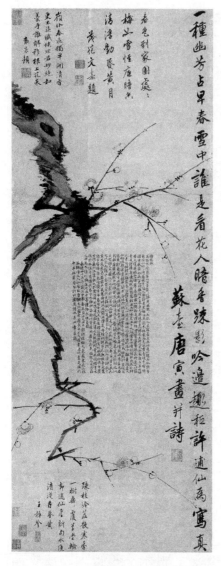

图22　[明]唐寅《墨梅》。
此图老干峭拔，新枝条秀，颇
得梅之清骨。

① 《全唐诗》，第 1618 页。
② 《全唐诗》，第 1455 页。
③ 《全唐诗》，第 1519 页。
④ 《全唐诗》，第 1552 页。
⑤ 《全唐诗》，第 1576 页。

隐等人，诗中开始引入"月"的意象
来写梅，如李商隐《十一月中旬至扶
风界见梅花》："匝路亭亭艳，非时
渑渑香。素娥惟怀月，青女不饶霜。"①
李群玉《人日梅花，病中作》："半落
半开临野岸，团情团思醉韶光。玉鳞
寂寂飞斜月，素艳亭亭对夕阳。"②温
庭皓《梅》："一树寒林外，何人此地栽。
春光先自暖，阳艳暗相催。晓觉霜添
白，寒迷月借开。"③皮日休《行次野
梅》："共月已为迷眼伴，与春先作断
肠媒。"④陆龟蒙《奉和袭美行次野梅
次韵》："风怜薄媚留香与，月会深情
借艳开。"⑤这些诗句的一个共性，是
以月色的皎洁来比况、烘托梅花的白
洁冷艳，即以月色写花色。而林逋"暗
香"句则沿袭张为原诗的构思，以月
色来烘托花香。这样前人所着意的梅
花明艳的色彩感进一步淡化，花容花
色越来越不重要，越来越遭到忽略、

缺省。

　　耐人寻味的是，"暗香"这一基本属于"拿来"的句子原本是写桂花芳气的，"移花接木"用来咏梅，细细品味其实并不是尽善尽美的。如其中"昏黄"二字无论是作为一个时间概念，还是指花色或月色的感觉气氛，都值得进一步推敲。后来诗评家也不乏疑惑的眼光。明代杨慎对此费了一番思量，当然他最后似乎理顺了，认为："月黄昏，谓夜深香动，月为之黄而昏，非谓人定时也。盖昼午后，阴气用事，花房敛藏，夜半后，阳气用事，而花敷蕊散香。凡花皆然，不独梅也。坡诗：'只恐夜深花睡去，高烧银烛照红妆。'宋人栀子花词：'恼人惟是夜深时。'是此理。余尝有诗云：'晓屏睡梦暖香中，花气薰人怯晓风。'亦与此同意，盖物理然耳"。[1]这一解释虽然有个人经验作根据，但花气能使月色为之"昏黄"，不是过于馥烈浓郁吗？以此形容梅花香气，不能令人无辞。清田同之认为："此解固是，然和靖以此咏梅，愚意以为不甚允协。盖南唐江为已先有句云：'竹影横斜水清浅，桂香浮动月黄昏。'细玩其情形理致，殊觉一字难移，恰是竹、桂。即就'月为之黄而昏'一解论之，亦自是桂花，不是梅花。而古今诵之，不辨未详耶，抑附和盛名耶，吾不能无间然矣。"[2]笔者是同意此议的，"暗香"一句尤其是"昏黄"两个朦胧而略呈暖色的字眼毕竟以咏桂花为原汁原味，拿来写梅，难能尽安。但这种潜在的不妥长时期内并未引起人们的注意，反而获得异口同声的称赞，说明"月"的引入其意义倒不在于能烘托梅花的清芬幽馥，而在于"月"这一传统意象幽淡冷静的基调对

---

① 丁福保辑《历代诗话续编》，中华书局 1983 年版，中册，第 653～654 页。
② 田同之《西圃诗说》，《清诗话续编》二，上海古籍出版社 1983 年版，第 761 页。

梅花幽闲、疏淡、清瘦之美的表现有更鲜明的渲染作用[1]。正是由于"水"与"月"合力烘托,梅花意象更鲜明地定位于幽静疏瘦之美,凸显出体态物色美的神髓。这一审美定位和描写效果在林逋稍后即得到普遍的肯定,人们盛称"疏影"一联"曲尽梅之体态"[2],认为"前世咏梅者多矣,未有此句"[3]。从这些赞叹中不难想象到,时人对这两句当有许多会心的感觉。成功的作品就在于写出人人"心中所欲言"而又非"能自言"的"境界"[4]。

我们在林逋身后即看到这种梅与水、月的组合渐渐流行起来。宋庠《南方未腊,梅花已开,北土虽春,未有秀者,因怀昔时赏玩,成忆梅咏》:"高枝笼远驿,侧影照回塘。旷望黄昏月,嬊妍半夜霜。"[5]梅尧

图 23 [清]余集《梅下赏月图》。纸本墨笔,纵 65.2 厘米,横 31 厘米,上海博物馆藏。

① 苏轼咏梅多以月下幽人观照的情境,对宋人以月写梅的构思影响较大,俟文另论。
② 司马光《温公续诗话》,何文焕辑《历代诗话》上,中华书局 1981 年版,第 275 页。
③ 欧阳修《归田录》卷二,中华书局 1981 年版。
④ 王国维《清真先生遗事》,《清真集》附,中华书局 1981 年版。
⑤ 《全宋诗》,第 4 册,第 2530 页。

臣《依韵和正仲重台梅花》："月光临更好，溪水照偏能。"①杨则之《雪霁观梅》："向晚十分终更好，静兼江月淡娟娟。"②苏辙《次韵王适梅花》："江梅似欲竞新年，照水窥林态愈妍。霜重清香浑欲滴，月明素质自生烟。"③黄裳《梅花八绝》："花傍水边窥缥缈，月来花上失婵娟。"④赵令畤《菩萨蛮》："春风试手先梅蕊，颖姿冷艳明沙水。不受众芳知，端须月与期。"⑤吴可《探梅》："喷月清香犹吝惜，印溪疏影恣横斜。"⑥虽然诗人们感兴趣的仍主要是梅与水、与月交相辉映的静娟明秀之美，而且遣词造语也远不如林逋来得精警，有些只是林逋语句的简单袭用，如吴可《探梅》"欲看枝横水，会待月挂树"⑦，但都说明林逋揭示的梅与水、月辉映，水、月之际以见梅好的审美视角与思路已得到广泛的认同。

　　对于咏梅来说，"水""月"的作用不只是渲染其形象"体态"之神韵。因为"水""月"在中国文学中是两个特殊的意象。我们只要重温一下王维"明月松间照，清泉石上流"⑧的名句，比读一下林逋描写僧人"瞑目几闲松下月，净头时动石盆泉"⑨的诗句，就不难感受到这两个意象作为传统士大夫高雅闲静、超尘脱俗精神追求之写照的丰富意蕴及其在林逋诗中具有的非一般性。"水"已不只是一个生长环

①《全宋诗》，第 5 册，第 3097 页。
②《全宋诗》，第 11 册，第 7495 页。
③《全宋诗》，第 15 册，第 9963 页。
④《全宋诗》，第 16 册，第 11082 页。
⑤ 唐圭璋编《全宋词》，第 1 册，第 497 页。
⑥《全宋诗》，第 19 册，第 13022 页。
⑦《全宋诗》，第 19 册，第 13015 页。
⑧ 王维《山居秋暝》，王维撰，赵殿成笺注《王右丞集笺注》卷七，上海古籍出版社 1961 年版。
⑨ 林逋《和西湖霁上人寄然社诗》，《全宋诗》，第 2 册，第 1227 页。

境，"月"的作用也远不是一种光色气氛的拟似词。置身于水月营造的"语境"，梅花也便获得其精神境界象征意义。当时苏轼的一句笑谈可以说反映了人们对梅与"水""月"组合意义的感悟。有人与苏轼置酒论诗，认为"疏影"一联"咏杏与桃李皆可用也"。苏轼当即取笑道："可则可，只是杏李花不敢承当。"①敢不敢承当，就不只是个似与不似的问题，而是高低尊卑的评价。"水""月"映衬不只写出了梅花的"体态"神韵，也烘托出了高超的品格，这不仅是不可移易的，也是桃杏之类已有定论的秾丽之花无可企望的且担当不起的。无独有偶，北宋末的陈辅之，也说过林逋所写"近似野蔷薇"的话②。对此宋人也明确指出，"野蔷薇"不可能"有此潇洒标致"③。王、陈二氏之论出现于林逋咏梅声誉未盛之时，出发点也都是讨论写物如何贴切的纯诗学问题，也可以说是各有所见。在某些个别特定的情况下，杏李与蔷薇都可能符合"疏影"一联所写的景象④，但艺术思维的"这一个"总以揭示事物的类本质为

----

① 王直方《王直方诗话》，郭绍虞辑《宋诗话辑佚》上，中华书局 1980 年版，第 13 页。
② 陈辅《陈辅之诗话》，郭绍虞辑《宋诗话辑佚》上，第 292 页。
③ 王楙《野客丛书》卷二二，中华书局 1987 年版。
④ 蔷薇确也以枝条胜，梁元帝《看摘蔷薇诗》就有"横枝斜绾袖"（逯钦立辑校《先秦汉魏晋南北朝诗》下，第 2047 页）的句子。皮日休《奉和鲁望蔷薇次韵》："红芳掩敛将迷蝶，翠蔓飘飘欲挂人。"（《全唐诗》，第 1553 页）蔷薇花香也为诗人称美，王安石诗中有这样的写景："暗香一阵连风起，知有蔷薇涧底花。"（《同熊伯通自定林过悟真二首》，《临川先生文集》卷二九）但蔷薇丛生，枝肆叶密，人家多以为篱，当不得一"疏"字。费衮《梁溪漫志》卷七："陈辅之云，林和靖'疏影横斜水清浅，暗香浮动月黄昏。'殆似野蔷薇，是未为知诗者。予尝踏月水边，见梅影在地，疏瘦清绝，熟味此诗，真能与梅传神也。野蔷薇丛生，初无疏影，花阴散漫，乌得横斜也哉？"（知不足斋丛书本）陈辅之所说"野蔷薇"，生于僻壤瘠土，或初生孤嫩，也可能有此长相。但从蔷薇这一种属的基本特征而言，却不能说是"疏"的。

目的。宋人从林逋开创的梅与"水""月"的组合中读到了一种不可僭越冒替的精神格调。

文学大家不仅自身的意识构成一种时代的代表，其影响更是重要的。苏轼之后，更确切地说，到南北宋之交，我们看到诗人们对梅与"水""月"之间精神相通、"标格"相称这一点已是很明确了。如谢逸（1068－1112）《月中观梅花怀月上人》："梅清不受尘，月净本无垢……但想月中梅，作诗清如昼（指皎然）。"[1]梅之与月不只是色相的类同堪比、相映生辉，而是"清净"品性上的比德齐贤。只有水、月的映衬烘托，才能有效地展示梅花的风采，发挥其精神标格。赵温之《喜迁莺》："大潇洒，最宜雪宜月，宜亭宜水。"[2]邵博《念奴娇》："天然潇洒，尽人间无物堪齐标格，只与姮娥为伴侣，方显一家颜色。"这里的"颜色"，是精神格调的代名词。

南宋，尤其是中期以后，诗人咏梅，以水、月"与（梅）花为表德"[3]，以收旁见侧照之效，几成必得之口实、必行之思路：

> 问道春来相识否，岭头昨夜开花，水村烟雾寄生涯。月寒疏影淡，整整复斜斜。[4]

> 不怕微霜点玉枝，恨无流水照幽姿。[5]

> 破寒迎腊吐幽姿，占断一番清绝。照溪印月，带烟和雨，傍竹仍藏雪。[6]

---

① 《全宋诗》，第 22 册，第 14821 页。

② 唐圭璋编《全宋词》，第 1 册，第 497 页。

③ 史达祖《醉公子》，唐圭璋编《全宋词》，第 4 册，第 2347 页。

④ 王庭珪《临江仙·梅》，唐圭璋编《全宋词》，第 2 册，第 817 页。

⑤ 张元干《鹧鸪天》，唐圭璋编《全宋词》，第 2 册，第 1093 页。

⑥ 杨无咎《御街行》，唐圭璋编《全宋词》，第 2 册，第 1196 页。

天付风流，相时宜称，著处清幽。雪月光中，烟溪影里，松竹梢头。①

竹篱曲曲水边村，月澹霜清欲断魂。②

高标元合著山泽，绝艳岂复施丹铅。③

春信今年早，江头昨夜寒。已教清彻骨，更向月中看。④

骨冷肌清偏要月，天寒日暮尤宜竹……宁委涧，嫌金屋。宁映水，羞银烛。⑤

有月色逾淡，无风香自生……迥立风尘表，长含水月清。⑥

梅花得月太清生，月到梅花越样明。⑦

孤影棱棱，暗香楚楚，水月成三绝。⑧

水月精神玉雪胎，乾坤清气化生来。⑨

诗写到这个份上，已入于论宗，是以议论为描写，语意是再明确不过了。显然，以"水""月"为"表德"，不只是个描写技巧问题。梅花经"水""月"洗礼，而具有了非凡的意旨，跻身于"水""月"等传统比德之象的行列，成了士大夫人格的象征。有关的演进轨迹容当进一步考察与讨论（梅花在走向人格象征中，"水""月"之外，也还有其他"表德"之物发挥作用），但就中林逋的意义已是很清楚了。

---

① 扬无咎《柳梢青》，唐圭璋编《全宋词》，第 2 册，第 1197 页。
② 陆游《雪后寻梅偶得绝句十首》，钱仲联校注《剑南诗稿校注》卷一四。
③ 陆游《探梅》，钱仲联校注《剑南诗稿校注》卷二六。
④ 陆游《梅花》，钱仲联校注《剑南诗稿校注》卷四四。
⑤ 刘克庄《满江红·题范尉梅谷》，唐圭璋编《全宋词》，第 4 册，第 2612 页。
⑥ 张道洽《梅花》，方回《瀛奎律髓》卷二〇。
⑦ 姚宋佐《梅月吟》，厉鹗《宋诗纪事》卷一三六九。
⑧ 仇远《酹江月》，唐圭璋编《全宋词》，第 5 册，第 3396 页。
⑨ 王从叔《浣溪沙·梅》，唐圭璋编《全宋词》，第 5 册，第 3555 页。

他以"疏影"一联开创了梅花与"水""月"紧密而深刻的审美联系，开始了"水""月"渐为梅花"表德"的过程，虽然他自己决不会预料到后世变本加厉的发展。

三、林逋赋予梅花以隐逸意趣

图24　杭州西湖孤山林逋墓。林逋赋予了梅花隐者人格的烙印，他以越世隐逸的心理开创了梅花作为高洁人格象征的主题新境。

不难看出，上述林逋咏梅的成就是与其隐士生涯联系在一起的。在当时梅花尚未引起广泛注意的情况下，林逋江南湖山隐居的生涯对梅花美的深入发现有决定的意义。中唐以来，尤其是晚唐五代以来，江南地区诗人僧隐之风盛行，林逋传统上属于这一流派，"窃占青山白云、春风芳草以为己有"①，"状林麓之幽胜，摅几格之闲旷"②，聊遣岁月。梅花正是其陶写寂寞的一个江南风物。林逋现存有限的作品提供了一些这方面的信息，他早年漫游的江淮一带野生梅较多："忆着江南旧行路，酒旗斜拂堕吟鞭。"③他后期的隐所孤山小园植有梅株。他对梅花是极其喜爱的："几回山脚又江头，绕着孤芳看不休。"④"不辞日日旁边立，长愿年年末上看。"⑤他也好以诗酬梅："吟情长负恨芳时，为见梅花辄入诗。"有关林逋"梅妻鹤子"⑥的说法很能反映出他对梅花的情有独钟、爱近成癖。他也意识到这种爱好是个人的，很不同于时好："人怜红艳多应俗，天与清香似有私。"⑦正是其孤寂生活里的独特爱好，使他成了第一个着意咏梅的诗人。

同时，作为一个隐者，林逋也必然地从自己的立场，以自己幽峭超然、淡泊闲静的心性意趣去感受梅花的形象，演绎其美的内涵。在"孤山八梅"中，林逋肯定梅花"众芳摇落独暄妍"⑧的品性。所写梅花都在湖山孤隐，远离人寰的背景里，多为"柴荆""竹丛"里的孤株独枝。反复使用"清新""孤静"等词语，并且以春鸟、花蝶的无知来

---

① 皎然《诗式》卷四，十万卷楼藏书本。

② 林逋《深居杂兴六首》序，《全宋诗》，第2册，第1211页。

③ 林逋《山园小梅二首》，《全宋诗》，第2册，第1218页。

④ 林逋《梅花三首》，《全宋诗》，第2册，第1218页。

⑤ 林逋《梅花二首》，《全宋诗》，第2册，第1243页。

⑥ 田汝成《西湖游览志》二，《影印文渊阁四库全书》本。这一说法未见于各类北宋载籍，可能是南宋甚至更晚时代的附会调侃。

⑦ 林逋《梅花三首》，《全宋诗》，第2册，第1218页。

⑧ 林逋《山园小梅二首》，《全宋诗》，第2册，第1218页。

突出梅花的寒芳独发，写其冷落而傲峭的特殊品性。在林逋看来，梅花是天酬僧隐的独特风物："澄鲜只共邻僧惜，冷落犹嫌俗客看。"梅花是偏宜僧人，而不宜世俗的。因此林逋诗中也反复写及这样的意思，梅与我真情相对，"幸有微吟可相狎，不须檀板共金尊"[①]。上述这些都显示了隐士意趣情操的渗透与寄托。梅花因之打上了隐者人格的烙印，赋予了浓重的精神境界与人格意味。前两节所论证的"疏影横斜"形象美的发现、水、月"表德"方式都得力于或服务于这种隐居生涯与人格意趣的渗透。可以这么说，如果换一个角色，决不可能在举世"轻描淡写"的情况下与梅如此专情着意，产生这么多的美感新发现，拓展出梅花闲静幽雅、超尘脱俗的意趣格调。在林逋之前，唯有晚唐的陆希声在其《阳羡杂咏·梅花坞》诗中写道："冻蕊凝香色艳新，小山深坞伴幽人。知君有意凌寒色，羞共千花一样春。"[②]立意可谓林逋先声。陆为当时名宦，此诗作于其晚年避迹隐居江南时。可见林逋咏梅之能卓然创获与其江南隐士生活经历、角色心性密切相关。

林逋之前，梅花意象主要见于表现"时序之心"和咏物写形两大动机，也偶有作者用于托物言志，引梅自喻，如鲍照《梅花落》、张九龄《庭梅咏》等，但都是表达才秀人微、贤者不遇的悲慨，主题上属于汉魏以来流行的"士不遇"的感遇咏怀。中唐以来，虽也在一些作品着眼于梅花寒芳傲雪的自然特性，表现出赞美肯定的倾向[③]，但缺乏与某种人格志趣密切联系的更高立意。虽然林逋诗中关于梅花人格象征之义说得不多，远不如后世那样醒豁深刻，这一方面是因

---

① 林逋《山园小梅二首》，《全宋诗》，第 2 册，第 1218 页。
② 《全唐诗》，第 1737 页。
③ 参阅程杰《梅花意象及其象征意义的发生》，载《南京师大学报》1998 年第 4 期。

为认识本身还有一个发展过程，另一方面是因为在诗歌创作风格上，林逋依然属于晚唐五代至宋初那种注重经营意象、苦炼偶对的时代，现存林逋诗纯然律体，意境的幽峭，"对意"的精巧是其艺术追求的核心①。但是他毕竟以隐者心性开启了意在闲静的新认识，而且他成功的咏梅本身就在梅与"处士"形象之间绾结起深刻的联系，为梅花作为高洁人格的象征树立了现实的范例。

历史是不容假设的，我们不可设想如果"暗香""疏影"诸联出于其他品格迥异的历史角色，譬如与林逋同时以功业著称的名相寇准，甚至是擅长权谋为时訾议的丁谓，那么梅花在宋代的遭遇，梅花走向象征的过程，如果这个过程终究是必然的话，将是怎样一个情景。历史正是以个体的偶然性来体现时代选择的必然性的。宋代是一个官僚政治体系进一步完善，封建伦理秩序高度加强，道德意识张扬的时代，反映在思想理论上则是理学的形成。而就广大士大夫精神追求的普遍情况而言，则是人格独立尊严意识的高涨，反映在文学上则是道德人格意趣和人生高雅品位的追求。对于广大仕宦出身的主流文人来说，林逋那样的出世方式并非实用，但其逍遥于世俗之外、脱略于人生熙攘苟营的生活态度却深契广大士大夫标揭精神高格的心理需求。这是林逋等隐士在宋代一直得到尊赏的根本原因。其咏梅也因此得到了热情响应与追随。虽然后来咏梅诗和梅花意象的发展表明，梅花象征意蕴并没有完全拘囿于隐士人格境界，但追求幽独耿介、淡泊闲静的逸世心态毕竟是其中最为核心的部分。在梅花象征完全定型的南宋，人

---

① 南宋陆游虽对林逋人格推尊备至，却对林逋咏梅颇表遗憾，《开岁半月湖村梅开无余，偶得五诗，以"烟湿落梅村"为韵》："梅花如高人，妙在一丘壑。林逋语虽工，竟未脱缠缚。"钱仲联校注《剑南诗稿校注》卷四二，上海古籍出版社 1985 年版。

们总结梅花意趣美、人格美的实质是："一丘一壑过姚黄。"①与作为富贵象征的牡丹截然不同，梅花是节义高蹈、"独善其身"者的图腾与象征。林逋本身就是一个"一丘一壑"的典型。其成功的咏梅，对于咏梅题材的创作来说，以越世隐逸的心理开创了梅花作为高洁人格象征的主题新境界，为宋代士大夫日益高扬的道德人格意识推出了一个形象化的表达方式，一个精神寄托的新意象。是林逋开创了梅花作为重要文学意象和文化象征的历史。从这个意义上，宋人高度评价林逋咏梅的地位："谁赋梅花诗，拟继三百五。昔闻林居士，幽栖贾岩坞。"②"百世孤芳肯自媒，直须诗句与推排……自有渊明方有菊，若无和靖即无梅。"③梅花与林逋紧密地联系在一起，正如吴锡畴《林和靖墓》诗中所说："遗稿曾无封禅文，鹤归何处认孤坟。清风千载梅花共，说着梅花定说君。"④"处士咏梅"本身就构成了一个"符号"，一个意象，一个意义结构，成了人们咏梅几乎有言必称的典故。

（原载《学术研究》2001 年第 7 期，又载程杰《宋代咏梅文学研究》，第 77 ～ 97 页，安徽文艺出版社 2002 年版，此处有修订。）

---

① 陆游《梅花绝句》其二，钱仲联校注《剑南诗稿校注》卷一〇。
② 陆佃《依韵和毅夫新栽梅花》，《全宋诗》，第 16 册，第 10645 页。
③ 辛弃疾《浣溪沙·种梅菊》，辛弃疾撰，邓广铭笺注《稼轩词编年笺注》，上海古籍出版社 1978 年版，第 496 页。
④ 厉鹗《宋诗纪事》卷七六，上海古籍出版社 1983 年版。

苏轼与罗浮梅花仙事

隋赵师雄罗浮山下醉遇梅仙是梅花的重要掌故，但可靠性却因《龙城录》一书著者的真伪问题而显得扑朔迷离，本文主要就《龙城录》故事文本以及宋人对这一典故使用情况着手探究。我们发现，《龙城录》赵师雄之事的文本自身充满矛盾，且有明显牵述苏轼松风亭梅诗意的痕迹，苏轼的作品更具原创性，宋人明确使用这一典故则是始于北宋末期。这些信息也许对《龙城录》这一问题著作的进一步认识有所帮助。由于赵师雄故事的强大影响，罗浮山麓附会出现了所谓赵师雄梦梅遗址即梅花村，在这一风景名胜的形成中，苏轼作品同样发挥了重要作用。

一、罗浮梦仙故事的文献问题

赵师雄罗浮山梦仙之事出唐柳宗元《龙城录》，题作《赵师雄醉憩梅花下》：

> 隋开皇中，赵师雄迁罗浮。一日天寒日暮，在醉醒间，因憩仆车于松林间酒肆傍舍，见一女子淡妆素服，出迓师雄。时已昏黑，残雪未销（未销：原作对，此据宋诸家引文改），月色微明。师雄喜之，与之语，但觉芳香袭人，语言极清丽。因与之扣酒家门，得数杯，相与饮。少顷，有一绿衣童来，

笑歌戏舞，亦自可观。顷醉寝，师雄亦懵然，但觉风寒相袭。

久之，时东方已白，师雄起视，乃在大梅花树下，上有翠羽啾嘈，

相顾月落参横，但惆怅而尔。

《龙城录》是一部志怪杂事集，今分二卷。龙城，隋朝县名，唐初
升龙州，后改名柳州。顾名思义，此书当成于柳宗元晚年贬官柳州时。
但此书的真伪向多疑议。不见于《崇文总目》《新唐书·艺文志》等书
目著录，南宋中尤袤《遂初堂书目》小说类始有其目，也未明确撰者
和卷数。宋元人多认为此书既不见《唐书》记载，且内容虚诞，文笔
衰弱，不似柳宗元所为，而是南北宋之交的王铚（1088—1146），或北
宋后期苏轼门生刘焘的假托①。但古人也有力驳宋人之说，认为柳宗元
所著无疑，如清曾钊即是②。当今学者也分为两派，一派如程毅中、李
剑国等先生坚持肯定，至少认为不能轻易否定柳宗元的作者身份③；另
一派是陶敏、薛洪勣先生，根据《龙城录》所载之事多与唐代历史事
实不合，又有属于柳宗元身后乃至于唐以后者，作者于唐代文献及典
制比较隔膜等现象，断言其绝非柳宗元乃至唐人所作④。笔者对陶敏等
先生的意见深表赞同，肯定此书出于宋人之手。但与陶敏等先生稍有
不同的是，笔者认为该书并非出现于北宋早期，而有可能是北宋后期，
更具体些说，应在苏轼身后。主要考虑是，宋初编纂的《太平御览》《太

① 何薳《春渚纪闻》卷五、张邦基《墨庄漫录》卷二、黎靖德《朱子语类》
卷一三八、洪迈《容斋随笔》卷一〇、元吴师道《敬乡录》卷一。
② 曾钊《龙城录》跋，《面城楼集钞》卷二，光绪十二年《学海堂丛刻》本。
③ 程毅中《唐代小说琐记》，中华书局《文史》第二十六辑；李剑国《唐五代
志怪传奇叙录》，南开大学出版社 1993 年版，第 493～507 页；《宋代志怪
传奇叙录》，南开大学出版社 2000 年版，第 15 页。
④ 陶敏《柳宗元〈龙城录〉真伪新考》，《文学遗产》2005 年第 4 期；薛洪勣《〈龙
城录〉考辨》，《社会科学战线》2005 年第 5 期。

平广记》未见采录，成于仁宗庆历元年（1041）的《崇文总目》、嘉祐五年（1060）的《新唐书·艺文志》均未见著录。陶敏先生文中提到《崇文总目》中已见著录，但遍检《崇文总目》未得，或为误记。今所见明确征引《龙城录》者有孔氏《六帖》等，最早都在两宋之交。李剑国先生文中认为托名钟辂《续前定录》中已采录《龙城录》五条，"此书初著于《崇文总目》"①。所说应属天一阁抄本《崇文总目》，而四库本无。但《续前定录》《龙城录》既同为宋人伪托，就有另一种可能，即《龙城录》与《续前定录》相同之内容，乃《龙城录》采自《续前定录》，而不是反之，且《龙城录》见于著录在后，这种可能性更大。

二、苏轼松风亭梅花诗非用赵师雄梦仙事

当代有关《龙城录》著者真伪问题的讨论中，有一个问题与苏轼等北宋中期文人直接挂上钩。这就是苏轼等人作品中的"月落参横"之语，无论是哪一派都提到了这一点，尤其是持柳宗元所作者认为，苏轼、秦观等人作品中已用了《龙城录》这一罗浮遇梅仙等典故，显然《龙城录》一书就不可能像朱熹等人所说，是生活在苏、秦之后的王铚等人的伪托②。所举其他典故都来源多途，不足为据，唯有赵师雄罗浮梦仙一事仅见于《龙城录》，如果确认苏轼、秦观等所言出于《龙城录》，那《龙城录》一书势必出现在苏、秦之前。但问题是，苏轼、秦观有关作品是否真用赵师雄罗浮遇仙之事，很是值得怀疑。

笔者就《全宋诗》《全宋词》《四库全书》集部通盘检索，整个北

① 李剑国《唐五代志怪传奇叙录》，南开大学出版社1993年版，第497页。
② 李剑国《唐五代志怪传奇叙录》，第497页。

宋时期仅见周紫芝《次韵似表谢胡士曹分梅花》"参横想见绿衣舞,月中笑语花微瞳"①,明确用赵师雄之事,该诗作于宣和五年(1123),已是北宋灭亡前夕。笔者所检词汇有这样一些:"参横""横参""罗浮""幽梦""淡妆""素服""翠禽""翠羽""绿衣""天寒日暮"等,这些在《龙城录》赵师雄故事文本中都是较为关键的字眼,但所见作品除周紫芝一例外,其他无一处与赵师雄遇仙之迹明确关联者。这其中秦观与苏轼两位作家的作品不容不提,李剑国等正是引据他们的作品,认为其中"月没参横"诸语是用赵师雄之事。

首先是秦观《和黄法曹忆建溪梅花》,作于元丰六、七年间。全文如下:"海陵参军不枯槁,醉忆梅花愁绝倒。为怜一树傍寒溪,花水多情自相恼。清泪班班知有恨,恨春相逢苦不早。甘心结子待君来,洗雨梳风为谁好。谁云广平心似铁,不惜珠玑与挥扫。月没参横画角哀,暗香销尽令人老。天分四时不相贷,孤芳转盼同衰草。要须健步远移归,乱插繁华向晴昊。"这里唯"月没参横"一语与赵师雄故事联系得上。宋人对此有两种解读。《能改斋漫录》卷六:"秦少游《和黄法曹梅花》诗:'月落参横画角哀,暗香销尽令人老。'世谓少游用《古善哉行》云'亲友在门,忘寝与餐'。按《异人录》载,隋开皇中赵师雄游罗浮……乃知少游实用此事。"吴曾的看法显然带着南宋中期赵师雄故事盛传之际的色彩。揣摩秦观全诗结构,这两句的用意十分明确,是叹惜梅花的凋落,实际使用的是《梅花落》或角曲《小梅花》也即"梅花三弄"一类乐府之事。宋代流行角曲《小梅花》,音调凄怆,主要用于城关戍楼守更报时吹奏,该曲殆由乐府《梅花落》演化而来,

① 周紫芝《太仓稊米集》卷八,《影印文渊阁四库全书》本。

图25 ［元］赵孟頫
《苏轼像》，台北故宫博物
院藏。苏轼创作了多首梅
花诗，情思深婉，风韵殊绝。

俗称《梅花三弄》①。自来咏梅诗多用以代表梅花飘落，渲染伤春怨逝的情感。秦观另有《桃源忆故人》词"无端画角严城动"，所写就是这番情形。这里所谓"月没参横画角哀"，也正是这一传统的思路和用意。同时友人参寥、苏轼、苏辙的和诗对应的层次也都就此立意，感慨梅花的凋落，而不是梦中遇仙那样的境界。而且单从字面而言，也以取自曹植《善哉行》"月没参横，北斗阑干"一语更为现成和贴切。因此笔者认为，说秦观此诗用赵师雄故事并不合理。

苏轼咏梅诗中涉嫌化用赵师雄故事的咏梅作品有两组，一是《次韵杨公济奉议梅花十首》《再和杨公济梅花十绝》，另一是《十一月二十六日松风亭下梅花盛开》《再用前韵》《花落复次前韵》三首。《次韵杨公济》二十绝作于元祐六年（1089）正月杭州知州任上。杨公济名蟠，时任杭州通判，其咏梅原作不存。苏轼二十首作品以咏梅为主，间也因梅起兴，寄托疏离朝政、漂泊江南的隐衷。其中下列三首隐有《龙城录》赵师雄故事字面：《次韵杨公济奉议梅花十首》其一："梅梢春色弄微和，作意南枝剪刻多。月黑林

---

① 程杰《梅文化论丛》，中华书局2007年版，第125～133页。

间逢缟袂，霸陵醉尉误谁何。"《再和杨公济梅花十绝》其十："北客南来岂是家，醉看参月半横斜。他年欲识吴姬面，秉烛三更对此花。"其中"月黑林间逢缟袂"，"醉看参月半横斜"云云，都很容易与《龙城录》中赵师雄故事情形联系起来。但苏轼这两组绝句共二十首，各自有独立的情景、构思和用典，相互间并无连贯的情景。所引这两首，虽然字面上有与赵师雄之事相仿之外，但实际意思却毫不相关。如"月黑"句所写是黑夜所见梅花，仿佛白衣佳人，不知霸陵醉尉会误认为谁。试想如果此处用《龙城录》故事，直言赵师雄所见如何不是更为顺当，何须转用与梅花毫无关系的"霸陵醉尉"？"北客南来"一首是写纵酒赏花，直至深夜三更，此时参星与月亮都是西斜未落。显然这样的情形与《龙城录》所说"东方已白""月落参横"时间不合。如属用典，杜甫《送严侍郎到绵州同登杜使君江楼宴得心字》"灯光散远近，月彩静高深。城拥朝来客，天横醉后参"，写宴集尽欢，剧饮达旦，完全可以看作苏诗所本。因此说这组诗歌用《龙城录》之典，也很难落实，至少并非必然。

绍圣元年（1094）所作的惠州松风亭咏梅三首，内容与《龙城录》赵师雄故事更为接近。《十一月二十六日松风亭下梅花盛开》："春风岭上淮南村，昔年梅花曾断魂（予昔赴黄州，春风岭上见梅花，有两绝句。明年正月往岐亭道中赋诗云：去年今日关山路，细雨梅花正断魂）。岂知流落复相见，蛮风蜓雨愁黄昏。长条半落荔支浦，卧树独秀桃榔园。岂惟幽光留夜色，直恐冷艳排冬温。松风亭下荆棘里，两株玉蕊明桑暾。海南仙云娇堕砌，月下缟衣来扣门。酒醒梦觉起绕树，妙意有在终无言。先生独饮勿叹息，幸有落月窥清樽。"《再用前韵》："罗浮山下梅花村，玉雪为骨冰为魂。纷纷初疑月挂树，耿耿独与参横昏。先生索居江海上，悄如病鹤栖荒园。天香国艳肯相顾,知我酒熟诗清温。蓬莱宫中花鸟使,绿衣倒挂扶桑暾(岭南珍禽有倒挂子,绿毛红啄,如鹦鹉而小,自海东来,非尘埃间物也)。抱丛窥我方醉卧,故遣啄木先敲门。麻姑过君急洒扫,鸟能歌舞花能言。酒醒人散山寂寂,惟有落蕊粘空樽。"《花落复次前韵》:"玉妃谪堕烟雨村,先生作诗与招魂。人间草木非我对,奔月偶挂成幽昏。暗香入户寻短梦,青子缀枝留小园。披衣连夜唤客饮,雪肤满地聊相温。松明照坐愁不睡,井花入腹清而暾。先生年来六十化,道眼已入不二门。多情好事余习气,惜花未忍终无言。留连一物吾过矣,笑领百罚空罍樽。"诗中"月下缟衣来扣门""酒醒梦觉起绕树""耿耿独与参横昏""绿衣倒挂扶桑暾"云云都很容易与赵师雄故事文本相联系,但细味诗意,却很难认其必用罗浮梦遇梅仙之事,理由如下:

首先,苏轼三诗,所写都切合苏轼个中处境,自有其创作的当下情形和内在逻辑,很难说是编述他人故事。第一首起唱,从"昔年梅花"说起,转入流落复见。"松风亭下"四句正面写亭下盛开之花,也是先实后虚。"海南仙云"两句是写梅花光气袭人,设若是用赵师雄之事,也以改称"罗浮仙云"为宜。第二首"罗浮山下梅花村"之言,所指仍是松风亭下梅花,之所以称"梅花村",敷凑押韵而已,与后世附会出现的赵师雄遇仙之罗浮山梅花村无关。第三首咏花落,拟为"玉妃谪堕",也是因题造语,与赵师雄遇仙之事更是了无似处。苏轼此三诗中有两处自注说明,一是"春风岭上梅花村",另一是"绿衣倒挂",前者是自忆往事,后者是当下所见罗浮珍禽,所指非亲身经历未必熟悉。设若诗中"罗浮山下梅花村","月下缟衣来扣门"是用赵师雄事,当时也属僻典,前此无人提及,又属惠州当地史实,苏轼自当加以说明。尤其是"绿衣倒挂"之景,这是与赵师雄故事中所梦"绿衣童来歌舞",

化为翠衣鸣枝最为吻合的细节，但苏轼自注表明，所写是当时所见之实，具有语意的原创性。如苏轼知有赵师雄故事，在自注中必有一番联想与交代，或者在诗歌正文中恣意发挥。但无论正文还是注释，都未提及罗浮仙事。这些都表明，苏轼写作此诗时对《龙城录》赵师雄之事并无所知。

其次，诗中不少语词虽然散见于赵师雄故事文本，但都是出于自身的语意逻辑和技巧习惯，通篇并无化用和演绎赵师雄罗浮梦仙之事的痕迹。如"海南仙云娇堕砌，月下缟衣来扣门"，承上"松风亭下荆棘里，两株玉蕊明桑暾"，着力形容梅花的优美明丽，仿佛如一朵海上仙云飘然而至，如缟衣素裳的佳人月夜造访。"月下缟衣"与《次韵杨公济》诗中"月黑林间逢缟袂"语意相仿。"纷纷初疑月挂树，耿耿独与参横昏"，也是承上以月亮与参星来比喻梅花的明洁，思路与手法都较实际，并无使用罗浮梦仙之事的虚构色彩。从苏轼个人咏梅诗的历史发展看，相关技巧有一个逐步深化的过程。苏轼诗中擅写深更幽寻、月下独遇之景，见诸咏梅也多此类境界。杭州次韵杨公济诸诗所写多是月下所见梅花。而松风亭三诗正是这一情趣的自然发展。虽然有"海南仙云""月下缟衣""玉妃谪堕""奔月偶桂"之类想象，但也多属即景点染，略施形容而已。设若苏轼演绎赵师雄遇仙之事，当拟梅为仙，极情想象，如黄州《海棠》《红梅》诗所为。

再次，苏轼松风亭诗一出，人们激赏其神奇的创造，未见同时有人视其用赵师雄之事者。如晁补之《和东坡先生梅花三首》："归来三月照玉蕊，一杯径卧东方暾。罗浮幽梦入仙窟，有屡亦满先生门。欣然得句荔支浦，妙绝不似人间言。诗成莫叹形对影，尚可邀月成三

图26　[清]王翚《夏午吟梅图》。纸本设色，纵90.7厘米，横60.1厘米，故宫博物院藏。屋前一干老梅，夭矫峭劲，画家对而吟赏。

樽。"①谢逸《梅六首》其一："罗浮山下月纷纷，曾共苏仙醉一尊。不是玉妃来堕世，梦中底事见冰魂。"②都是对苏轼诗意的赞美和发挥，在他们心目中，是苏诗开创了罗浮梦仙的独特意境。

三、《龙城录》赵师雄故事本身的纰漏

《龙城录》中赵师雄梦梅故事本身也不乏令人置疑之处：

首先是"残雪未消"。罗浮山地处北回归线以南，属炎海瘴疠之地，"四时常花，三冬不雪，一岁之间暑热过半，腊晴或至摇扇。"③在隋唐那样一个气候偏暖的时代④，是否会像故事中所说的那样"残雪未消，月色微明"，很是值得怀疑。也许正是感到了这一气候上的错误，清郝玉麟《(雍正)广东通志》卷六四惠州府杂事载《龙城录》赵师雄事，特别删除了"残雪未消"四字。颇堪玩味的是，苏轼《和秦太虚梅花》中有"多情立马待黄昏，残雪消迟月出早"之句。苏轼此诗作于黄州（今湖北黄冈），梅雪相遇的景象在地处长江沿岸的黄州是很平常的，但在岭南罗浮山一带，则有点匪夷所思了。

其次是"月落参横"。洪迈《容斋随笔》卷一〇："今人梅花诗词多用'参横'字，盖出柳子厚《龙城录》所载赵师雄事。然此实妄书，或以为刘无言所作也。其语云'东方已白，月落参横'。且以冬半视之，黄昏时参已见，至丁夜（引者按：四更，即下半夜一点至三点）则西

---

① 《全宋诗》，第 19 册，第 12827 页。
② 《全宋诗》，第 22 册，第 14850 页。
③ 陈裔虞《乾隆博罗县志》卷九，《中国地方志集成》影印乾隆二十八年刻本。
④ 竺可桢《竺可桢文集》，科学出版社 1979 年版，第 482 页。

没矣，安得将旦而横乎。秦少游诗'月落参横画角哀，暗香消尽令人老'承此误也。唯东坡云'纷纷初疑月挂树，耿耿独与参横昏'，乃为精当。老杜有'城拥朝来客，天横醉后参'之句，以全篇考之，盖初秋所作也。"洪迈指出了一个星象上的错误。根据参星运行的规则，公历十一月初，大约夏历十月初，黄昏初定时参星在东南出现，而黎明时行至西天近乎地平线方向，称为参横。此后黄昏时所见参星越来越西移，而在西陲消失的时间则不断提前。至冬末春初即阳历二月初也即古人所谓"孟春之月，昏，参中"，也就是说黄昏时参星当南天正中，而到半夜三更参星已经西落。整个冬季三月中，越近冬初，所谓"东方已白，月落参横"的景象越有可能，但在岭南气温最低或可下雪的时机则在冬末。因此梅雪相兼在罗浮一带固属难见，而同时满足梅开、下雪而又"东方已白，月落参横"三个条件的日子就更不可得了。

　　洪迈肯定了苏轼描写的精切，同时批评秦观的错误。其实正如前面所说，秦观诗中的"月落参横"并非写实，而是用典，说的是城关戍楼凌晨吹奏角曲《小梅花》报时的情形，而不是梅花开放的时间。对于《龙城录》的错误，王应麟《困学纪闻》卷九有一番解释："《龙城录》'月落参横'之语，《容斋随笔》辨其误。然古乐府《善哉行》云'月没参横，北斗阑干。亲交在门，忘寝与餐'，《龙城录》语本此，而未尝考参星见之时也。"是说《龙城录》如秦观一样也只是化用古语而已，非属写实。孤立地看，固然可作此宥解，但综合上述双重错误以及与苏轼、秦观等人相关咏梅意境和大量语词上的诸多吻合，这一故事的原创性很是值得怀疑，至少不难得出罗浮遇仙之事隰括苏轼咏梅诗意的结论。张邦基《墨庄漫录》卷二："近时传一书曰《龙城录》，云柳子厚所作，非也。乃王铚性之伪为之。其梅花鬼事，盖迁就东坡诗'月黑林间逢缟袂'及'月落参横'之句耳。又作《云仙散录》，尤为怪诞，殊误后之学者。又有李歆《注杜甫诗》及《注东坡诗》事，皆王性之一手，殊可骇笑，有识者当自知之。"张氏如此言之凿凿，结合我们这里对罗浮梅仙一事的考察，可以说并非空穴来风、无端诬谤。也许《龙城录》终究是否王铚所伪还有待进一步考证，但至少可以大致认定，赵师雄罗浮遇仙之事是抟苏轼咏梅诗的相关内容而成，苏轼作品提供了赵师雄所遇罗浮梅仙传说的主要蓝本。

四、赵师雄罗浮梦仙之事的另一种版本

除了上述推想之外，赵师雄之事的来源还有另一种可能，或者说有关记载还有另外的版本。洪迈《容斋随笔》五笔卷二记其父洪皓出使金朝被拘期间所作《四笑江梅引》组词及自注出典，其中《访寒梅》一首云："引领罗浮翠羽幻青衣。月下花神言极丽，且同醉，休先愁，玉笛吹。"注："赵师雄罗浮见美人在梅花下有翠羽啾嘈相顾诗云，'学妆欲待问花神'。"如果这段文字无误的话，至少可有两种解读，一是视"罗浮见美人在梅花下有翠羽啾嘈相顾"为诗题，另一是视这段话为一般叙述语，为《龙城录》故事文本的简括。容斋所记三首词的出处自注，都极简略，所引其他诗词多只标作者和语句，不出篇名，唯白居易《忆杭州梅花》例外，度其原因，是因紧接"乐天"后所引诗句"三年闲闷在余杭，曾为梅花醉几场"，是日常叙述口吻，不出篇名或被一气连读误作一般交代。根据这种情况，我们可以大致认定，这里的"罗浮见美人在梅花下有翠羽啾嘈相顾"，也应是所引诗句的篇名。

如果此情属实，则可以得出三点信息：一、历史上确有赵师雄此人；二、此人作有《罗浮见美人在梅花下有翠羽啾嘈相顾》一诗；三、该诗中有"学妆欲待问花神"一句。第一点与《龙城录》一致，后两点则突破了《龙城录》赵师雄故事的内容，显然有着另外的来源。

但有一点颇令我们费解。洪皓四首《江梅引》词，据自序称作于绍兴十二年（1142）[①]。今存三首词的自注，如洪迈所说，"时在囚拘中，无书可检，但有《初学记》，韩、杜、苏、白乐天集"，因此所用典故都是人们耳熟能详的，尽为《初学记》和唐名家及本朝苏轼诗语，唯有赵师雄一事，不仅事主名不见经传，此事也殊为冷僻，不知久处异域，又遭拘縻中的洪皓何从采用。或者其建炎三年(1129)出使前早存腹笥，但又是得诸何书，其与《龙城录》的记载有何关系，这些都有待进一步深入探究。

五、罗浮梅仙之事的流传与罗浮梅花村的出现

宋人作品中最早明确用及罗浮梅仙之事的是南北宋之交的周紫芝（1082—1155）[②]、洪皓。建炎三年黄大舆所编《梅苑》，收唐以来梅词数百，虽然今本已滥入了一些后来的作品，但通检全书了无罗浮遇

① 唐圭璋编《全宋词》，第2册，第1001页。
② 除前引宣和五年一诗外，《次韵徐美祖梅花》一诗也用罗浮梅仙事："五更笑语香中意，只有罗浮晓月知。"《太仓稊米集》卷二五，作于绍兴十四五年间。《全唐诗》中殷尧藩作品中罗浮梦事之典已两见，但据陶敏考证，《全唐诗》所收殷诗"见诸唐宋记载可确定为殷尧藩诗无疑者仅十八首"，余多作伪之迹，用罗浮梅仙之诗正属此类。见陶敏《全唐诗殷尧藩集考辨》，《中华文史论丛》第四十七辑。

图27　梅花村。广东罗浮山著名景观，此图见《罗浮山志会编》
卷首。

仙之事的痕迹，可见至少到这个时代，罗浮梦梅之事知者甚少。周紫芝、洪皓之后，到了南宋中期，罗浮梦梅已经成了咏梅诗词中的常用典故，罗浮梅花也成了咏梅的常见题材。南宋后期蒋捷作专门为作《翠羽吟》，演绎其步虚飞仙之意①。绍兴初年曾慥《类说》、淳熙年间的《锦绣万花谷》、淳祐间祝穆《古今事文类聚》等类书都编载此事，促进了这一故事的传播，大大增加了其知名度。陈振孙《直斋书录解题》著录《龙城录》，特别指出"罗浮梅花梦事出其中"，足见这一故事在《龙城录》全书中的地位以及在南宋的影响。

正是这一故事的突出影响，使罗浮当地出现了师雄梦仙遗址即所谓梅花村景点的建设。罗浮梅花村名始于南宋淳祐四年（1244）。淳祐三年（1243），时任惠州知州赵汝驭至罗浮山奉命醮祭，所经道路崎岖，荆棘丛莽，登游极其艰难。在冲虚观、朱明洞一线"见寒梅冷落于藤梢棘刺间，崎岖窈窕，皆有古意，往往顾者不甚见赏。问其地，则赵师雄醉醒花下，月落参横翠羽啾嘈处也"。赵一路上山，"以目行心画者指授之，曰某地宜门，某地宜亭，又某地宜庵"，嘱博罗县令主办其事。次年整个工程完成，亭台牌坊、石阶磴道，盘桓山间，直达山顶，大大方便了行人游览。向所见"寒梅冷落"即传赵师雄醉醒处，设立门牌曰"梅花村"，"芳眼疏明皆迎人笑"②。同时番禺人李昂英为作《罗浮飞云顶开路记》，也称"邝仙石之前千玉树横斜，明葩异馥，仙种非人世有，曰梅花村"③。邝仙石，即在冲虚观附近。所说千树梅花，当是工程进行时大事增植。从此罗浮遇仙之事即所谓梅花村有了一个明

① 唐圭璋编《全宋词》，第 5 册，第 3446 页。
② 赵汝驭《罗浮山行记》，曾枣庄、刘琳主编《全宋文》，上海辞书出版社、安徽教育出版社 2006 年版，第 308 册，第 380～382 页。
③ 李昂英《文溪集》卷二，《影印文渊阁四库全书》本。

确的遗址，并且逐渐成了罗浮风景区一道著名景观。

　　尽管事属《龙城录》的赵师雄故事，但"梅花村"的概念仍出于苏轼。在《龙城录》赵师雄故事文本中，遇仙之地点在"松竹林间"，另有"酒家"，未明确提及村庄。显然所谓"梅花村"的说法源于苏轼松风亭咏梅诗"罗浮山下梅花村"的语意。但苏诗所谓"梅花村"指的是松风亭下两株梅花，而非罗浮山下的村庄或其梅花。苏轼贬惠州近三年，前后仅绍圣元年 (1094) 九月赴惠州途中过游罗浮山一次，《东坡志林》卷一一记此游颇详，到过冲虚观，但未提到梅花，更不待言什么梅花村。可见是苏轼作品又一次显示出强大的魅力和影响，苏轼的成功咏梅不仅构成了罗浮梦仙之事的蓝本，而且还最终决定了这一梅花胜迹的名称。

（原载《南京师大学报》2009 年第 2 期）

论梅花的"清气""骨气"和"生气"

梅花名列我国十大名花，古往今来，赞誉极夥。总结其丰富的美感内容和观赏价值，应从两个方面展开，一是客观的生物形象，一是人们主观的情意寄托。概括而言，梅花形象的整体神韵和精神象征主要表现在三个方面：一是高雅不俗的品格；二是坚贞不屈的气节；三是先春而发的生机。简而言之，就是三种"气"："清气""骨气"和"生气"。这是梅花形象的三大核心美感，体现在生物形象的整体特征之中，同时又包含着人类思想、情感的丰富渗透和寄托。本文综合主客观的因素，系统分析梅花的"清气""骨气""生气"之美，并梳理相关认识的历史进程，阐发其精神象征的思想、文化意义。

一、"清气"之美

"清"本义指水之明净澄澈，相对于"浊"而言。在中国历史文化中，有着世道政教、才性品德和审美情趣等多方面极为丰富、深厚的喻义。如古人说"清世"，指太平盛世；《尚书》所说"夙夜惟寅，直哉惟清"，是要求从政者敬事其职，日夜不怠，施政公正而清明。而与梅花欣赏密切相关的，则主要是后两个方面，即人的才性品德和审美情趣方面的喻义。作为人格品德、情趣方面的"清"，具体又有两方面的含义。

一是心性、品质的朴素、纯洁，即古人所说"清者，静一不迁之谓"（元程钜夫《议灾异》），人要抱朴守真，平淡宁静，不为外物所动，不为贪欲所污；另一是情趣、风度的高雅和超脱，即古人所说"清者，超凡绝俗之谓"[①]，指脱弃功名利禄等世俗牵累，实现心性超然洒落的自由境界。具体地说，一切出于贪欲爱恋的世态人心如热烈、烦躁、喧嚣、混乱、污浊，及其相应的繁杂、沉重、丰腴、密塞、秾艳的状态和感觉，都可谓是"浊"的，而反之一切平和、淡泊、朴素、宁静、明净、沉潜，及其相应的简单、轻松、素淡、疏朗、清癯的状态和感觉，都可以说是"清"的。这是就人类社会内部而言，而比较起大自然，整个人类社会又可谓是一个相对污浊的世界。只要有人的地方就有污染，只要人多的地方就会混乱，常言所谓"尘世""滚滚红尘"，说的就是这个意思。相对于人世之"浊"，脱离人世的，或者说回归自然、亲近山水、退守自心、返璞归真的就是"清"。因此要而言之，作为品德和情趣的"清"，是纯洁朴素、淡泊宁静的心性气质和道德品格，与超越流俗、高雅洒脱的人生态度和生活情趣。前者主要是一种内在的气质和品格，后者主要是一种外在的生活姿态和风度，两者内外辉映、有机结合，构成了人格精神之"清"的深厚内涵。梅花美感的核心，首先就在于典型地体现了这种人格精神意义上的"清气"。

梅花何以体现这种"清气"，这还得结合其物质形象的客观特色来体味和把握。梅花有三点不如其他花卉的地方：一、花色平淡。花之吸引人首先靠色彩，色彩中大红大紫最为绚丽抢眼，而梅花品种以白色为主，是最为平淡无奇的一类。二、花容细小。花冠有大有小，花冠大，视觉刺激性就强，而梅花花冠直径较小，一般也就两三厘米，

---

① 胡应麟《诗薮》外编卷四，中华书局 1958 年版。

很不起眼。三、花期较早。梅花花期较早，早春季节、乍暖还寒，这个时节无论对人们的观赏，还是昆虫的活动都较不利，是一种较为寒冷、多有不宜的季节。这些都是梅花作为观赏花卉明显的不足，但优点与缺点经常是辩证的统一，这三个弱点也正是梅花的个性特色所在、观赏价值所在。梅花正是以其素小的花容花色，掉臂独行的花期，不求耀眼，不凑热闹，在四季百花园中显示出最为冷淡、清雅的形象。

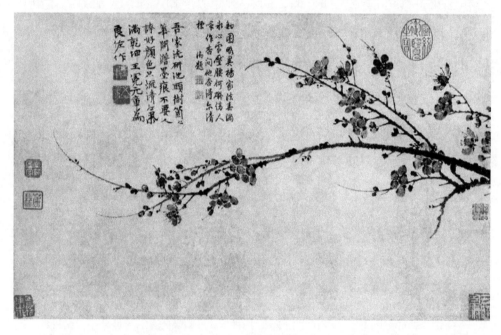

图28　[元]王冕《梅花图》。纸本水墨，纵31.9厘米，横50.9厘米，故宫博物院藏。王冕梅花多以繁密见胜，此幅不同，以疏秀简洁见长。图中题诗："吾家洗砚池头树，个个花开淡墨痕。不要人夸好颜色，只留清气满乾坤。"此诗是梅清气美的绝佳写照。

梅花又有一些其他花卉无可比拟的优点。一、清香。梅花有香，梅花之香较为清冽、淡雅，与桂花、百合之类香气浓郁、热烈不同，古人常以"暗香""幽香"乃至直以"清香"来形容，都是说的这一点。

二、疏枝。梅花花期无叶，唯见淡蕊小花缀于疏影横斜之上，与桃花、牡丹之类绿叶烘托不同，视觉形象比较疏朗清淡，而古梅之树老花稀，老干虬枝更是成了观赏的重点。这两个因素，进一步强化了梅花比较疏淡、清雅的形象。因此从物色形象上说，梅花是花卉中最为疏淡清雅的一种。

正是通过这些独特的形象元素，人们感受到梅花的"清"的气质和神韵，并着意阐发和寄托"清"的品格和意趣，形成了丰富的审美经验和思想认识。具体说来，主要有这样一些体认：一、色香之"清"。"冷艳天然白，寒香分外清。"（宋尤袤《梅花》）"质淡全身白，香寒到骨清。""姑将天下白，独向雪中清。"（宋张道洽《梅花》）梅花的洁白花色与清淡幽香是体现"清气"最直接的要素。二、枝干之清。"怪怪复奇奇，照溪三两枝。首阳清骨骼，姑射静丰姿。"（宋释文珦《咏梅》其三）"根老香全古，花疏格转清。"（张道洽《池州和同官咏梅花》）梅花花期无叶，枝干形象突出，或"疏影横斜"，或古干虬曲，予人以疏朗、清臞、萧散、苍劲、奇崛的感觉，这是梅之"清气"最重要的体现。三、花期之"清"。"清友。群芳右。万缟纷披此独秀。"（宋曾慥《调笑令·清友梅》）梅花先春独放，不与三春姹紫嫣红争色，掉臂独行于万花沉寂之时，这是梅花"清气"之美最为显要的元素。这些形象元素中，色白、香清等重在体现素淡高洁的品质之"清"，而花期和枝干等则长于寄托超凡脱俗的气格之"清"。

正是这些"意""象"因素，构成了梅花作为天下花色"至清"的整体神韵和品格："梅视百花，其品至清。"（宋宋伯仁《梅花喜神谱》跋）"看来天地萃精英，占断人间一味清。"（刘克庄《梅花十绝答石塘二林·二叠》其八）"可是人间清气少，却疑大半作梅花。"（宋林希逸《梅花》）"清气乾坤能有几，都被梅花占了。"（陈纪《念奴娇·梅花》）"乾坤清气钟梅花，品题不尽骚人家。"（元胡助《梅花吟》）还有画家王冕《墨梅》诗句"不要人夸颜色好，只留清气满乾坤"。这些极词赞誉强调的都是梅花"清气"之美的鲜明性和典型性。梅花以天下"至清"的形象矗立在中国文化名花之列。在具体的描写和赞美中，人们所说梅花幽雅、孤独、闲静、疏秀、冷淡、瘦臞、野逸等不同的美感神韵，都属于"清气"这一本质特征的具体体现，统一在"清"这一核心意蕴和美感范畴之中。

二、"骨气"之美

"骨气"相对于软媚之气而言，即人们通常说的气节、情操。毛泽东主席《新民主主义论》称赞鲁迅"没有丝毫的奴颜与媚骨"，说的就是骨气。孟子所谓"富贵不能淫，贫贱不能移，威武不能屈"，可以说道尽了其中的精神内涵，而一切苟且、委随、柔媚、软弱、淫靡、浮浪、邪僻、庸鄙都是其反面。"骨气"是一种形象、通俗的说法，比较易于理解，其实相同的意思，古人惯用的概念是"贞"，"骨气"常称为"贞心""贞节"。如宋人余观复《梅花》："乾坤清不彻，风月兴无边。生意春常在，贞心晚更坚。"何谓"贞"，古人解释说，"贞者，守道坚正之谓"[1]，"贞者，知正而固守之之谓也"（明王直《贞荣堂记》）。细味之有两层含义，一是正直之原则，二是坚守之行为，合而言之，则是

----

① 李光《读易详说》卷七，《影印文渊阁四库全书》本。

图 29　昆明黑龙潭古梅，黑龙潭公园提供。梅之苍劲端严、古格老成之美感神韵尽寓其中。

守正不移、刚直不阿。与"清气"之重在情趣、风度不同，"骨气"讲的主要是气节、操守，即人的道德意志和斗争精神，是一种更为阳刚、坚强和积极主动的精神品质。

梅花何以体现"骨气"，主要得力于两个形象要素。一、花期。一年四季中，梅花为百花之先，能适应两三摄氏度的低温，而且对温度又特敏感。腊尾年初，严寒乍暖就能绽苞开放，给人以凌寒傲雪的感觉。古人视梅不只是报春之花，而是严冬之花，将梅与松、竹并称"岁寒三友"，进一步强化其花期之早。这种独特的花期季相，正是人之坚贞意志和斗争精神的绝好写照。宋刘一止《道中杂兴五首》其二："我尝品江梅，真是花御史。不见雪霜中，炯炯但孤峙。"陆游《落梅二首》其一："雪虐风饕愈凛然，花中气节最高坚。过时自合飘零去，耻向东君更乞怜。"说的就是岁寒独步、凌寒怒放的骨气。元朝诗人杨维桢"万花敢向雪中出，一树独先天下春"，更被认为道尽"梅之气节"（姜南《蓉塘诗话》卷二○）。二、枝干。梅花的枝干极其疏朗峭拔，与那些只以秾苞艳葩取胜的花卉不同，总显得一种清劲峭拔的气质。而梅树寿命又长，自来古梅老树不在少数，古梅的苍劲瘦硬是一种历炼深厚，奇崛苍劲的形象。这些视觉形象都是梅花"骨气"之美最鲜明的载体。宋人曾丰《梅》所说"万物无先我得春，谁言骨立相之屯。御风栩栩臞仙骨，立雪亭亭苦佛身"，王柏《和无适四时赋雪梅》"最是爱他风骨峻，如何只喜玉姿妍"，说的就主要是枝干所体现的"骨气"。在中国绘画中，画家更是主要通过描绘枝干纵横、老节盘曲、苔点斑驳的视觉元素来抒写梅花的气节凛然、骨格老成之美。

在整个花卉世界中，梅花花期与枝干形象是极为独特和另类的，因而在象征人的气节、意志等精神内涵即"骨气"上，也是极为强烈和典型的。陆游称其"花中气节最高坚"（陆游《落梅二首》），宋人视其为"岁寒三友"，与松、竹相提并论，都可见一斑。"骨气"是梅花之精神象征中最为突出，也较重要的一个方面，与"清气"的情况一样，在具体的描写和赞美中，人们所说梅花的凌寒、傲雪、虬曲、峭拔、苍劲、端严、奇拗、古健、老成等不同的美感神韵，都属于"骨气"这一本质特征的具体体现，统一在"骨气""贞节"这一核心意蕴和美感范畴之中。

三、"生气"之美

生气是生命的活力，与死气相对而言。人们都喜欢生气勃勃，而不愿死气沉沉。梅花是春花第一枝，是报春第一信，这是梅花最主要的生物特点。它代表了冬去春来，万象更新，欣欣向荣，令人们感受到时节的更替、自然的生机。人们喜爱梅花，赞赏梅花，这是最原始的出发点、最基本的要素，也是最普遍的心理。

人们对梅花的"生气"，也是从不同角度去感受和欣赏的。梅花是春天的象征。人们最初主要着眼的是梅花的物色新妍之美和报春迎新之意。南朝吴均《春咏诗》："春从何处来，拂水复惊梅。"江总《梅花落》："腊月正月早惊春，众花未发梅花新。"唐杜审言《和晋陵陆丞早春游望》："云霞出海曙，梅柳渡江春。"李白《宫中行乐词》："寒雪梅中尽，春风柳上归。"说的就是这个意思。东晋谢安为皇家建造宫殿，在梁上画梅花表示祥瑞，南朝宋武帝公主额上落梅花，称"梅花妆"，所表示的都是迎春纳福的意思。六朝至唐宋时期，立春、人日、元宵，还有新年初一等节日剪彩张贴或相互赠送，称为"彩胜"，梅花与杨柳、燕子是最常见的图案，表达的都是这类辞旧迎新、纳福祈祥的心愿。"梅花呈瑞"（宋无名氏《雪梅香》）成了梅花形象一个基本的符号意义，这种情结如今民间仍有遗存。

宋以来人们进一步强调梅花为春信第一，开始出现"花魁"（宋陈著《绿萼梅歌》）、"东风第一"（宋卫宗武《和咏梅》）、"百花头上"等说法。宋真宗朝有一位宰相王曾，早年参加科举考试时，写了一首《早梅》诗："雪压乔林冻欲摧，始知天意欲春回。雪中未问和羹事，且向百花头上开。"后来他进士第一，正是应了"百花头上开"一句，梅花就被视为一个瑞象吉兆。元以来送人赶考，多以咏梅或画梅花作为礼物，以表祈祝（如明骆问礼《赋得梅送人会试》、张大复《画梅送叙州杨先生会试》）。

不仅是送考，祝寿等也常为画梅、咏梅。梅花代表了春回大地，否极泰来，古梅更是象征春意永驻，老而弥坚。如宋程大昌《万年欢·硕人生日》："岁岁梅花，向寿尊画阁，长报春起。"高观国《东风第一枝·为梅溪寿》："一枝天地春早。""看洒落、仙人风表。""羡韵高只有松筠，共结岁寒难老。"元周权《满江红·叶梅友八十》："结清边友。心事岁寒元不改，一生清白堪同守。历冰霜、老硬越孤高，精神好。"明顾清《陆水村母淑人寿八十》："岁寒风格长生信，只有梅花最得知。"在绘画和工艺图案中，梅与松、鹤等一起成了寓意幸福、长寿的常见题材和图案。元人郭昂诗更是结合梅花五瓣形状，称梅花"占得人间五福先"（《永乐大典》卷二八一〇）。所谓"五福"，一般沿《尚书》所说，指长寿、富贵、康宁、好德、善终，汉桓谭《新论》则说是"寿、富、贵、安乐、子孙众多"。这些丰富的寓意都主要是从梅花报春先发、"老树着花无丑枝"(宋梅尧臣《东溪》)等"生气"之美引申来的，寄托了广大民众对美好生活的向往，因而宋元以来梅花成了民俗文化中最流行的吉庆祥瑞符号。

上述感受和赞美都是较为流行和通俗的，对梅花的"生气"，宋元理学家则有独到、深奥的感悟和理解。理学家从一开始即推本古圣"生生之谓易"(《周易》)，"天何言哉，四时行焉,百物生焉"(《论语》)之意，因四时草木，观造物生意。理学家视"仁义道德"等天理良知为宇宙之本体及其生成之源泉，把宇宙生成纳入本体结构之中，崇尚"天地之大德曰生"(《周易》)。因此理学家多通过自然生物，特别是自然界生动活泼、生机勃勃的景象，体会天理流机之贯彻万物、生生不息。周敦颐不除窗前草，

图30 ［明］陈录《烟笼玉树图》。绢本墨笔，纵137.5厘米，横65.4厘米，故宫博物院藏。

邵、程二子主张看花"观造化之妙"(程颐《伊川先生语》)，朱子吟咏"万紫千红总是春"(《春日》)，都是此意。而梅花一颖先发、凝寒独放最能体现大自然的活泼生机，最能体现阴阳生息、化育万物的宇宙本体境界。宋方夔《梅花五绝》："夜来迸出梅花心,天地初心只是生。"《杂兴》"天地生生不尽仁，惟梅先得一年春。"于石《早梅》："一气独先

115

天地春，两三花占十分清。冰霜不隔阳和力，半点机缄妙化生。"蒲寿宬《梅阳郡斋铁庵梅花五首》："岁寒叶落尽，微见天地心。阳和一点力，生意满故林。"说的即是这一意思。而这种自然生机，又正是儒家圣贤先知先觉、仁物爱民，化育天下之胸襟气度的体现。如宋陈淳《丁未十月见梅一点》"雅如哲君子，觉在群蒙先"，《丙辰十月见梅同感其韵再赋》"端如仁者心，洒落万物先。浑无一点累，表里俱彻然"，类似的说法在宋元以来的理学家咏梅中极其普遍，虽然不免于道德化、概念化的弊端，但客观上牢牢抓住了梅花为春色先机、阳和新景的物色特征，主观上把梅花的生气之美上升到阴阳交感，化生万物，"道贯古今，德配天地"的理学本体论高度，显示了阔大的气势，赋予了理学家所说的德性"理趣"，包含了深厚的思想内容。其中所宣扬的积极向上、自强不息、奋发进取的精神面貌和生动活泼、阔大谐畅的社会风貌，正是我们全民欣然崇尚的人格精神和生活理想。因而可以说把梅花的"生气"之美上升到了一个新的高度，进一步丰富、深化了梅花"生气"之美的思想意义。

四、"三气"认识之演进

人们对梅花形象特征、品格神韵和思想意义的认识也遵循着人类一般认识的规律，有着由表及里、由浅入深，逐步发展、不断积累的过程。

人们对梅花的欣赏，最初是从外在的物色新妍即从"生气"之美开始的，主要着眼其花开之早，感受报春迎新的美感。而对花色之美的赞赏，也多集中在色白、香清两个方面，间也接触其花季清冷的氛围。

这些认识上多属外在物色"形似"、客观特征的感应的欣赏，而内容上则多属"生气"之美的范畴。大致说来，六朝至初盛唐的欣赏都不出这个范畴。

中唐以来，人们的欣赏认识明显提高，开始涉及梅花的整体神韵。首先是对梅花"清"美特征的明确。最初人们多只认其"香清"，如隋炀帝宫女侯夫人《春日看梅诗二首》："香清寒艳好，谁惜是天真。"唐顾况《梅湾》："白石盘盘磴，清香树树梅。"显然都是对单方面"形似"(物色) 特征的把握。第一个着眼其整体之"清"的是晚唐崔道融《梅花》诗："香中别有韵，清极不知寒。"但这仍不出形象特征的层面。而北宋林逋以来，一方面挖掘梅花"疏影横斜"之美，同时又将梅花与隐逸生活相联系，相关认识也就开始从外在形象的客观方面向品格、意趣的主观方面转化，梅花之"清"具有了鲜明的人格精神象征色彩，认识趋于深刻，而评价也不断走高。北宋中期张景修 (字敏叔) 的花卉"十二客"(一说"十客图") 中 (宋龚明之《中吴纪闻》卷四、姚宽《西溪丛语》卷上)，梅花被称为"清客"，南宋初曾慥作"花中十友"词，梅花为"清友"(《锦绣万花谷》后集卷三七)。此后名目越来越详细的花卉"一字评"中，其他花卉的品词或有变化和调整，而梅花稳居"清友""清客"的位置从未移易。这既充分体现了"清"在梅花审美品格、神韵中的核心意义，体现了梅之"清气"美的典型意义，同时也充分反映了人们相关认识的高度一致和成熟定型。

对梅花"骨气"之美的感应和赞美是随着"清气"之美的认识而逐步出现的。宋以前咏梅很少涉及梅花的"骨气"之美，即便如北宋林逋、苏轼等咏梅大家的诗中，这方面的意识也比较淡薄。北宋后期以来，尤其是南宋，随着梅花人格象征意义的发展，梅花的气节、意志寓意逐步凸显，并流行起来。人们更多关注梅花的凌寒开放，梅花本是春色第一，现在被视为冬令之花，与松竹相提并论，成为"岁寒三友"，其"骨气"也就推到了前台。南宋时古梅的欣赏迅速兴起，古梅老树刚直苍劲、虬曲坚韧、历炼老成之美受到推重。其中最突出的是，陆游这类大志慷慨、气节刚直之士和宋末的遗民文人、元蒙异族统治下的南方文人，他们咏梅特别强调梅花凛然不屈的气概和节操，这方面的寓意也愈益深入。与此同时，理学家群体纯然从自己的思想旨趣、胸襟意气出发来赏梅咏梅，进一步发掘梅花"生气"的道德性命之义，大大强化了梅花的道德义理象征的色彩。至此，也就是说到了南宋，有关梅花"清气""骨气""生气"三美的认识可谓是充分展开、完备无遗而周延透彻，梅花之作为崇高的文化象征已完全成熟，奠定了此后梅花审美的基本认识，代表了我国人民梅花欣赏的基本理念和情趣。

五、"三气"之美的思想文化价值

梅花"三气"中，"清气""骨气"之美性质相同，内涵互补，联系紧密，相辅相成，构成了梅花美感神韵和象征意义的核心。从思想性质上说，"清"和"贞"，"清气"和"骨气"都是典型的封建士大夫文人的品德理想和审美情趣，体现着这一"精英"阶层意识形态中崇高、优雅的道德信念和文化格调。品德象征是中国花卉之人文意义最核心的内容，包含着鲜明的民族思想文化特色，而梅花与松、竹、兰、菊、荷等都是这方面的代表，蕴含着丰富的品德象征意义。

从价值取向和情趣风格上说，两者又有明显的差异。"清气"是偏于阴柔的，而"骨气"是偏于阳刚的。"清气"是偏于出世或超脱的人生态度，而"骨气"则是一种勇于担当和执着的道义精神。前者主要是一种隐逸、淡退之士的情趣风范，出于老庄、释禅哲学的思想传统；而后者是一种仁人志士的气节情趣，主要归属儒家的道义精神。众所周知，我国传统的思想文化是一种"儒道互补"的结构，反映为士大夫的道德信念和人格结构，也是儒家与道释两种思想互动互补，相生相融，相辅相成的结构模式。它以道德品格的建构为宗旨，包含着道德自律与品格自尊，社会伦理责任与个人自由意志，道义精神的刚正与个人情志的雅适等不同精神追求的有机结合和辩证统一。在这种人格理想中，"清气"和"骨气"无疑构成了两大核心因素。正如宋末郑思肖《我家清风楼记》所说："大抵古今超迈之人，所出之时皆不同，所遇之事亦不同，高怀、劲节则同，辉辉煌煌俱不可当。"（《郑所南诗文集》文集）王国维《此君轩记》所说："古之君子，为道者也

图31　[清]金农《红白梅花图》，西泠印社拍品。

119

盖不同,而其所以同者,则在超世之志,与夫不屈之节而已。"①所谓"高怀",所谓"超世之志",就是"清气";所谓"劲节",所谓"不屈之志",就是"骨气"。郑、王二氏是说,不管是什么身份、处境和立场,凡属正人君子,虽有不同的个性倚重和现实偏向,但都不缺乏这两种品德。换言之,这两种品德是封建士大夫最普遍的人格理想、最核心的道德信念。两者之间是一种有机统一的关系,但凡洒脱之人内在总有几分性气在;而有骨气的人自然会有一份超然的姿态。前引《尚书》"直哉惟清",屈原《离骚》"伏清白以死直",俗言所谓"无欲则刚",明末李天植所说"无欲则心清,心清则识朗,识朗则力坚"(清全祖望《鹰园先生神道表》),说的都是两者间的互动互补、相融相生的关系。这两种品格的有机统一,构成了封建社会士大夫阶层人格追求乃至整个民族品格的普遍范式。

梅花的可贵之处在于两"气"兼备,"清""贞"并美。"涅而不缁兮,梅质之清;磨而不磷兮,梅操之贞。"(宋何梦桂《有客曰孤梅访予于易庵孤山之下……》)"梅有标格,有风韵,而香、影乃其余也。何谓标格,风霜面目,铁石柯枝,偃蹇错缪,古雅怪奇,此其标格也;何谓风韵,竹篱茅舍,寒塘古渡,潇洒幽独,娟洁修姱,此其风韵也。"(明周瑛《敖使君和梅花百咏序》,《翠渠摘稿》卷二)所谓"风韵"即"清气",所谓"标格"即"骨气"。这种两"气"兼备,"风韵""标格"齐美的深厚内蕴,正好完整地体现了这种"儒道互补"的思想传统和精神法式。放诸花卉世界,同样是"比德"之象,兰、竹重在"清气",松、菊富于"骨气",只有梅花二"气"相当,相辅相成,有机统一,从而全面而典型地体现了传统士人道德品格乃至整个民族品德信念、民族文化

① 姚淦铭、王燕编《王国维文集》,中国文史出版社 1997 年版,第 1 卷,第 132 页。

传统的核心体系。这是梅花形象思想意义之深刻性所在，也是其作为民族文化符号的经典性所在，值得我们特别的重视和珍惜。

梅花的"生气"之美，即人们对梅花春色新好，尤其是其喜庆吉祥之义的欣赏，出现早，流行广，更多表现为大众的、民俗的情结和方式，寄托着广大民众对生活的美好愿望和积极情怀，是梅花象征意义不可忽视的一个方面。如果说"清气""骨气"之美主要对应"士人之情"，体现士大夫的高雅情趣，属于封建士大夫"雅文化"范畴，那么"生气"之美则主要对应"常人之情"，深得广大普通民众的喜爱，属于大众"俗文化"的范畴。如此不同阶层、不同群体普遍的喜爱和推重，使梅花获得了雅俗共赏的鲜明优势，赢得了最广大的群众基础。这是梅花形象人文意义的丰富性所在，也是其作为民族文化符号的广泛性、普遍性所在，同样值得我们重视和珍惜。

（原载《现代园林》2013年第6期）

梅花的习性、色香、枝干、品格与德性

——咏梅模式之一

人们对梅花的认识有一个从实用到审美的发展过程。《尚书·说命》"若作和羹，尔惟盐梅"、《诗经》"摽有梅"、《世说新语》魏军"望梅止渴"这三个较早产生的著名梅花典故都是关于果实滋味的，这是先民实用意识的反映。从人类认识史的一般规律来看，实用的、经济的和生物学的价值总是首先引起人们注意，并为其他事物的认识提供简明的标准和便当的隐喻。虽然从现存文献看，对梅花花树形象的审美欣赏，先秦就已开始。刘向《说苑》卷一二记载，春秋时越国使臣北上晋见梁王，手执一枝梅花作为见面礼，说明当时南方人民已是深谙梅花之美，但是只是简单而零散的记载而已。"梅花以花闻"，也就是说，梅花以一种花卉，一种超功利的审美对象广为人们注意和欣赏，是从魏晋开始的。魏晋至宋元之际的七八百年间，梅花越来越为人们所重视，审美认识不断发展，价值地位逐步走高。梅花从早先人们心目中的一般春花时艳，最终在两宋之际上升为崇高的道德人格象征，可以说经历了一个审美文化的持续发展过程。

这一文化进程以咏梅文学（诗、赋、词、古文）的发展为主导。文学中的咏梅比其他艺术同类题材的创作起源早、数量多，更以语言艺术的表义自由与明确，展示出丰富的思想内容。本文以魏晋南北朝隋唐及两宋咏梅文学为对象，分析梅花各种形象特征和审美价值被逐步认识发现、描写表现和理解发挥的过程。主要出于篇幅的原因，对意识形态（如道德思潮）和社会生活（如园艺发展）方面的背景不作具体涉及，因此从文学研究的立场看，这里提供的主要是关于梅花审美认识和描写各种视点角度的发现与发展，各种形象特征的揭美和理解，各种主体性情意趣的渗透和寄托。笔者希望，通过这些体物视野和描写技巧的细致梳理，勾勒一幅魏晋至两宋时期我们民族梅花审美认识、梅花文化象征生成发展的历史图景。

一、梅花早花性习的感受

"梅花特早，偏能识春。"①花发之早是梅花最显明的自然属性，早春芳树是梅花最直接易感的"物色"特征。魏晋以来，梅花引作诗歌的意象和题材，是从这一物色特征开始的。"梅始发，桃始荣。"（鲍照《代春日行》）"春从何处来，拂水复惊梅。"（吴均《春咏诗》）②晋宋以来的南朝咏春诗、春景诗中，梅花作为阳和初起、万物复苏的代表意象频频出现。但在魏晋以来"情以物迁，辞以情发""窥情风景"、缘情绮怨的文学风尚中，梅花意象的最大作用却在于花开花落给人带来的情感触动，尤其是早开早落的形象极其醒目，成了诗人感时怀归，怨春伤逝之情最警动的触媒和寓具。

首先是乐府民歌。古乐府有《梅花落》笛曲,是征人春日睹梅感时，思乡怀归之调，产生于北方，魏晋以来极其流行，现存南朝隋唐文人

---

① 萧纲《梅花赋》，《全上古三代秦汉三国六朝文》全梁文卷八，第 2997 页下。
② 以上引诗分别见逯钦立辑校《先秦汉魏晋南北朝诗》，中华书局 1988 年版，第 1280、1749 页。

拟作不少，多以梅开梅落、物衰春逝，生发征夫思妇之悲怨。南朝民歌闺怨也多着眼于"梅花落"："杜鹃竹里鸣，梅花落满道。燕女游春月，罗裳曳芳草。""梅花落已尽，柳花随风散。叹我当春年，无人相要唤。"[①]"梅花落"是春盛转逝时的景象，其"美丽的凋逝"又具有特别的视觉震撼力，因而以乐府民歌为发端，成了诗歌中较早流行的抒情兴象。

刘宋以来咏梅诗正式出现，梅花开始作为独立自足的表现对象。与乐府民歌起兴抒情着意于花落之象不同，咏梅诗注重于梅为春色之早的自然特性。许多咏梅诗直接以《早梅》或《雪里梅》命题，有些诗更是就梅花的花期特点巧言构思。如王筠《和孔中丞雪里梅花诗》："水泉犹未动，庭树已先知……今春竞时发，犹是昔年枝。"肖绎《咏梅诗》："梅含今春树，还临先日池。人怀前岁忆，花发故年枝。"都紧紧抓梅花开放于岁尾年头的特点。有时出以霜雪映衬，如何逊《咏早梅诗》"衔霜当路发，映雪拟寒开"，吴均《梅花落》"流连逐霜彩，散温下冰澌"，其目的也在表现梅先春而发的特性。与后世不同的是，梅花之早发带给六朝诗人的首先是春来冬往、时序迁流的触动。何逊《咏早梅诗》言："兔园标物序，惊时最是梅。"[②]这种睹梅伤时的感觉是南北朝以迄于初盛唐文人咏梅赋梅最基本的心绪，常用以引发背井离乡、漂泊无归、韶华迁逝、岁月蹉跎的悲情体验，其情以物迁、缘情感物的特质与乐府民歌是一致的。

在南北朝至初唐诗人心目中，梅花早放不仅是一个时序的表征，

---

① 晋清商曲辞《子夜四时歌七十五首·春歌》，逯钦立辑校《先秦汉魏晋南北朝诗》，第 1043 页。

② 以上引诗分别见逯钦立辑校《先秦汉魏晋南北朝诗》，第 2019、2057、1699、1721、1699 页。

自身又是一个弥足忧恤的弱质哀形。张正见《梅花落》："芳树映雪野，发早觉寒侵。"吴均《梅花落》："终冬十二月，寒风西北吹。独有梅花落，飘荡不依枝。"其开也冻天雪地，其落也风虐寒摧，哀意备呈，弥足怜惜。诗人们期想的是"何当与春日，共映芙蓉池"。也有一些作品别出心裁，对梅之早开企求积极的诠释，如梁何逊《咏早梅诗》："应知早飘零，故逐上春来。"徐陵《早梅诗》："迎春故早发，独自不疑寒。畏落众花后，无人别意看。"①梅之早开被理解为主动的行为，但这主动是出于对早落无赏的忧惧，个中实情便是顾影自怜的怨艾悲慨。这些诗虽属咏物，却明显地带着齐梁闺怨宫体浓重的感伤绮怨色彩。"重闺佳丽，貌婉心娴，怜早花之惊节，讶春光之遣寒……春风吹梅长落尽，贱妾为此敛蛾眉。花色持相比，恒愁恐失时。"②南朝大量的咏梅

图32 ［明］陈录《月影暗香》，立轴，绢本墨笔。

---

① 以上引诗分别见逯钦立辑校《先秦汉魏晋南北朝诗》，第2479、1721、1699、2551页。

② 萧纲《梅花赋》，《全上古三代秦汉三国六朝文》全梁文卷八，第2997页下。

诗大都带有这样的情调，梅花经常被演绎成伤春惜逝、绮怨凄美的闺怨形象。

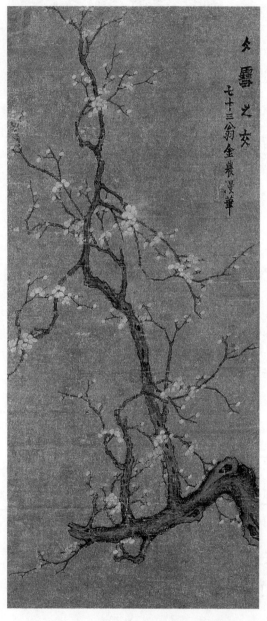

图33 [清]金农《梅花图》。

在一些文人自主的托物比兴中，所寄托的也是一派悲情感伤。如鲍照《梅花落》："中庭杂树多，偏为梅咨嗟。问君何独然，念其霜中能作花，露中能作实，摇荡春风媚春日。念尔零落逐寒风，徒有霜华无霜质。"[1]张九龄《庭梅咏》："芳意何能早，孤荣亦自危。更怜花蒂弱，不受岁寒移。朝雪那相妒，阴风已屡吹。馨香虽尚尔，飘荡复谁知。"[2]前者表达的是门阀重压下"才秀人微"的自哀，后者寄托的是宦海沉浮、贤能见弃的悲怨。

总之，梅花在晋宋以迄初盛唐诗歌中不是傲霜斗雪的形象，甚至也主要不是一个欣欣向荣的形象，而是一个早发惊时、花落伤情的绮

① 逯钦立辑校《先秦汉魏晋南北朝诗》，第1278页。
② 《全唐诗》，上海古籍出版社缩印扬州诗局本1986年版，第148页。

怨感伤形象。

这种情况入唐以后逐步得到改变。初盛唐时期宫廷、贵族和近臣林庭春日游宴迎新唱和诗中,梅与雪、梅与柳作为阳至新妍、献岁发春的景象频繁咏及。盛唐以来,梅花越来越得到审美的专注,"物色之动,心亦摇焉"之悲情感受,逐步让位给对花树芳物物色形象美的体认颂美。李峤百咏中的《梅》就割弃了感时怨春的尾巴,纯以类事典藻拟形切状。王适《江滨梅》、张谓(一作戎昱)《早梅》、顾况《梅湾》等写溪头江滨之梅都属于即景写生,传达的是赏心悦目的物色意兴。孙逖《和常州崔使君咏后庭梅二首》更是予人一幅赏梅活动融入日常"歌舞""行乐"的生活图景[①]。中晚唐以来这种赏梅咏梅意兴长足发展,诗歌数量增加。出于欣赏和颂美的态度,梅花形象和生物特性得到了积极的感应和体认,梅花不再只是春秋代序的表征,不再是一个早发惊时、落花伤情的绮怨形象,而倾向于一个春色先得,生机独发而富于审美个性的芳树形象。

仍旧是梅之早芳,南朝诗人曾为之忧悯不堪,中晚唐以来则有了新的审视。首先是早春物色的"新好":白居易《寄情》:"灼灼早春梅,东南枝最早……岂无后开花,念此先开好。"张籍《和韦开州盛山十二首·梅溪》:"自爱新梅好,行寻一径斜。不教人扫石,恐损落来花。"主要是赞美其早春形象的赏心悦目。其次则是物性之美,梅能暖律先知、早春独步,体现着一种不寻常的秉性生机。张谓《官舍早梅》:"风光先占得,桃李莫相轻。"李建勋《梅花寄所亲》:"一气才新物未知,每惭青律与先吹。"朱庆余《早梅》:"天然根性异,万物尽难陪。自古承

---

① 李峤《梅》、王适《江滨梅》、张谓《早梅》、顾况《梅湾》、孙逖《和常州崔使君咏后庭梅二首》,分别见《全唐诗》,第 174、238、459、664、275 页。

春早,严冬斗雪开。艳寒宜雨露,香冷隔尘埃。堪把依松竹,良涂一处栽。"齐己《早梅》:"万木冻欲折,孤根暖独回。前村深雪里,昨夜一枝开。风递幽香去,禽窥素艳来。明年如应律,先发映春台。"韩偓《梅花》:"梅花不肯傍春光,自向深冬著艳阳……应笑暂时桃李树,盗天和气作年芳。"李中《梅花》:"群木方憎雪,开花长在先。流莺与舞蝶,不见许因缘。"[1]与南朝诗歌着意于梅为时序之早、物色之孤不同,这些诗句在梅与他物的比较中凸现的是梅花的物色优势,诗人的称赏赞美之意溢于言表。梅花成了一个正面歌吟颂美的专题对象,物色特性的把握通向价值意义的抉发,人格象征之义呼之欲出。在少数诗人那里甚至已经开始有了这方面的"前卫"意识,如唐末陆希声《阳羡杂咏十九首·梅花坞》:"冻蕊凝香色艳新,小山深坞伴幽人。知君有意凌寒色,羞共千花一样春。"[2]徐陵认为梅花先开是为求揽春者独赏,这里反其道而言之,梅之先发被理解为羞结春色、回忌俗情。前者不出闺怨之情态,而这里已属人格性情之写照。

咏梅诗中"梅花落"的形象仍不免写及,但其分量大为减少,极少构成诗意的核心,至于朱庆余、齐己两首《早梅》诗则纯乎言"开",不及其"落"。虽然经常仍要道及霜雪寒风,但它们只是背景,不作威势,有时反而成了梅花形象的反衬和烘托,如韩偓《梅花》:"风虽强暴翻添思,雪欲侵凌更助香。"[3]加上下一节将要重点讨论的梅花审美的其他细节变化,梅花改变了其审美面貌,轻艳绮怨、消极感伤的气貌情调渐然消褪,逐步建立起生机独发、清新明艳的积极形象。这是盛唐

---

① 以上引诗分别见《全唐诗》,第 1116、962、459、1847、1306、2066、1710、1870 页。
② 《全唐诗》,第 1737 页。
③ 《全唐诗》,第 1710 页。

以来梅花形象提升的第一步。

二、梅之色香特征的初步揭示

图 34 ［明］胡华鬘《梅花册》。纸本墨笔，
纵 21 厘米，横 19.9 厘米，苏州博物馆藏。

正如钱钟书先生在分析《诗经》取物比兴手法时所说："观物之时，
瞥眼乍见，得其大体之风致，所谓'感觉情调'或'第三种性质'；注目熟视，遂得其细节之实象，如形模色泽，所谓'第一、二种性质'。"①
上一节所论可谓偏于梅之作为"春秋代序"之表象的感觉情调，这一
节讨论的则是梅花作为审美专题之后"形模色泽"的细致描写。梅花
的生物种性特征是丰富多样的，有关描写可以有不同层面多种多样的
取径。梁简文帝《梅花赋》依次铺陈梅花"特早""识春""吐艳""舒荣""玉
缀""冰悬""叶出""枝抽""香""粉素""魏武止渴"等，包括了梅之花、
枝、叶、果等诸方面的形态与功用，可以说是一个较为全面的体物视野。
但是这种机械的具体罗列远不是文学体物赋物的胜境，审美首先是一
种选择。晋宋以来的咏梅把梅之花树形象作为审美对象，从其开始也
就紧紧抓住了梅之为"花"的两大特质："色"与"香"。

首先来看诗例。王筠《和孔中丞雪里梅花诗》："翻光同雪舞，落
素混冰池。"阴铿《雪里梅花诗》："春近寒虽转，梅舒雪尚飘。从风还
共落，照日不俱销。"这是写花色，通过与冰、雪的异同比较揭示其色
泽形质。顾野王《芳树》："风吹梅径香。"张正见《梅花落》："落远香
风急，飞多花径深。"这是写香。江总《梅花落二首》其二："偏疑粉蝶散，
乍似雪花开。可怜香气歇，可惜风相催。"是色香兼写。上述色香描写
都是用于"梅花落"的刻画，也有见于盛开之景的，陈叔宝《梅花落二首》
其一："映日花光动，迎风香气来。"②"光"即其色，光动香溢，两个
细节的特写，简明地勾画出丽日映照下早春盛开之梅鲜艳生动的形象。

色、香两种"性质"的抓揭是切合梅花自然特点的。梅花色白，
在三春芳菲姹紫嫣红中不为出色。而其所擅在香，加以得时特早，常

① 钱钟书《管锥篇》，中华书局 1986 年版，第 1 册，第 70 ～ 71 页。
② 以上引诗分别见逯钦立辑校《先秦汉魏晋南北朝诗》，第 2019、2459、
2467、2479、2569、2507 页。

与残腊雪色相接相浑，因而与雪花之辨似较异，便是写梅拟形之首要任务。苏子卿《梅花落》写梅："中庭一树梅，寒多叶未开。只言花是雪，不悟有香来。"[1]后两句为什么极得后世称赏，关键在这种辨"色"较"香"的写梅视点，简明有效地指契了梅花的两个最基本的形象特征。

这一"形模"视角为后世咏梅所继承，集中体现在近体咏梅中是"色与香对"的描写模式：

雪含朝暝色，风引去来香。（李峤《梅》）

朔吹飘夜香，繁霜滋晓白。（柳宗元《早梅》）

蕊排难犯雪，香乞拟来风。（元稹《生春二十首》之十）

雪映缘岩竹，香侵泛水苔。（李德裕《忆平泉杂诗·忆寒梅》）

谢郎衣袖初翻雪，荀令熏炉更换香。（李商隐《酬崔八早梅有赠兼示之作》）

芬郁合将兰并茂，凝明应与雪相宜。（方干《胡中丞早梅》）

愁怜粉艳飘歌席，静爱寒香扑酒樽。（罗隐《梅花》）

素艳照尊桃莫比，孤香粘袖李须饶。（郑谷《梅》）

冻白雪为伴，寒香风是媒。（韩偓《早玩雪梅有怀亲属》）

玉为通体依稀见，香号返魂容易回。（韩偓《湖南梅花一冬再发偶题于花援》）

风递幽香去，禽窥素艳来。（齐己《早梅》）[2]

不仅是在对偶中，其他措语方式也多采取这种两面取视法，如：

早梅花，满枝发，东风报春春未彻……委素飘香照新月，

---

[1] 逯钦立辑校《先秦汉魏晋南北朝诗》，第 2601 页。

[2] 以上引诗分别见《全唐诗》，第 147、875、1010、1206、1366、1641、1660、1704、1710、1711、2066 页。

桥边一树伤离别。（李绅《过梅里七首·早梅桥》）

早梅初向雪中明，风惹奇香粉蕊轻。（和凝《宫词》之七十二）

晓觉霜添白，寒迷月借开。余香低惹袖，堕蕊逐流杯。（温庭皓《梅》）

玉人下瑶台，香风动轻素。画角弄江城，鸣珰月中堕。（唐彦谦《梅》）[①]

使用的普遍性，根源于体物的有效性、写物的切实性，同时也反映了人们对梅花"美在色香"这一基本形象认识上的一致性。后世梅花径称"香雪"即是这一感知的进一步提炼。

历史又不是停滞的，比较一下南北朝与唐人的描写，前者重在梅雪之间比色辨质、论香有无，是一种极其客观执物的求形切状之言，题材发生之初的粗浅稚拙显而易见；而唐人尤其是中晚唐以来诗语渐趋精致，同是着眼于物之色香，也更多地带着人的感觉色彩，倾向于营造一定的形象氛围。其具体表现是：

一、对原色原香加以形容或替代，如梅色是"冻白""素艳""粉艳""凝明"，香则称"寒香""幽香""奇香""孤香""芬郁"。或者用直接"玉""雪"来替代梅花。这些描写都突破了直言白香的客观再现性，强化了主体的感觉印象。

二、他物的映衬烘托，如所摘方干、韩偓句言梅花与雪为宜，和凝、李绅、温庭皓等人诗句置梅于月照之中，都进一步强化了梅花明艳冷峭的感觉。

三、拟人手法的运用。唐彦谦所作即是。拟人手法比他物烘托虚

---

① 以上引诗分别见《全唐诗》，第1220、1839、1519、1684页。

处传神作用更为明显，所写也更倾向于对事物的整体体认和感受。

上述这些形容和描写集中凸显了梅花明艳、素洁、冷峭的气质，与前节所述对梅花早春独放之性的肯定一起，代表了这个时代关于梅花形象的审美新认识、新感受。

与南朝及初唐时期的巧言切状、支离客观相比，这个时期最大的特点是，在上述细节认识的基础上趋向于梅花形象感的有机把握，具象细节的刻镂逐步走向韵味神理的整体体味。我们甚至读到了这样的句子："数萼初含雪，孤标画本难。香中别有韵，清极不知寒。"[1] 正是这些审美感觉的有机把握，梅花逐步地也是初步地建立起新妍早发、冷艳素洁的整体形象特征。

当然有关体认远未深入，步调也未尽一致。譬如以他物作烘托，晚唐诗人多写以月色照梅，有利于气象氛围的营造，有利于揭示出梅花的幽神清韵之美。但也有诗人是用烟雾雨露来烘托的，如朱庆余《早梅》诗称"艳寒宜雨露，香冷隔尘埃"，郑谷《江梅》云"和雨和烟折，含情寄所思"[2]。烟笼雨淋中的花枝倾向于是一个迷茫伤感乃至于哀泣的形象，与梅花清素冷峭之美感走势大乖其趣，清代纪昀就批评郑谷所写"似柳不似梅"[3]。这种取象的伤情组合与"落花"意象在咏梅诗中残留不绝一样，都属于梅花题材诗歌发生初期感时怨春情调的遗存，与"梅花一时艳"[4]的物性品类密切相关。梅花形象的根本改变需要有全新的认知立场，从总体上说，中晚唐诗歌中梅花意象只是

---

① 崔道融《梅花》，《全唐诗》，第 1799 页。

② 《全唐诗》，第 1696 页。

③ 方回选评，李庆甲集评校点《瀛奎律髓汇评》卷二〇，上海古籍出版社 1986 年版。

④ 鲍照《中兴歌》，逯钦立辑校《先秦汉魏晋南北朝诗》，第 1272 页。

明确了自然形象美的一些基本特征，一切都有待新认识。

三、梅之枝影美的发现

枝干是梅花又一"形模"细节。现代园艺学者概括花卉之美有"色""香""姿""韵"四大层面[①]，所谓"姿"，就是指花卉的枝干茎叶的形态。"惜树须惜枝，看花须看蕊。"[②]前举诗人言之甚多的"色""香"仅是"花"的因素，而梅花是木本植物，与草本花卉有所不同，枝干是其整体形象的重要组成部分。然而这一方面长期未能得到注意，不是现实中缺少美，而是缺少发现美的眼睛。

第一个法眼大开的是北宋隐士林逋。林逋有所谓"孤山八梅"[③]，其中常为人们称道圈点的是以下三联：

> 疏影横斜水清浅，暗香浮动月黄昏。
>
> 雪后园林才半树，水边篱落忽横枝。
>
> 湖水倒窥疏影动，屋檐斜入一枝低。

这三联有一个共性，即都写到梅枝，虽然所谓"枝"当属有花之枝，但毕竟显示了由"花"而"枝"的转移，单元梅枝成了诗人观照的视角，枝影形态成了描写的主要内容。第一联上句写枝形，下句写花香。第二联先写疏花，后写横枝，两句间由于虚字的转折抑扬，突出的仍是梅枝的疏爽清拔之美。第三联则纯然着笔梅枝，写水中倒影、檐下独枝。

---

① 周武忠《中国花卉文化》，广州花城出版社 1992 年版，第 6 页。

② 陈傅良《咏梅分韵得蕊字》，《止斋集》卷四，《影印文渊阁四库全书》本。

③ 方回《瀛奎律髓》卷二〇林逋《梅花》诗下"和靖梅花七言律凡八首，前辈以为孤山八梅"。

可以说，梅枝被推到了较为突出的地位。

反顾林逋之前，诗人也说到梅枝，如"南枝北枝"，这是用典。又如折枝，也多属折梅寄远的典故。至于像白居易《寄情》所写"灼灼早春梅，东南枝最早。持来玩未足，花向手中老"[1]，这里的折枝显然只是"一枝花"，而不是"一树枝"的意思。值得一提的是晚唐以来咏梅作品中开始出现了聚焦梅枝，以少胜多，甚至一枝传神的构思方式，如李建勋《梅花寄所亲》："一气才新物未知，每惭青律与先吹……云鬓自粘飘处粉，玉鞭谁知出墙枝。"[2]孙光宪《望梅花》："数枝开与短墙平。见雪萼，红跗相映。"[3]以出墙之枝传达梅之春光独艳。齐己《早梅》更具代表性："万木冻欲折，孤根暖独回。前村深雪里，昨夜一枝开……明年如应律，先发映春台。"[4]据说"一枝开"本作"数

图35 ［明］唐寅《墨梅图》。

① 《全唐诗》，第1116页。

② 《全唐诗》，第1847页。

③ 张璋、黄畲编《全唐五代词》，上海古籍出版社1986年版，第829页。

④ 《全唐诗》，2066页。

枝开","郑谷为点定曰：'数枝非早，不若一枝佳耳。'"①。这里的"花一枝"，虽然已着眼于梅枝单元，但表现目的也是突出梅开之早。梅在百芳之先，一枝又为满树之先，构思显然透过一步，但用意未变，并非是为了表现梅"枝"之美。当然这种以少胜多的观察和描写视角对后来咏梅者也属启发多多，诗歌在笼统的花树色香描写之外多了许多枝梢特写的镜头。甚至包括林逋上述三联，尤其是后两联，不能全然否认齐已"一枝"传神的影响。但齐已表现的终是花"开"，林逋则主要着眼于枝，用了"疏""影""横""斜"四个得力字眼，写其枝形之疏爽，枝势之秀拔峭劲。三联都是如此，尤以"疏影"联为最。

林逋的"疏影横斜"之句是由南唐江为"竹影横斜水清浅"句改窜一字而得。竹不以花闻而纯以茎节枝叶为美。我们不能起林逋以诘之，究竟是由江为此句的启发而注意起梅树枝干之美，还是先得于己心复因前人佳作裁而用之②，但有一点是极其明了的，如此移花接"竹"，表现的内容就不再是色、香等"花色"范畴，而是梅与竹共通的枝干形态之美。当时人称此联能"曲尽梅之体态"③，"体态"二字可谓抓住了林诗成功的关键。

当然也应看到，花枝一体，花不离枝，六朝以来漫长的时期中，诗人于梅枝不可能全然盲目。如何逊《咏早梅诗》："衔霜当路发，映雪拟寒开。枝横却月观，花绕凌风台。"④即"花""枝"并列。杜甫《沙

---

① 王士禛原编，郑方坤删补，戴鸿森校点《五代诗话》卷八，人民文学出版社 1998 年版。

② 在另一处，林逋写月下庭竹，也用到"疏影"二字。见《寄题僧院庭竹》："岑寂宝坊清夜月，几移疏影上跏趺。"《全宋诗》，第 2 册，第 1237 页。林逋词也曾写到月照梅枝之景，见《霜天晓角》，唐圭璋编《全宋词》，第 1 册，第 7 页。

③ 司马光《温公续诗话》，何文焕辑《历代诗话》，中华书局 1981 年版，第 275 页。

④ 逯钦立辑校《先秦汉魏晋南北朝诗》，第 1699 页。

头》"巡檐索共梅花笑，冷蕊疏枝半不禁"①，"疏枝"与"冷蕊"连举。但这只是极个别的现象，也非经意所得。宋人《雪浪斋日记》说："为诗当饱参，然后臭味乃同，虽为大宗匠者亦然。'月观横枝'之语，乃何逊之妙处也，自林和靖一参之后，参之者甚多。"②此论意在主张作诗转益多师，善学出新，因而强调了林逋诗与何逊"枝横"之语的联系，但前后比较，无论是何逊，还是杜甫，写及梅枝都属偶见，也过于简单，远不如林逋爱而有见，聚焦特写，连篇冲击，来得豁人耳目，影响深远。

让我们来看看林逋梅枝"一参"之后的情况。花之"色"与"香"依然是观梅写梅最基本的视点，但梅之树形枝态与梅花之色、香一起成了诗人关注描写的内容，而且越来越得到重视。比林逋稍晚的梅尧臣《梅花》诗颔联"薄薄远香来幽谷，疏疏寒影近房栊"③，"薄""香"与"疏""影"相对成联，明显地带有"疏影"联的影子。其《京师逢卖梅花五首》其四"曾见竹篱和树夹，高枝斜引过柴扉"④，更是着意于梅枝的"斜"劲。苏轼的回应最引人瞩目，《红梅三首》之三："乞与徐熙画新样，竹间璀璨出斜枝。"《和秦太虚梅花》："江头千树春欲暗，竹外一枝斜更好。"⑤后一句尤为人们激赏，声名几与"疏影"联相侔。一枝特写，以少胜多，与齐己"昨夜"联、林逋"湖水"联相近，而梅枝清拔娟秀之美极其鲜明生动。

由于这些著名作品的作用，梅之秀枝疏影成了与"花色花香"完

---

① 钱谦益笺注《钱注杜诗》，上海古籍出版社 1958 年版，第 570 页。
② 胡仔《苕溪渔隐诗话》前集卷二七，人民文学出版社 1981 年版。
③ 《全宋诗》，第 5 册，第 2974 页。
④ 《全宋诗》，第 5 册，第 3067 页。
⑤ 苏轼撰，王文诰辑注，孔凡礼点校《苏轼诗集》卷二一、卷二二，中华书局 1982 年版。

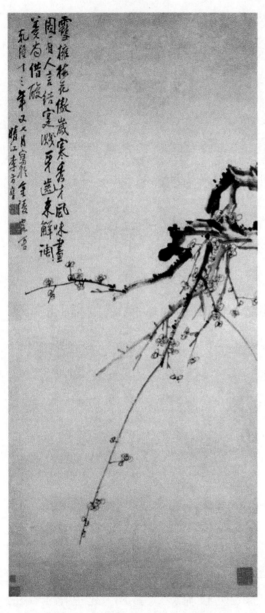

图36 ［清］李方膺《墨梅图》。纸本墨笔，纵125.6厘米，横42.9厘米，故宫博物院藏。

全并列并不断增强的"审梅"视角。反映在诗歌对联的组合上，从北宋后期开始，经常地出现"花"与"枝"对，"香"与"影"对的方式，如：

一树轻明侵晓岸，数枝轻瘦耿疏篱。（释道潜《梅花寄汝阴苏太守》）

清香侵砚水，寒影伴书灯。（张耒《偶折梅数枝置上盘中芬然遂开》）

暗吐幽香穿别院，半欹斜影入寒塘。（田亘《江梅》）

欲危疏朵风吹老，太瘦长条雨飔低。（胡铨《和和靖八梅》）

风裾挽香虽淡薄，月窗横影已精神。（范成大《再题梅中梅》）

枝似去年仍转瘦，花于来岁定谁看。（杨万里《怀古堂前小梅渐开》）

移灯看影怜渠瘦，掩户留香笑我痴。（陆游《十一月八夜

灯下对梅独酌累日劳甚颇自慰也》)

　　数枝寒照水，一点净沾苔。（翁卷《道上人房老梅》）

　　绰约花房宜戏蝶，崔嵬枝干若游龙。（韩淲《梅下》）

　　冰池照影何须月，雪岸闻香不见花。（戴复古《梅》）

　　水际寒香迥，窗间夜影横。（张道洽《梅花》）

　　三点两点淡尤好，十枝五枝疏更佳。（张道洽《梅花》）

　　这些诗句均引自《瀛奎律髓》卷二〇，真可谓花、枝齐招展，香、影同摇曳了。至于纯然咏梅枝的，如《瀛奎律髓》所收尤袤、杨万里、陆游、张道洽等人的诗篇就不烦枚举了。

　　注意到梅枝，其意义并不仅仅在于发现了一个新的方面。众所周知，梅花花形小、花期短、色彩淡，视觉效果较为薄弱。除了其味微馨，清新宜人外，倒是其新枝条畅秀拔，个性殊异，尤其是其花期无叶，唯疏花点缀其间，更显出枝干之疏雅简劲。可以说，梅之"香"与梅之"枝"是梅树自然形态的两个亮点，也就是说，梅之"疏影""暗香"是两个最具特征的方面。抓住了这两个方面，才可谓抓住了梅树形象美的核心。因此说，梅枝美的发现，不仅补足了一个"审梅"视角，更重要的是表明人们对梅花形象美的认识趋于全面，也更为准确。

　　不可想象，如果没有梅枝美感的发现，梅花的审美认识又将如何推进？宋以来梅之枝干越来越成为梅花审美的重心，至迟到南宋，就已形成了"梅以韵胜，以格高，故以横斜疏瘦与老枝怪奇者为贵"[①]的审美风尚。诗人写梅也是满纸疏影瘦形、虬枝老干。在水墨梅画这一视觉艺术中，梅花枝干的线条造型更是主要的形象语汇。

　　纵观我们民族的"审梅"活动，从《诗经》《尚书》中的梅"实"

――――――――――――
① 范成大《梅谱》，程杰校注《梅谱》，中州古籍出版社 2016 年版。

（果实及其滋味）比兴，到六朝以来以"花"为对象，着眼于"色""香"进行咏物抒情，是一大进步。林逋则把人们的视野从"花"引向"枝"，发现了梅树的疏枝曲干之美，揭示了梅花形象的崭新内容，为梅花审美拓出了独特的感性空间。

四、梅之品格美的体验与赞美

上述三节所论习性、色香、枝干美都侧重于梅花的自然属性，入宋后，整个梅花审美认识发生了深刻变化，进入了品格抉发的崭新阶段。

与自然物色美重在事物外在形式不同，品格美重在对自然形象之精神意义的抉发，包含着审美主体思想情趣的强烈渗透和寄托。任何客观事物都以其自然形式适应一定的审美主体情感价值，从而成为"人的本质力量的感性显现"，而对于梅花来说，人们从其形象特征中感受到了一种超越侪辈流俗的性质，由此着意体悟演绎，发挥其人格意趣，推阐其精神境界。与一般的流连物色、窥情风景不同，这是一种主观色彩极其强烈的审美诉求，它要求梅花的不只是赏心悦目的美感，而是作为人格精神、道德境界的象征。梅花美之所以称为"格""品格""格调"等，而不用一般写物所说的"韵""神韵""气韵"之类，就在于梅花审美形象的极致不是一般事物审美特征的揭示，而是从其物色的特殊性演绎为一种精神理想的象征。

北宋时期代表这种审美认识崛起的是林逋和苏轼，下面我们看看他们的咏梅创意及其对梅花品格美带来的深刻影响。首先是林逋。在梅花审美认识发展史上，林逋是一个划时代的人物，其意义远不仅仅是发现了梅枝这一形象因素，他为梅花注入了浓重的隐士情趣，迈出了梅花品格美抉发的关键一步。具体贡献可以从以下几点去理解：

首先还是"疏影横斜"的发现。梅枝的发现，不仅如上一节所述，补足了梅花自然形象的认识，更重要的是这一新的视点对梅花审美品格美的抉发至关重要。与一般春花时艳优于花色花容不同，梅之"疏影横斜"是一种特殊的视觉形象。它以线条造型为主，又以疏爽(状态)、直劲(力度)为特征，具有独特的审美效果，是一种极"有意味的形式"。正由于"疏影横斜"的凸显，梅花开始展示出萧疏简淡的"幽姿"[①]形象，洋溢着疏淡幽雅、清瘦峭劲的意味风神，成了士人闲静雅逸意趣的最佳体现。林逋以后诗人咏梅，少有不撷枝写影，以疏淡之象写萧散之趣，藉横斜之姿存幽峭之志的。不仅如此，由于"疏影横斜"的发现，梅花形象具有了更多超越春葩时艳的因素，在"香"与"影"组合的界面里，花的"色相"更为淡薄。幽香、冷艳与老枝疏影三者有机统一，牢固地奠定了梅花疏淡清雅的审美特征，为人格意趣的写照提供了个性更为鲜明的形象载体。

二是水、月意象的渲染烘托。"写照乍分清浅水，传神初付黄昏月"[②]，林逋开创了水、月为梅传神写照的描写模式，用水、月这两个有着深厚文化积淀的意象来渲染梅花。水、月的烘托使梅花获得了清雅、空灵、澄明的丰富神韵和意味，这是以往咏梅无从比拟的。林逋之后诗人多知此法，"水边梅""月下梅"成了诗中最常见的题材和取象，动机和效果是不言而喻的。

---

① 释道潜《过玉师室观雪川范生梅花》："幽姿有时睹，如揖姑射枝。"《全宋诗》，第16册，第10812页。
② 汪莘《满江红》，唐圭璋编《全宋词》，第3册，第2195页。

三是"夜"的氛围。月之所在，即夜之所在，林逋"暗香"句洋溢着幽静谧闲的"夜"氛围。以往诗人只写风雪晴霁之梅，林逋首开幽夜赏梅、疏影静观之境。夜是苦思之境，也是幽趣所在，正如元人冯子振《梅花百咏·水月梅》所说："浮玉溪边夜未期，暗香疏影静相宜。一时意味无人识，只有咸平处士知。"[①]不仅如此，从形象上看，夜色中的梅花，幽"影"惝恍，景象玄淡，尽滤春花时艳之丽色，更展淡泊闲静之本色。

上述幽雅、清澄、闲静三种美感意味可以说是林逋咏梅的全新推揭，它们不是梅花形象本身客观现成的特征，而是林逋湖山隐居的独到发现，包含着人格情趣的影响渗透。湖山孤隐中的林逋把梅花看作是天酬僧隐，陶写寂寞的伴侣，"澄鲜只共邻僧惜，冷落犹嫌俗客看"，"幸有微吟可相狎，不须檀板共金尊"[②]。正是这湖山孤隐中的情有独钟、意趣自得，才体会到这些独到的视角，抉发出梅花疏淡简雅的形象特征，演绎出如许闲静雅逸的人格意趣。林逋为梅花打上了隐士人格的烙印，奠定了品格美的一些基本方面。

苏轼继起。随着林逋咏梅影响的不断扩大，到苏轼时关于梅花品格美的认识已极其明确。当听到有人认为林逋"疏影"联咏桃李也可时，苏轼明确指出，"必非桃李"，"杏李花不敢承当"[③]。"不敢承当"云云，所言不在写物传神的似与不似，而是格调品位之高低尊卑，苏轼强调的是梅花不可僭替的精神内容。

这种"格"的意识，体现在创作上，一个特别之处，便是对梅花

① 顾嗣立编《元诗选》三集，中华书局1987年版，第6册，第136页。
② 林逋《山园小梅二首》，《全宋诗》，第2册，第1218页。
③ 苏轼《评诗人写物》，孔凡礼点校《苏轼文集》卷六八；王直方《王直方诗话》，郭绍虞辑《宋诗话辑佚》，中华书局1980年版，上册，第13页。

的拟人化描写。前此石延年《红梅》诗有"认桃无绿叶，辨杏有青枝"[1]的句子，对这种拘执形貌村学童言式的写法，苏轼极为不满，为此写作了自己的《红梅》诗，明确提出写梅当写"格"的主张。苏轼把梅花比拟为美人，通过对美人外示慵惫而内极高贵的描写，表现孤傲幽峭的"梅格"[2]。苏轼现存咏梅之什，大多具含拟人之法，把梅花比拟为缟袂佳人、深林孤女、月下之仙姝、沦落之怨妃等。与林逋咏梅重在即景写真、因象见意相比，拟人手法更倾向于遗貌取神，以神为主。当梅花整体上被拟作某某人格形象时，也就赋予了人的性情气质，直捷地体现出人的品格境界。苏轼通过高洁、幽逸、孤峭等不同气质的美人拟喻，进一步凸显了梅花超然脱俗的品格。

　　另一与林逋稍异的是，苏轼把封建士大夫宦海沉浮、人生飘泊的怅触骚怨、迷惘感慨带到咏梅中。苏轼笔下的梅花常常带有感遇咏怀、托物自寓的色彩，所写梅花多置于深更月黑、残夜霜晓的孤清落寞的氛围中，梅花那要眇宜修、缟袂怨魂的拟人化形象正是其作品中反复出现的"飘缈孤鸿影"自我遭遇心态的别样写照。与鲍照、张九龄及大量乐府《梅花落》着意于梅花的花开惊时、花落伤逝不同，苏轼笔下的梅花形象孤寂与雅逸，幽独与清耿交掺互渗，一方面体现着诗人孤芳自赏、幽洁自持、雅逸自赏的性格志趣，另一方面也流露出内心深处与世逶迤而又不甘沦弃的凄楚与落寞。这种休戚交掺的深厚寄托，进一步拓宽了梅花意象抒情写意的功能，丰富了梅花形象的情志内涵。

　　无论是拟人写物，还是托物自寓，苏轼笔下的梅花比较起林逋所

---

① 石延年《红梅》，《全宋诗》，第 3 册，第 2005 页。

② 苏轼《红梅三首》，苏轼撰，王文诰辑注，孔凡礼点校《苏轼诗集》卷二一。

咏，都有了更强烈的主观写意色彩，包含了梅花作为精神品格象征的进一步自觉。一波才动万波随，作为一般社会水平，人们对梅花闲静幽峭、清雅脱俗的审美特征、品格特性也有了明确而一致的认识。反映在形象描写上，苏轼为代表的北宋中后期，人们普遍地以月宫嫦娥、瑶池仙姝、姑射神女、深宫贵妃、林中美人、幽谷佳人等"美人"形象来拟喻梅花："姑射仙人冰作体，秦家公主粉为身。素娥已自称佳丽，更作广寒宫里人。"①"姑射仙姿不畏寒，谢家风格鄙铅丹。""数点深藏碧玉枝，翠峰十二拥瑶姬。"②"此意比佳人，争奈非朱粉。惟有许飞琼，风味依稀近。"（晁补之《生查子·梅》）"肌肤绰约真仙子，来伴冰霜，洗尽铅黄，素面初无一点妆。"（周邦彦《丑奴儿·梅花》）③如此等等，不胜枚举。晚唐诗人皮日休、唐彦谦、韩偓等人也曾有美人拟梅，但所拟重在"粉痕""香风"等"形似"姿色，而这里的"美人"或身份特殊，或气格不凡，或风度高雅，或性情孤峭，形相品性上的特殊性喻托出梅花凌轹于春花时艳之上的超越性。这种"特品"美人拟喻方式在北宋后期的流行，标志着梅花"格高"这一审美特征已成为社会共识。

不仅是对格调的整体把握，在色、香等形象细节方面认识也有了相应的变化：

> 若论君颜色，琼瑶未足珍……有艳皆归朴，无妖可媚
>
> 人……施朱其已伪，傅粉亦非真。(徐积《和吕秘校观梅二首》其一)
>
> 正色俨当窗。……不受脂粉涴。（洪朋《师川赋梅花》）

① 郑獬《雪中梅》，《全宋诗》，第 10 册，第 6876 页。
② 张耒《梅花十首》，《张耒集》卷二八，中华书局 1990 年版。
③ 唐圭璋编《全宋词》，第 1 册，第 561、610 页。

更无俗艳能相杂，惟有清香可辨真。（郑獬《雪中梅》）

天下三春无正色，人间一味有真香。（舒亶《和石尉早梅二首》）

幽姿不许人窥见，故向寒林度暗香。（谢邁《梅花四首》其二）①

清香闲自远。（赵令畤《菩萨蛮》）②

不再是南朝隋唐之际模"色"辨"香"的客观写实，而是带上了价值的品评。梅之"色"素被视为对俗艳的超脱与否定，而其清香暗度，则是一种幽雅闲逸的精神意态。同样，梅之早发在宋人心目中已非一般的物色性习，而被赋予了"天与离群性"③，"也学松筠耐岁寒"④的思想价值。它们都统一到梅花清雅脱俗的整体审美特征之中，被视为梅花品格美的有机组成部分。

综观北宋梅花品格认识的发展，我们可以用《梅苑》（编于南渡初年）所收李子正《减兰十梅》词序来代表其基本水平："花虽多品，梅最先春。""玉脸娉婷，如寿阳之傅粉；冰肌莹彻，逞姑射之仙姿。不同桃李之繁枝，自有雪霜之素质。""香欺青女，冷耐霜娥。""偏宜浅蕊轻枝，最好暗香疏影。况是非常之标格，别有一种之风情。"⑤清香、素质、幽姿、耐寒，在这全面的形象感知和价值体认基础上，梅花确立起幽峭疏淡、清雅脱俗的审美"标格"，并被视为高雅闲逸之精神人格的典型体现。文同《赏梅唱和诗序》写道："梅独以静艳寒香，占深林，出幽境，当万木未竞华侈之时，寥然孤芳，闲淡简洁，重为恬爽

① 《全宋诗》，第 24 册，第 15809 页。
② 唐圭璋编《全宋词》，第 1 册，第 497 页。
③ 徐积《和吕秘校观梅二首》其二，《全宋诗》，第 11 册，第 7653 页。
④ 李覯《雪中见梅花》二首，《全宋诗》，第 7 册，第 4330 页。
⑤ 唐圭璋编《全宋词》，第 2 册，第 995 页。

清旷之士之所矜赏。"①此文约作于宋英宗治平间，可见从北宋中期开始，梅花作为清流逸士之精神写照已得到广泛认同。

五、梅之德性美的深化

南宋时期，随着封建道德意识的增强和理学影响的扩大，梅花审美认识越来越表现出即物究理、"比德"鉴义的倾向。北宋时期对梅花的审美认识虽然受到了主观意趣和人格意志的作用与渗透，但总体上仍紧扣梅花的自然形象，所谓品格美也侧重在自然形象独具的风姿神韵，而进入南宋，这种风姿神韵越来越导向人格喻义的阐发。梅花描写越来越受制于主体情趣的作用，服从于意趣表达的需要，梅花形象越来越视为人格的象征，梅花的许多方面都被明确地理解为气节德性的体现，整个形象几乎构成一个德性纯全、至高无上的人格境界。我们用"梅之德性"来表示梅花审美中这种"比德"意识的高度自觉和充分展开。具体表现有以下几个方面：

一是形象描写进一步简择提炼，越来越显现出主观意趣的取向。北宋咏梅多属即景体物，整形观照，南宋之取景则多为水边横枝、月下幽影，所写常是三枝两枝、虬干老枝、枯枝疏花。"试问园林千万树，何如篱落两三枝。"②"树百千年枯更好，花三两点少为奇。"③不仅形象多施剪裁，对其具含的精神意趣也有了更清醒的认识，更明确

---

① 文同《丹渊集》卷二五，《影印文渊阁四库全书》本。
② 张道洽《梅花》，方回选评，李庆甲集评校点《瀛奎律髓汇评》卷二〇。
③ 杨公远《梅花》，《野趣有声画》，曹庭栋编《宋百家诗存》卷三七，《影印文渊阁四库全书》本。

地点揭:"根老香全古, 花疏格转清。"① "精神全向疏中足, 标格端于瘦处真。"②这样的描写大大突破了即物写真的客观性, 表现出以意炼象、象因意生的写意性, 形象描写成了高度主观化的写意符号, 梅花简淡、闲静、幽雅的意趣也体现得更为鲜明、充分。

二是梅与霜雪水月等自然物象间的映衬烘托发展为类比配宜关系的阐述。林逋咏梅连类水、月清境, 当属湖山幽吟一时兴会, "传神写照"未必出于自觉。北宋末咏梅词中开始出现梅花"宜雪宜月, 宜亭宜水"③的描写议

图37 赵云壑《岁寒三友图》。

论。延至南宋有关认识成了诗文中常见的话头:"天付风流, 相时宜称, 著处清幽。雪月光中, 烟溪影里, 松竹梢头。"④ "月中分外精神出, 雪里几多风味长。"⑤ "水月精神玉雪胎,乾坤清气化生来。"⑥ "迥立风尘表,

① 张道洽《梅花》, 方回选评, 李庆甲集评校点《瀛奎律髓汇评》卷二〇。
② 戴昺《初冬梅花偷放颇多》,《东野农歌》卷四,《影印文渊阁四库全书》本。
③ 赵温之《喜迁莺》, 唐圭璋编《全宋词》, 第2册, 第815页。
④ 扬无咎《柳梢青》, 唐圭璋编《全宋词》, 第2册, 第1197页。
⑤ 戴复古《梅花》,《石屏诗集》卷五,《影印文渊阁四库全书》本。
⑥ 王从叔《浣溪沙·梅》, 唐圭璋编《全宋词》, 第5册, 第3555页。

长含水月清。"①水月、霜雪与梅花不是客观存在的物色关联，而是主观理解的类比、烘托和拟喻，一切都服务于梅花形象的"比德"诠释。物色意象的直觉观照，让位给对事物意味神韵的类比阐发，体现了对事物形象特征和审美意义的明确认识。

三是梅与松竹"岁寒三友"比称齐美。与霜雪、水月写梅一样，同属他物渲染烘托。仅是此处类比之象与梅同为植物，更能显示出人们对梅花品类地位的认识。据笔者考察，"岁寒三友"的说法出现于南宋绍兴间。此前对梅花的描写、赞美都未离开梅花作为花品芳物的类属本质。"三友"中梅与竹有组合成景的自然生态基础，两者相映也是较为生动醒目的形象，此前苏轼等人曾有成功的揭美，但梅与松之间形态差异较大，仅仅是客观写景、即目求真，它们是很难走到一起的。"三友"说突破了这一客观界限，这对梅花来说意义重大，梅花因此完全超脱了春花时艳的品类束缚，上升为与松、竹媲美齐观的儒者"比德"之象，早春独步的花期特点由一般的物色特征演进为"岁寒不凋"的德性品节的崇高象征。

四是对梅花形象采用更见人格精神、道德情操的形象进行比拟。首先是北宋流行的"美人"拟梅转变为以"高士"拟梅。南宋不断出现这样的讨论："骚人以荃荪蕙茞比贤人，世或以梅花比贞妇烈女，是犹屈其高调也。"②"脂粉形容总未然，高标端可配先贤。"③"此花不必相香色，凛凛大节何峥嵘。""神人妃子固有态，此花不是儿女情。"④"花

---

① 张道洽《梅花》，方回选评，李庆甲集评校点《瀛奎律髓汇评》卷二〇。
② 冯时行《题墨梅花》，《缙云文集》卷四，《影印文渊阁四库全书》本。
③ 刘克庄《梅花十绝》三叠，《后村先生大全集》卷一七，《四部丛刊》本。
④ 熊禾《涌翠亭梅花》，《勿轩集》卷三，《影印文渊阁四库全书》本。

中儿女纷纷是，唯有梅花是丈夫。"①梅花是人中豪杰、花中丈夫，"不应将作女人看"②。于是，便提出了这样的写作准则："咏梅当以神仙、隐逸、古贤士君子比之，不然则以自况。若专以指妇人，过矣。"③南宋作品中，梅花是圣贤君子、硕德大儒、高人隐者、贞士直臣之类的说法比比皆是。美人如花，花如美女，是极其古老的比喻、极其自然的联想，晚唐、北宋时的美人拟梅，虽然品位不断提高，但终不夺梅之芳容丽质，现在对梅花比拟作"变性"处理，以"男"替"女"，以高人、贞士来进行拟喻，在梅花形象与士人品格典范建立起直通的类比。在这样的比拟中，不仅人格象征意义直揭无遗，而且也避免了美人形容难免的脂粉色相之累，维护了梅花作为士人德性象征的纯全透彻、阳刚庄严。

"高士"拟梅之外，南宋以来还出现了其他拟喻："不厌垅头千百树，最怜窗下三两枝。幽深真似离骚句，枯健犹如贾岛诗。"④"数枝冲淡晚唐句，一种孤高东晋人。"⑤"此花在群品有众美萃，其洁净似易，其正葩似诗，其屈曲枝干似盘诘，其节似礼，其乐似乐，其谨严似春秋。盖花之有文实者也。"⑥梅花如《离骚》，如郊岛诗，如儒家道义经典，梅花被纳入到士大夫文化情趣的广阔天地里，直接比拟为高超的人文意趣，其精神价值一目了然。

① 苏泂《和赵宫管看梅三首》其一，《泠然斋诗集》卷八，《影印文渊阁四库全书》本。
② 苏泂《和黄观复梅句》，《泠然斋诗集》卷八，《影印文渊阁四库全书》本。
③ 方回选评，李庆甲集评校点《瀛奎律髓汇评》卷二〇。
④ 徐玑《梅》，《永嘉四灵诗集·二薇亭诗集》卷下，浙江古籍出版社1985年版。
⑤ 僧明本《梅花》，汪灏等《广群芳谱》卷二三，上海书店影印国学基本丛书本，1985年版。
⑥ 徐元杰《题余岂潜所藏杨补之梅》，徐元杰《楳埜集》卷一〇，《影印文渊阁四库全书》本。

五是梅花精神意趣的直接诠释和阐说。北宋时期在梅花色香描写的同时已初步表现意趣品鉴的倾向，进入南宋，梅花描写的各个层面都引向品节的比类或价值的阐说："花中有道须称最，天下无香可斗清。"① "质淡全身白，香寒到骨清。"② "玉色独钟天地正，铁心不受雪霜清。"③ "三分香有七分清，月冷霜寒太瘦生。"④ 这是就色香方面立论。"清楚浑如南郭，孤高胜似东篱。"⑤ "雅淡久无兰作伴，孤高惟有竹为朋。"⑥ 这是整体气格之陈述。至于在辞赋和散文作品中，对梅花的品格价值、"比德"意义有更清晰、全面的条陈析说。如何梦桂孤梅歌："惟涅而不缁兮，梅质之清；磨而不磷兮，梅操之贞。"⑦ 姚勉《梅花赋》认为梅花值得交盟者有三，一是梅花"类于君子之为人"，二是赏梅可以"味我闲适""助我飘逸"，"相娱矣以朝夕"，玩物而不丧志，三是梅实可资世用，不止于脱迹尘埃，也如君子出则可以应用⑧。薛季宣《梅庑记》认为"梅之为物，非其果之尚也"，梅之美不因其滋味嗜欲，而在于：一、冬花有操；二、色素为德；三、其实可用。总之"德纯而不二，恬素而弗矜，四时一是，华实相当。"⑨ 可谓是全方位的即物究理、

① 葛天民《梅花》，《无怀小集》，《宋椠南宋群贤小集》本，台湾台北艺文印书馆影印，1972 年版。
② 张道洽《梅花》，方回选评，李庆甲集评校点《瀛奎律髓汇评》卷二〇。
③ 张道洽《梅花》，方回选评，李庆甲集评校点《瀛奎律髓汇评》卷二〇。
④ 方岳《梅花十绝》其八，《秋崖集》卷四，《影印文渊阁四库全书》本。
⑤ 黄公度《朝中措》，唐圭璋编《全宋词》，第 2 册，第 1329 页。
⑥ 张道洽《梅花》，方回选评，李庆甲集评校点《瀛奎律髓汇评》卷二〇。
⑦ 何梦桂《有客曰"孤梅"，访予于易庵孤山之下。与之坐，夜未半，孤月在天。笑谓孤梅曰："维此山与月与子，是三孤者，为不孤矣。"因相与酾酒，更诵逋仙"疏影""暗香"之句，声满天地，酒酣又从而歌之，歌曰》，《潜斋集》卷一，《影印文渊阁四库全书》本。
⑧ 姚勉《雪坡集》卷一〇，《影印文渊阁四库全书》本。
⑨ 薛季宣《浪语集》卷三〇，《影印文渊阁四库全书》本。

比德析义,体现了理学为核心的封建道德思潮高涨之际儒家自然"比德"审美观的强烈作用。

正是这些细致全面的"比德"阐发,充分详尽地揭示出梅花作为人格象征的具体内涵和崇高价值。梅花的方方面面都被视为道义德性的体现,几乎被推尊为一个完美无缺的道德形象。反映在形象认识上,南宋出现了梅花"集大成"的说法:"霜月交辉色是明,风标高洁圣之清。谛视毫发无遗恨,始信名花集大成。"[①]"群芳非是乏新奇,或在繁时或嫩时。唯有南枝香共色,从初到底绝瑕痴。"[②]"惜树须惜枝,看花须看蕊。枯瘦发纤秾,况此具众美。"[③]"溪桥一树玉精神,香色中间集大成。"[④]"自是孤芳集大成。"[⑤]所谓香色"集大成",主要不是着眼于外在形象的体兼众美,而是有得于道德象征的完美无憾。"花中有道须称最"[⑥],梅花推阐至此,已远不是一般春物形象,也不是一个特色花品,甚至也不只是一个吟花弄草、寓意写趣的雅赏清玩,而是一个至高无上的人格理想、道德象征。我们从林希逸"可是人间清气少,却疑太半作梅花"[⑦]的赞美中,从谢枋得"天地寂寥山雨歇,几生修得到梅花"[⑧]的感慨中不难感受到一种竭诚信仰、无比崇敬的心理。至此,梅花形

---

① 袁燮《病起见梅花有感四首》其二,《絜斋集》卷二四,《影印文渊阁四库全书》本。
② 张镃《玉照堂观梅二十首》其五,《南湖集》卷九,光绪乙丑杭州广寿慧云禅寺依知不足斋本重雕本。
③ 陈傅良《咏梅分韵得蕊字》,《止斋集》卷四,《影印文渊阁四库全书》本。
④ 叶茵《梅》,《顺适堂吟稿丁集》,《宋榘南宋群贤小集》本。
⑤ 余观复《梅花》,《北窗诗稿》,《宋榘南宋群贤小集》本。
⑥ 葛天民《梅花》,《无怀小集》,《宋榘南宋群贤小集》本,台湾台北艺文印书馆影印,1972 年版。
⑦ 林希逸《竹溪十一稿诗选》,《宋榘南宋群贤小集》本。
⑧ 谢翱《武夷山中》,《晞发集·天地间集》,《影印文渊阁四库全书》本。

象之作为道德人格象征的文化功能可谓完全成熟。

总结我们以上五节所论不难看到，梅花审美认识的发展大致经历了两个阶段，一是魏晋至隋唐五代，一是入宋以来。每一个阶段又分别包含两个不同的发展水平。宋以前的梅花审美以自然物色特征的感应和认识为主，林逋以来则进入了品格德性意义抉发的新阶段。封建士大夫道德品格意识的影响和渗透，构成了梅花品格美的价值取向。宋人通过对梅花形象主观化、意趣化的体悟观照、简择提炼，通过梅花与物质生活和人文情趣广泛方面的类比联想、参照阐释，逐步赋予梅花形象以品格意趣、道德情操的丰富内容，使它越来越具备超拔于春花时艳之上的精神意义，最终推到了士大夫人格理想象征的崇高地位。

（原载台湾台南成功大学《成大中文学报》2001 年第 9 期，

又载程杰《宋代咏梅文学研究》，第 206 ～ 235 页，

安徽文艺出版社 2002 年版，此处有修订。）

梅与雪

——咏梅模式之二

只有在各种概念、标准、规范的分析衡量中，事物才能得到科学的界定与说明，只有在形象化的"语境"氛围中事物的审美表现才有可能。"诗人咏物，联类不穷。"①就表现技巧而言，咏梅之法不外虚实偏正两类：或正面描写，着物"密附"，比短较长，以期"巧言切状，如印之印泥"；或侧面用笔，彼物比况，借景映带，言意不言名，"言用勿言体"②，离形得似，虚处传神。

咏梅文学也复如此，梅花的形象塑造离不开其他事物的比量拟似、联类烘托。在用作梅花审美表现的众多描写意象中，"霜雪"与"水月"两组自然意象是极其重要的。它们或因客观生态上的时空联系，或以人类主观心理感觉上的相通，被引入咏梅的形象"语境"，用作比较、衬托和拟喻，服务于梅花形象的塑造，成了咏梅作品中最基本的表现方式。"霜雪"与"水月"有着各自不同的形象特点与表现优势，因而在咏梅中的作用是不一样的，它们的出现也有着时间上的先后，"霜雪"写梅在前，"水月"写梅稍后。它们与梅花之间的审美表现关系有一个不断积累、发展、变化的过程。

本文分析、总结梅花与"霜雪"之间的审美表现关系即以"霜雪"

① 周振甫注《文心雕龙注释》物色第四十六，人民文学出版社 1981 年版。
② 魏庆之《诗人玉屑》卷一〇引《漫叟诗话》，上海古籍出版社 1978 年版。

比喻、烘托梅花的描写模式，勾勒它们在魏晋南北朝隋唐两宋之际发生发展、演进变化的过程。这一工作的意义不仅在于理清有关描写技巧的因变轨迹，更重要的是，整个梅花审美认识发展暨梅花走向文化象征的历史进程从中可以得到一些具体切实的把握。

一、从"梅花落"到梅花开

在今天看来，梅花凌寒开放，与雪是同时景物。然而在梅花最初被引为诗歌意象的魏晋时期，人们首先是把它作为一个春花春树来认识和描写的。南方民歌《子夜四时歌·春歌》中把"梅"与"柳"一起作为春天的代表，而《冬歌》中的代表物象则是"风"和"雪"，梅与雪分属于不同的季节。当时有关梅花最流行的意象是"梅花落"。魏晋乐府民歌有《梅花落》，属征人戍卒感春怨别之调。南方民歌也好采用这一意象："杜鹃竹里鸣，梅花落满道。燕女游春月，罗裳曳芳草。""梅花落已尽，柳花随风散。叹我当春年，无人相要唤。"[①]梅花飘飞表明春物已盛、春色将阑，诗人因以起情，表现韶光流逝，青春难挽，婚嫁失时之怨情。追溯《诗经》中"摽有梅"的古老比兴，虽然那是以梅实（果实）言情，这里着眼于梅花，但两者比兴之义十分接近，体现了民间歌谣之间的深远联系。

梅花开放是逐步的，而"梅花落"却是相对集中的。从感觉上来说后者也更富于视觉冲击力，"美丽的凋逝"令人惊心动魄，这大概是"梅花落"这一意象首先在诗歌中流行的心理基础。同时，现存六朝咏梅

---

① 逯钦立辑校《先秦汉魏晋南北朝诗》，中华书局 1988 年版，上册，1043 页。

诗多出于南朝诗人笔下，南方气候温润，春色来早，春光万千，"梅花一时艳"①，作为三春一景，其鲜光芳馨，煞是引人注意。

然而梅花落早开更早，尤其是与其他春卉芳树相比，它先春而发，独树一帜。当诗人们充分注意梅花，也就是说把梅花作为独立的审美表现对象，而不是仅仅作为春景的组成部分甚或是点缀物时，就会自然而然地发现这一物性特点。继乐府民歌而起的六朝咏梅诗，就把"早梅"作为关注"焦点"。《咏早梅》（梁何逊）、咏《雪里梅花》（梁王筠）、《雪里觅梅》（梁萧纲、阴铿）之类的命题开始流行起来。本来作为不同节物观照的物象，一个是阴寒严凝之物，一个是春阳荣发之观，在"早梅"的视野里交接一起。诗人咏"早梅"，多顺理成章地用到了"雪"。"霜"则因其与"雪"性近色同，一起被引入咏梅视野，其作用与"雪"基本等同。

二、早期咏梅的四种"梅雪"关系

梅与雪霜之间的审美关系以自然物色的直观联系为基础，因而是早期（六朝迄唐）咏梅诗中最常见的一种描写视角和表现方法。综观早期咏梅诗中的梅雪关系，可以概括为这样几种：

一是同时关系。如何逊《咏早梅诗》"兔园标物序，惊时最是梅。衔霜当路发,映雪拟寒开"②，张正见《梅花落》"芳树映雪野，发早觉寒侵"③，

---

① 鲍照《中兴歌》，逯钦立辑校《先秦汉魏晋南北朝诗》，中册，第 1272 页。
② 逯钦立辑校《先秦汉魏晋南北朝诗》，中册，第 1699 页。
③ 逯钦立辑校《先秦汉魏晋南北朝诗》，下册，第 2479 页。

图 38　一树寒梅白玉条，朱永远摄。

卢照邻《梅花落》"梅岭花初发，天山雪未开"①等，都是以雪里开放、与雪同时写梅花之早。尤其是诗歌主题侧重于表现梅花之"早"时，"雪里梅"就成了一个最有效的描写视角。晚唐齐己《早梅》诗"前村深雪里，昨夜一枝开"②一联名噪当时，基本构思也在以雪写梅，成功处在于把原定的"数枝"二字易为"一枝"，进一步追探梅之初发，"一枝"与"深雪"形成强烈对比，在突出梅开之早上胜出一筹。"梅雪"同时不只见于咏梅，唐代以来，诗歌中经常地以"梅雪交映"表示腊尾年头、冬去春来（尤其是元日）这一特定的时节气氛，如刘禹锡《元日乐天见过因举酒为贺》："门巷扫残雪，林园惊早梅。"③

①　郭茂倩《乐府诗集》卷二四，中华书局 1979 年版。
②　《全唐诗》，上海古籍出版社缩印扬州诗局本 1986 年版，第 2066 页。
③　《全唐诗》，第 894 页。

如薛逢《元日田家》："南村晴雪北村梅，树里茅檐晓尽开。"[1]冯延巳《酒泉子》："早梅香，残雪白。"《醉花阴》："晴雪小园春未到，池边梅自早。"[2]都是梅雪并举代表残腊早春。同时人们心目中也逐步形成了梅雪同飞呈瑞献岁的联想，如韩愈、元稹等人的《赋得春雪映早梅》诗。

二是疑似关系，即以花与雪之间的错觉误认来写梅之白、梅之洁。如江总《梅花落二首》："偏疑粉蝶散，乍似雪花开。"[3]有时不属明确的误认，但也是着意于视觉上的混同，如王筠《和孔中丞雪里梅花诗》："翻光同雪舞，落素混冰池。"[4]苏子卿的咏梅名句："只言花是雪，不悟有香来。"[5]上句也是说有所误会。杜甫"雪树元同色"[6]一句，可以说代表了唐人这方面的体认。进入唐代，梅雪之似成了诗人咏梅，同时也是咏雪的基本思路。咏梅如卢照邻《梅花落》："梅岭花初发，天山雪未开。雪处疑花满，花边似雪回。"[7]运用这一思路最为显豁的当属张谓（一作戎昱）《早梅》："一树寒梅白玉条，迥临春路傍溪桥。不知近水花先发，疑是经春（一作冬）雪未销。"[8]咏雪则有东方虬《春雪》："春雪满空来，触处似花开。不知园里树，

① 《全唐诗》，第 1399 页。
② 张璋、黄畬编《全唐五代词》，上海古籍出版社 1986 年版，第 381 页。
　张璋、黄畬编《全唐五代词》，第 387 页。
③ 逯钦立辑校《先秦汉魏晋南北朝诗》，下册，第 2569 页。
④ 逯钦立辑校《先秦汉魏晋南北朝诗》，下册，第 2019。
⑤ 逯钦立辑校《先秦汉魏晋南北朝诗》，下册，第 2601 页。
⑥ 杜甫《江梅》，钱谦益笺注《钱注杜诗》，上海古籍出版社 1958 年版，下册，第 592 页。
⑦ 郭茂倩《乐府诗集》卷二四。
⑧ 《全唐诗》，第 460 页。

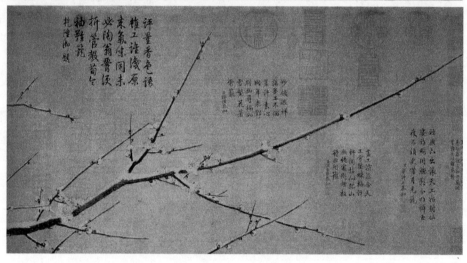

图39　[宋]徐禹功《雪中梅竹图》。纸本设色，纵
　　29.4厘米，横92.6厘米，辽宁省博物馆藏。此处将原图
　　分二截呈现，上为左段，下为右段。宋代，梅画以横卷为
　　主，墨梅取景也侧重在"疏影横斜"，如扬无咎《四梅图》
　　以及徐氏此幅《雪中梅竹图》即是代表。

若个是真梅。"[1]张谓疑真梅为雪树，东方虬说雪中难辨梅，描写目

———————————
[1]《全唐诗》，第251页。

的相反，构思却出于一辙。

三是"比类"关系，即通常所说的比喻关系，这里称"比类"，用刘勰《文心雕龙·比兴》中"至如麻衣如雪，两骖如舞，若斯之类，皆比类者"语意，专指拟物写形。前言疑似关系，迹近比喻而别有意趣，故已另列一格。唐人始在描写梅、雪飘飞的冬春景象中明确地出以比喻，如张说《幽州新城作》："去岁荆南梅似雪，今年蓟北雪如梅。共知人事何常定，且喜年华去复来。"①卢僎《十月梅花书赠》："君不见巴乡气候与华别，年年十月梅花发。上苑今应雪作花，宁知此地花为雪。"②写雪说如梅，咏梅说如雪，两者因色同而互为比喻，成了咏梅咏雪最常见的说法。以雪喻梅，一般有三义：一是喻其色白，如阎朝隐《明月歌》"梅花雪白柳叶黄"③；二是说其花繁如雪絮，如白居易《忆杭州梅花因叙旧游寄肖协律》"伍相庙边繁似雪，孤山园里丽如妆"④，罗邺《梅花》"繁如瑞雪压枝开"⑤；三是写其飘飞之势、落地之状，如郑谷《梅》"江国正寒春信稳，岭头枝上雪飘飘"⑥，李煜《清平乐》"砌下落梅如雪乱，拂了一身还满"⑦。比喻使用的频繁，逐步演化为"雪梅"（梅树）及"雪英""梅雪"（梅花）一类的固定说法与语词。在唐以后的咏梅作品中，以雪喻梅仍是最普遍的描写手法，"开时似雪，谢时似雪，

① 《全唐诗》，第 226 页。
② 《全唐诗》，第 250 页。
③ 《全唐诗》，第 185 页。
④ 《全唐诗》，第 1120 页。
⑤ 《全唐诗》，第 1653 页。
⑥ 《全唐诗》，第 1704 页。
⑦ 张璋、黄畲编《全唐五代词》，第 459 页。

花中奇绝"①,"雪似梅花，梅花似雪，似和不似都奇绝"②，这些名句都是这一手法的沿用。

四是比较关系。既然两者常因形似而误，必得比较以辨其真。认同与辨异，是事物认识的两个基本方法，同样，似与不似（是）也是文学描写的两个基本手段。阴铿《雪里梅花诗》写梅雪"从风还共落，照日不俱销"③，即是最早的辨异之言。前引苏子卿"不悟有香来"则是说梅与雪相比其色虽同而独有芳香。苏子卿的误雪悟香可以说是经典性的，因为它一下子抓住了梅花两个最基本的特征，一是"色"，一是"香"，色同香异是梅雪形似之大较，"色"与"香"相提并论后来成了咏梅诗中常见的方式。如："雪含朝暝色，风引去来香"④，"朔吹飘夜香，繁霜滋晓白"⑤，"谢郎衣袖初翻雪，荀令熏炉更换香"⑥，"芬郁合将兰并茂，凝明应与雪相宜"⑦，"冻白雪为伴，寒香风是媒"⑧，"早梅初向雪中明，风惹奇香粉蕊轻"⑨等等都以"雪"（色）"香"（味）相对成言。晁补之《盐角儿·亳社观梅》词"开时似雪，谢时似雪，花中奇绝。香非在蕊，香非在萼，骨中香彻"⑩，也是如此。这些诗句虽非明确的比较视角，但隐含了梅雪比较中形成的寻色认香的思路。唐以后最著名的梅雪比较之言，当属南宋卢梅坡《雪梅》诗中的两句："梅

① 晁补之《盐角儿·亳社观梅》，唐圭璋编《全宋词》，第 1 册，第 559 页。
② 吕本中《踏莎行》，唐圭璋编《全宋词》，第 2 册，第 937 页。
③ 逯钦立辑校《先秦汉魏晋南北朝诗》，下册，第 2398 页。
④ 李峤《梅》，《全唐诗》，第 147 页。
⑤ 柳宗元《早梅》，《全唐诗》，第 875 页。
⑥ 李商隐《酬崔八早梅有赠兼示之作》，《全唐诗》，第 1366 页。
⑦ 方干《胡中丞早梅》，《全唐诗》，第 1641 页。
⑧ 韩偓《早玩雪梅有怀亲属》，《全唐诗》，第 1710 页。
⑨ 和凝《宫词》之七十二，《全唐诗》，第 1839 页。
⑩ 唐圭璋编《全宋词》，第 1 册，第 559 页。

须逊雪三分白，雪却输梅一段香。"不仅是辨别同异，进而判分等差，比较议论殆如裁事断案。

显然，上述四种梅、雪关系都是因梅雪之间的生态联系或物色相似而形成的写形关系，即以雪之似来状梅之形，写梅之早。它们在早期的咏梅作品中较为普遍，其写形为主的特点是任何咏物题材初起阶段的必由之路。

图 40　[宋]扬无咎《雪梅图卷》（局部），故宫博物院藏。

三、两种后起的"写神"关系

在上述四种关系之外，梅雪之间还有两种关系是较为后起的，这就是"相对"与"映衬"。

首先说相对关系，即梅花与环境的对立关系。最早着意这一点的是南朝宋鲍照，其《梅花落》云："中庭杂树多，偏为梅咨嗟。问君何独然，念其霜中能作花，露中能作实，摇荡春风媚春日。念尔零落逐寒风，徒有霜华无霜质。"[①]虽然仍视梅花为春花，但言及"霜中作花"

---

① 逯钦立辑校《先秦汉魏晋南北朝诗》，中册，第 1278 页。

之可悲一面，意在托寓"才秀人微"的自哀自艾。盛唐张九龄仕途挫折之际所作《庭梅咏》也表现出这种托物自寓、感怀身世的用意："更怜花蒂弱，不受岁寒移。朝雪那相妒，阴风已屡吹。"①与鲍照不同的是，张九龄在与时乖违的哀艾中略见坚毅不屈的意志。至中唐朱庆余《早梅》一诗，则开始明确地把梅花凌寒开放向着积极的方面演绎，把梅花傲雪作为高尚的品性加以赞美："天然根性异，万物尽难陪。自古承春早，严冬斗雪开。""堪把依松竹，良涂一处栽。"②梅花斗雪盛开，堪与松、竹之"岁寒不凋"相媲美。众所周知，这一观念在后来咏梅作品中不断增长，最终形成了"岁寒三友"说。

其次是相衬、相宜关系。中唐以降，借梅花之遭霜欺雪虐以自寓身世的悲慨伤情已基本让位给对梅花傲寒品格的赞赏。对梅花来说，霜雪不再是凌轹强暴之物，反成了助威添思、相映相衬之物。韩偓《梅花》："风虽强暴翻添思，雪欲侵凌更助香。"③梅花之冲雪开放正是梅花高于其他草木之处，李中《梅花》诗称赞梅花："群木方憎雪，开花长在先。"④与雪为伴，更见出梅花之素雅明洁，方干《胡中丞早梅》诗道："芬郁合将兰并茂，凝明应与雪相宜。"⑤梅花之品性本就与雪为宜，因寒见性，崔道融《梅花》诗言："香中别有韵，清极不知寒。"⑥"雪"之于"梅"已非相对的因素，而是相宜相媲的关系。与前面所说"梅雪"同时、伴生关系不同，讲梅雪之相宜相媲，目的不是描写花容花色，

---

① 《全唐诗》，第 148 页。
② 《全唐诗》，第 1306、1710、1869、1641、1799 页。
③ 《全唐诗》，第 1710 页。
④ 《全唐诗》，第 1869 页。
⑤ 《全唐诗》，第 1641 页。
⑥ 《全唐诗》，第 1799 页。

交代花期花时等形似特征，而是侧重于渲染、烘托、比喻梅花与雪同光、与雪处寒的特殊品性和神采。

到了宋代，尤其是北宋中期以来，上述两种侧重于梅花品格、神韵的映衬、拟喻进一步衍化为两种说法，这就是"雪里精神"①和"雪样精神"。

所谓"雪里精神"意即赞美梅花"严冬斗雪开"的傲峭品格，是中唐朱庆余等人观念的直接继承。如：

> 密意忍容莺蝶污，英心长与雪霜期。②

> 雪里梅花，无限精神总属他。③

> 幽香淡淡影疏疏，雪虐风饕亦自如。④

所谓"雪样精神"则是说梅花具有霜雪一样的品质，即以霜、雪、冰、玉诸物质之洁白、晶莹、冷冽的感觉来直接比喻指称梅花素洁、明净、冷凛、清峭之品性，是晚唐方干、崔道融等人关于梅花气"清"韵"寒"之感的进一步发挥。如：

> 冰雪肌肤潇洒态，须知。姑射仙人正似伊。⑤

> 冰肌玉骨精神，不风尘。⑥

> 雪中风韵，皓质冰姿真莹静。⑦

> 爱君风措莹如冰，伴我情怀清似水。⑧

---

① 刘弇《宝鼎现》，唐圭璋编《全宋词》，第 1 册，第 451 页。
② 彭汝砺《梅》，《全宋诗》，第 16 册，第 10559 页。
③ 洪惠英《减字木兰花》，唐圭璋编《全宋词》，第 3 册，第 1491 页。
④ 陆游《雪中寻梅》，钱仲联校注《剑南诗稿校注》卷一一。
⑤ 无名氏《南乡子》，唐圭璋编《全宋词》，第 5 册，第 3631 页。
⑥ 无名氏《愁倚栏》，唐圭璋编《全宋词》，第 5 册，第 3639 页。
⑦ 无名氏《减字木兰花》，唐圭璋编《全宋词》，第 5 册，第 3639 页。
⑧ 无名氏《玉楼春》，唐圭璋编《全宋词》，第 5 册，第 3638 页。

今年看梅荆溪西，玉为风骨雪为衣。[1]

肯回桃李面，要是雪霜姿……霜崖和树瘦，冰壑养花清。[2]

与早期咏梅作品中以雪写梅之花期早、花色白不同，这里的霜雪之比喻、衬托重在渲染梅花的品格神韵。这种品格神韵在切合梅花自然特征的基础上，更多地体现了唐宋以来社会审美文化心理的影响与渗透。唐宋以来尤其是入宋以来，随着封建专制政治和社会伦理秩序尤其是官僚政治体制的发展，封建士大夫社会地位和生存状态普遍改善，封建意识形态迈开了全面建构、深入发展的步伐，体现在艺术审美层面，既是作为对社会体制各种现实规范的思想超越，也是对士大夫实际生活处境、生存状态的理想发挥，逐步发展起清雅、闲适的意趣追求。作为熙攘、嚣热、尘污、绮艳之世态俗相的对立面，幽独、冷静、清洁、素淡适应了人们精神超越的祈向，得到了普遍的推重。中唐以来人们越来越欣赏幽、远、冷、静、洁、素、简、淡、瘦、峭之境之物。正是在这样一个时代精神背景下，梅花越来越引起广泛的注意和推赏，同时也越来越被揭示出高洁、冷峭、清瘦的审美品性。而霜、雪也就改变了原来单纯写梅之形、拟梅之色的功能，以其洁素、冷冽之质成了梅花精神品质的喻象和映托。

晚唐以来，尤其是北宋中期以来，霜、雪喻梅还经常地与拟人化的手法相结合[3]，即把梅花比拟为"霜美人""冷美人""雪中美人""冰

---

① 杨万里《雪后寻梅》，《诚斋集》卷八，《四部丛刊》本。

② 张道洽《梅花》，方回《瀛奎律髓》二〇。

③ 关于拟人写梅，请参见程杰《"美人"与"高士"——两个咏梅拟象的嬗变》一文，载《南京师大学报》1999 年版。第 5 期。

图 41　［明］王谔《踏雪寻梅图》轴。绢本设色，纵 106.7 厘米，横 61.8 厘米，故宫博物院藏。

玉美人"，藉以凸显梅花高洁、幽峭、超逸的品格，如：

江头苦被梅花恼，一夜霜鬟老。谁将冰玉比精神，除是凌风却月，见天真。[1]

雪里精神淡伫人……风韵情知似玉人。[2]

清标自是蓬莱客，冰玉精神。[3]

烟姿玉骨尘埃处，看自有神仙格……雪天孤艳，可堪怜惜。[4]

冰姿雪艳，天赋精神偏冷淡。[5]

更雪琢精神，冰相韵度，粉黛尽如土。[6]

梅与雪、霜之间远不只是同时，不只是相似，梅花也不只是在与雪的相对相抗中显示其傲然姿态，梅花本身就是冰霜雪玉琢就的"美人"、冰肌雪肤玉骨霜心的"神女"。这一人格化拟喻进一步强化了梅花作为人的精神品格象征功能，把霜雪写梅品格神韵的用意发挥至极。

总之，由于霜雪与梅紧密的生态关系，霜雪写梅成了咏梅文学与生俱来的一种模式，其写形拟似的作用也较直接和显著。晚唐开始，霜雪写梅向传神拟格的方向演进，一方面从梅花冲雪开放中演绎其傲峭之性，另一方面以霜雪莹洁冷冽之质喻梅高洁之格。霜雪写梅从拟形写貌到传神写性的嬗变发展，从一个侧面展示了梅花这一自

① 向子諲《虞美人》，唐圭璋编《全宋词》，第2册，第955页。
② 张元干《豆叶黄》二首，唐圭璋编《全宋词》，第2册，第1095页。
③ 姚述尧《丑奴儿》，唐圭璋编《全宋词》，第3册，第1559页。
④ 赵长卿《水龙吟·梅词》，唐圭璋编《全宋词》，第3册，第1775页。
⑤ 卢炳《减字木兰花》，唐圭璋编《全宋词》，第3册，第2167页。
⑥ 赵与洽《摸鱼儿·梅》，唐圭璋编《全宋词》，第4册，第2470页。

然物从审美走向人格象征的历史进程。

（原载《阴山学刊》2000 年第 1 期，又载程杰《宋代咏梅文学研究》第 236 ～ 247 页，安徽文艺出版社 2002 年版。）

梅花的伴偶、奴婢、朋友及其他

——咏梅模式之三

本文讨论梅花与其他花木类聚、拟似、比较等描写关系，通过魏晋南北朝唐宋之际咏梅文学中梅花与其他花木组合联系的前后变化、异同高低的不同比量，从一个侧面揭示人们对梅花审美认识不断发展、梅花意象审美品位不断攀升最终成为道德品格象征的过程。

一、梅花的青春"搭档"

在今天看来，梅花凌寒开放，与雪是同时景物。然而在梅花最初被引为诗歌意象的魏晋南北朝时期，人们首先是把它作为一个春景来观赏、感受和描写的。当时有关梅花最流行的意象是"梅花落"，乐府有《梅花落》曲调，本属征人戍卒感春思乡之曲，文人拟作则多作闺怨之词，以春花之鲜丽，拟佳人之芳年;因芳物之零落，怨韶华之易逝。同时出现的文人咏梅诗赋体物图貌之外，立意也大致相同，带着这个时期"应物斯感"，"睹物兴情"，"情以物迁，辞以情发"[①]的情感基调。虽然梅花在作品中的作用有着情感媒介与描写主体的不同，具体的取景有着"花开"与"花落"两种侧重，情感也有着"喜柔条"与"悲

---

① 《文心雕龙》明诗篇、诠赋篇、物色篇。

落英"的分别，但把梅花作为春色春景是一致的。

梅花之所以受到感时怨春诗的特别青睐，究其原因就在于它早春独芳的物色特点，所谓"兔园标物序，惊时最是梅"①，梅开梅落，在冬春之交的惨淡日子里最是鲜明突出。另一引人瞩目的春物是杨柳。当梅花顶着三冬的霜雪、残腊的严凝傲然开放时，杨柳也在东风的吹拂中悄悄地舒展着生机。而且其强大的生命力使这一意象在文学中源远流长、极其普遍。《诗经》以来，杨柳就是文学中感春怨别诗的基本意象。汉魏以来乐府横吹曲、相和歌、清商曲中均有《折杨柳》调。横吹《折杨柳》与《梅花落》是魏晋以来最流行的笛曲，主题同属征人的感时伤春、思乡怨别。现存乐府"横吹曲辞"中，两题现存晋唐文人拟作为数不少，可谓思乡怨春的姐妹乐章。后世咏笛经常地把它们相提并论，作为羌笛曲调的代表，如陈贺彻《长笛》诗:"柳折城边树，梅舒岭外林。"②李峤《咏笛》:"逐吹梅花落,含春柳色惊。"③"梅""柳"相对而言，所指即为二曲。

在晋宋以来的咏春写景诗中，梅、柳以其得春之早经常联袂出现。"三春桃照李，二月柳争梅。"④桃、李竞放是春光鼎盛的景象，梅蕊柳眼是春天最早的信息。沈约《初春诗》："扶道觅阳春，相将共携手。草色犹自腓，林中都未有。无事爱梅花，空教信杨柳。且复归去来，含情寄杯酒。"⑤诗人初春踏青，首可寻迹的便是梅、柳消息。

---

① 何逊《咏早梅诗》，逯钦立辑校《先秦汉魏晋南北朝诗》，中华书局 1988 年版，第 1699 页。

② 逯钦立辑校《先秦汉魏晋南北朝诗》，第 2554 页。

③ 李峤《笛》，《全唐诗》，上海古籍出版社缩印扬州诗局本 1986 年版，第 172 页。

④ 江总《雉子斑》，逯钦立辑校《先秦汉魏晋南北朝诗》，第 2567 页。

⑤ 逯钦立辑校《先秦汉魏晋南北朝诗》，第 1649 页。

图42 ［宋］夏圭《西湖柳艇图》。台北故宫博物
院藏。图中梅树点点白花，与柳组合配景，一派早春风光。

这是人们年复一年，遇春即得的生活经验。正是这自然存在的客观性、触目即得的直接性，使梅、柳一起成了春景诗中一个最常见的取景，构成了春景尤其是早春之景的典型组象。

"梅柳"的组合取景当始于东晋。陶渊明《蜡日》："梅柳夹门植，一条有佳花。"晋《子夜四时歌》："梅花落已尽，柳花随风散。叹我当春年，无人相要唤。"这大概是诗中最早的例子。嗣后南朝萧子范《春望古意》："春情寄柳色，鸟语出梅中。"萧绎《和刘上黄春日诗》："柳絮时依酒，梅花乍入衣。"形式上已具偶对之势。及至隋与初唐时期，随着自然风景诗写作的繁兴和律诗技巧的逐步成熟，诗歌中"梅"与"柳"对偶为言成了春景诗中最普遍的现象，所表时令也越来越定位于早春季节，着重于季节暗换、春阳潜生、物候开新的风光特色，如：

庭梅飘早素，檐柳变初黄。

初风飘带柳，晚雪间花梅。

泛柳飞飞絮，妆梅片片花。

似絮还飞垂柳陌，如花更绕落梅前。

雪被南轩梅，风催北庭柳。

柳色迎三月，梅花隔二年。

斗雪梅先吐，惊风柳未舒。

寒尽梅犹白，风迟柳未黄。

梅郊落晚英，柳甸惊初叶。

柳翠含烟叶，梅芳带雪花。

柳摇风处色，梅散日前花。

柳处云疑叶，梅间雪似花。

岸柳开新叶，庭梅落早花。

这一时期的写景偶语中，也有一些梅与其他春花春树的类聚对偶，如梅与竹、梅与杏、梅与李、梅与草、梅与蘋等，但都为数不多，唯梅与柳的搭配最为频繁，几成描写春色尤其是早春景色的固定套式，为后世诗词所沿袭。我们再抄缀一些诗例：

> 寒雪梅中尽，春风柳上归。

> 市桥官柳细，江路野梅香。

> 雪篱梅可折，风榭柳微舒。

> 欲看梅市雪，知赏柳家春。

> 柳意笼丹槛，梅香覆锦茵。[1]

> 景暖仙梅动，风柔御柳倾。[2]

> 柳爱和身动，梅愁合树融。[3]

> 柳软腰肢嫩，梅香密气融。[4]

> 柳眼开浑尽，梅心动已阑。[5]

> 柳岸杏花稀，梅梁乳燕飞。[6]

> 风飘弱柳平桥晚，雪点寒梅小苑春。[7]

> 梅片尽飘轻粉屑，柳芽初吐烂金醅。[8]

> 汉宫花面学梅妆，谢女雪诗裁柳絮。[9]

---

[1] 羊士谔《资中早春》，《全唐诗》，第 817 页。

[2] 裴度《至日登乐游园》，《全唐诗》，第 827 页。

[3] 元稹《生春二十首（丁酉岁凡二十章）》，《全唐诗》，第 1010 页。

[4] 元稹《生春二十首（丁酉岁凡二十章）》，《全唐诗》，第 1011 页。

[5] 元稹《遣春三首》之二，《全唐诗》，第 1009 页。

[6] 温庭筠《春日》，《全唐诗》，第 1477 页。

[7] 温庭筠《和道温庭筠溪君别业》，《全唐诗》，第 1479 页。

[8] 皮日休《春酬鲁望惜春见寄》，《全唐诗》，第 1552 页。

[9] 徐昌图《木兰花》，张璋、黄畲编《全唐五代词》，第 518 页。

图 43 ［明］盛茂烨《梅柳待腊图》，日本私人藏。

云锁嫩黄烟柳细，风吹红蒂雪梅香。①

江边时日将舒柳，雪后春光欲到梅。②

柳呈雪后青苍干，梅破风前一两花。③

闲倚和风千步柳，倦临残雪一枝梅。④

拂面毵毵巷柳黄，穿帘细细野梅香。⑤

柳色新如染，梅花香满村。⑥

词中也复如此，如：

雪梅香，柳带长。⑦

候馆梅残，溪桥柳细，草熏风暖摇征辔。⑧

不仅是对偶句式，其他梅、柳同连语的情况也较普遍，如：

梅花雪白柳叶黄。⑨

柳色梅芳何处所，风前雪里见芳菲。⑩

彩蝶黄莺未歌舞，梅香柳色已矜夸。⑪

云霞出海曙，梅柳渡江春。⑫

碧草已满地，柳与梅争春。⑬

① 阎选《八拍蛮》，张璋、黄畲编《全唐五代词》，第 737 页。
② 张耒《冬后三日郊赦到同郡官拜赦回有感》，《张耒集》卷二五。
③ 张耒《游李氏园》，《张耒集》卷二一。
④ 赵彦端《琴调相思引》，唐圭璋编《全宋词》，第 3 册，第 1450 页。
⑤ 陆游《立春后三日作》，钱仲联校注《剑南诗稿校注》卷一四。
⑥ 陆游《闲记老境》，钱仲联校注《剑南诗稿校注》卷四九。
⑦ 温庭筠《河传》，张璋、黄畲编《全唐五代词》，第 238 页。
⑧ 欧阳修《踏莎行》，唐圭璋编《全宋词》，第 1 册，第 123 页。
⑨ 阎朝隐《明月歌》，《全唐诗》，第 185 页。
⑩ 刘宪《奉和立春日内出彩花树应制》，《全唐诗》，第 187 页。
⑪ 唐中宗《立春日游苑迎春》，《全唐诗》，第 25 页。
⑫ 杜审言《和晋陵陆丞早春游望》，《全唐诗》，第 177 页。
⑬ 李白《携妓登梁王栖霞山孟氏桃园中》，《全唐诗》，第 417 页。

梅花将柳色，偏思越乡人。①

梅发柳依依，黄鹂历乱飞。当歌怜景色，对酒惜芳菲。②

梅花似雪柳含烟，南地风光腊月前。③

池塘春暖水纹开，堤柳垂丝间野梅。④

柳梅浑未觉，青紫已丛丛。⑤

门前梅柳烂春辉，闭妾深闺舞绣衣。⑥

看野梅官柳，东风消息。⑦

梅出疏篱柳拂池，流年已近早春时。⑧

梅与柳组合成景，在意象物色上有两个基本的审美特征：

一、梅靥柳眼是阳气潜生、春光乍泄的物色。北宋末的李元膺说："一年春物，惟梅柳间意味最深，至莺花烂漫时，则春已衰迟，使人无复新意。"⑨梅、柳意象出现于腊尾岁初，是一派春回开新的感觉。诗人所写也多着意于阳和的新至、物候的鲜妍。如施枢《嘉熙之日》："梅迎霁色来窗底，柳挽和风到水根。"《立春》："青青柳眼梅花面，才染阳和便不同。"⑩为了突出梅、柳独得万物之先的特征，诗人们还设以拟

① 冷朝阳《立春》，《全唐诗》，第 769 页。此两句又见于曹松《客中立春》，《全唐诗》，第 2156 页。
② 贾至《对酒曲二首》之一，《全唐诗》，第 585 页。
③ 韦同则《仲月赏花》，《全唐诗》，第 773 页。
④ 李约《江南春》，《全唐诗》，第 774 页。
⑤ 元稹《生春二十首》，《全唐诗》，第 1009 页。
⑥ 张窈窕《春思二首》，《全唐诗》，第 1967 页。
⑦ 辛弃疾《满江红》，辛弃疾撰，邓广铭笺注《稼轩词编年笺注》，第 156 页。
⑧ 陆游《岁晚幽兴》，钱仲联校注《剑南诗稿校注》卷五六。
⑨ 李元膺《洞仙歌》词序，唐圭璋编《全宋词》，第 1 册，第 447 页。
⑩ 施枢《芸隐横舟稿》，《宋椠南宋群贤小集》本。

人手法："柳眼梅须漏泄春，江南又见物华新。"①"柳眼开浑尽，梅心动已阑。"②"梅柳约东风，迎腊暗传消息。粉面翠眉偷笑,似欣逢佳客。"③所谓"柳眼梅心""暗传消息"，都极状其春色之初的鲜颖新妍。

二、梅、柳景象的相依相映。花与柳的对比辉映是春色的基调和亮点，所谓"桃红李白皆夸好，须得垂杨相发挥。"④梅、柳也复如此。南朝陈江总《梅花落》："杨柳条青楼上轻，梅花色白雪中明。"⑤南宋韩淲《生查子·梅和柳》："山意入春晴，都是梅和柳。白白与青青，日映风前酒。"⑥唐高宗《守岁》："薄红梅色冷，浅绿柳轻春。送迎交两节，暄暖变一辰。"⑦都写出了梅、柳二色对比的特征。但与三春桃柳之烂漫秾艳不同⑧，梅柳的色彩对比较为轻浅。梅花由于树小花稀，萼小色淡，盛开之际远不似桃杏海棠那么繁盛，更不如李花、梨花那么明皓耀眼。初生柳色更是淡绿鹅黄，似有若无，即便稍后"柳眉梅靥"也仍以淡嫩为主，因而所谓梅白、柳黄对比不以鲜明取胜，加之梅枝柳条都属疏秀柔依之物，总体上是一种清丽淡雅、轻浅柔嫩的气氛：

淑气初衔梅色浅，条风半拂柳墙新。⑨

---

① 陆游《冬夕闲咏》，钱仲联校注《剑南诗稿校注》卷六九，上海古籍出版社1985年版。

② 元稹《遣春三首》之二,《全唐诗》，第1009页。

③ 张纲《好事近·梅柳》，唐圭璋编《全宋词》，第2册，第924页。

④ 刘禹锡《杨柳枝词》,张璋、黄畲编《全唐五代词》,上海古籍出版社1986年版，第100页。

⑤ 逯钦立辑校《先秦汉魏晋南北朝诗》，第2574页。

⑥ 唐圭璋编《全宋词》，第4册，第2247页。

⑦ 《全唐诗》，第25页。

⑧ 胡仔《苕溪渔隐丛话》后集卷一："春时秾丽，无过桃柳。"

⑨ 李适《奉和立春游苑迎春》,《全唐诗》，第186页。

池塘春暖水纹开，堤柳垂丝间野梅。[①]

云锁嫩黄烟柳细，风吹红蒂雪梅香。[②]

东风不管梅花落，自酿新黄染柳条。[③]

寒梅淡淡，弱柳袅袅，相间相映，轻浅柔依，洋溢着特殊的美感。南宋词人姜夔春日与友人"携家妓观梅于孤山之西村，命国工吹笛，妓皆以柳黄为衣"[④]，以佳人扮嫩柳，与梅花相间行，营造的就是这种疏枝淡粉、柔条嫩黄相映相依的情形。

另外，梅开柳变，同为春光之先，也略有时间之先后，尤其是柳色由浅入深，由叶而絮，比梅开梅落远为迟延：

倏看媚白破梅枝，更喜娇黄著柳枝。[⑤]

江梅过，柳生绵。[⑥]

春意才从梅里过，人情都向柳边来。[⑦]

梅开梅落、柳青转深，标志春天的脚步，人情乐于征逐，而哀感亦因以摇起。诗人常因这时序上的绵延，感慨流年之暗换、韶华之不再。如北宋田锡《惜春词》："春色初从江国来，湖边杨柳岭头梅。梅花飞雪柳垂带，递次相将时节催。春力欺寒过江北，深谷黄鹂生羽翼。晓月轻烟禁苑啼，南园桃李已成蹊。"[⑧]刘氏《赠夫诗》："看梅复看柳，

① 李约《江南春》，《全唐诗》，第 774 页。
② 阎选《八拍蛮》，张璋、黄畲编《全唐五代词》，第 737 页。
③ 江万里《绝句》，厉鹗《宋诗纪事》卷六八。
④ 唐圭璋编《全宋词》，第 3 册，第 2170 页。
⑤ 陈造《早春十绝呈石湖》其二，《江湖长翁集》卷一八，《影印文渊阁四库全书》本。
⑥ 李清照《浣溪沙》，王仲闻校注《李清照集校注》，第 18 页。
⑦ 辛弃疾《添字浣溪沙·答傅岩叟酬春之约》，辛弃疾撰，邓广铭笺注《稼轩词编年笺注》，第 304 页。
⑧ 《全宋诗》，第 1 册，第 484 页。

泪满春衫中。"①陈允平《江南谣》:"柳絮飞时话别离,梅花开后待郎归。梅花开后无消息,更待明年柳絮飞。"②诗人用梅、柳相接构成的时间尺度,度量出感时伤春的深长悠婉,表达出情思的悱恻缠绵。

综观梅柳连言组合、偶对成景的现象,主要见于咏春诗或春景诗尤其是早春诗中,多属写景诗中的景物铺设与点缀,用以展示春回大地的生机鲜妍。在春怨离愁诗中则作为起兴喻情的媒介,梅柳代表着冬去春来、时流物迁,藉以表达睹物感遇、怨离伤逝的情憾,意向虽属负面,但情感的发生却是缘于对这春色美好的体认和怜惜。梅与柳的组合作为春色初起的典型物象,是梅花审美认识发展的重要环节,晋宋以来历久不衰,即使宋元以后梅花被推尊为人格象征,这种阳和开新、春色温柔的视境感受仍为人们所乐于探揽歌咏,其生机鲜妍、清浅淡柔的独特形象是梅花美一个最基本的方面。

梅、柳联袂出现,作为早春物色的代表,是古诗词中一个不绝的取景模式。但当诗人们不只是客观地感春写景,不只流连于物色风景之美,而是生发出其他表现动机,尤其是透过物色进求深刻的思想认识,或寄托性格意趣时,则对事物就有了不同的体认和理会。梅柳之间就经历了一种迥异的遭遇。至迟在北宋,我们看到,杨柳那"恰似十五女儿腰"(杜甫诗语)的娇美之姿被视作阿谀无骨之相,那漫飞的柳絮被贬损如小人得志的张狂。(曾巩《咏柳》:"乱条犹未变初黄,倚得东风势更狂。解把飞花蒙日月,不知天地有清霜。")与杨柳的堕落相反,梅花则走上了历史提升的阶梯。"梅爱山傍水际栽,非因弱柳近

---

① 逯钦立辑校《先秦汉魏晋南北朝诗》,第 2130 页。
② 陈允平《西麓诗稿》,《宋椠南宋群贤小集》本。

图 44
[明] 杨晋
《早春图》。
立轴，纸本水
墨，纵210厘
米，横110.5
厘米，故宫
博物院藏。
此图二株老
梅枝干虬曲
盘折，枝头
新蕊绽放，
石旁新篁枝
叶灵秀，满
幅早春气
息。

章台。"[①]同是近水，杨柳所属是风尘之地、"水性杨花"，梅则被认为是得山水之清灵。本来春来伴生、相依相映的二物最终被演绎为品类迥异、美丑对立的形象。一浮一沉，不啻霄壤。

二、梅花的品格荐阶

梅花审美品格和地位的提高，在与同类花卉的比较中更为明显。梅与柳，生物种属上相去较远，形象上一"花"一木差距也大。诗歌中把它们一起描写，主要用于春景的铺设描写，取其先春发生、相依相映的共相，当把它们某一方作为主题，进行专题描写时，这一组合"语境"就丧失了，两者可比因素微乎其微，对各自的认识助益无多。随着人们对梅花审美兴趣的发展，专题吟咏描写的增多，认识视角和把握的方式必得有所调整和拓进。把梅花放在与桃、李、杏等同类"果子花"中加以比较考量，就是一个较为直切有效的认识和描写角度。在现代植物学分类中，梅与桃、李、杏同这蔷薇科李属。其生物习性，尤其是体态形象较为接近[②]。有比较才有鉴别，同类之间的比较更具认识意义。正是在与桃杏李等类似之物的比较考量中，梅花的一些自然属性、形象优势得到凸现，其审美特征及其精神意义得到确认，最终推至超然于群芳之上的地位。

梅花与桃、杏、李等花的比较描写始见于中唐以来的咏梅诗。最初主要是一些连类近似而生发的联想。如张谓《官舍早梅》："风光先

---

① 郑獬《梅花》，《全宋诗》，第 10 册，第 6895 页。
② 《山海经·中山经》："灵山……其木多桃李梅杏。"《夏小正》："梅、杏、柂、桃始华。"

占得，桃李莫相轻。"①韦蟾《梅》："高树临溪艳，低枝隔竹繁。何须是桃李，然后欲忘言。"②桃、李尤其是桃花之审美历史悠久，梅花是一个后起的审美对象，处于连类认知的附属地位。"何须桃李"云云，即潜含着桃李胜梅的前提认知，后一例则是说梅花能与桃李媲美争胜，都属于咏物题材发生最初的认知方式。

再一步则是生态形象特征的比较把握。如郑谷《梅》诗："素艳照尊桃莫比，孤香粘袖李须饶。"③通过与桃、李不同侧面的比较，写出了梅花"素色"和"幽香"两大特征。另一个比较即得的特征是梅花的花期。梅花先春而放、花期较它树为早，这是梅花自然美的一大优势。"自爱新梅好，行寻一径斜。"④"灼灼早春梅，东南枝最早。""岂无后开花，念此先开好。"⑤花早而予人春光乍泄、阳和初至的"新好"之感，是其他花卉无从争比的。

上述比较主要着眼于外在形态特征，构成了"形似"方面的基本认识和描写。值得注意的是，唐人的比较之言并没有仅仅停留于此，晚唐以来一些诗人开始在咏梅中托物比兴，借题发挥，表达思想态度和人生意趣。主要是由梅花的先春而芳、冲雪凌寒，演绎出坚毅傲峭的品格之美。韩偓《梅花》："梅花不肯傍春光，自向深冬着艳阳。""风虽强暴翻添思，雪欲侵凌更助香。应笑暂时桃李树,盗天和气作年芳。"⑥诗人的着眼点已不是春色先得的"新好"悦目，而是寒中能芳的特立

---

① 《全唐诗》，第 459 页。
② 《全唐诗》，第 1446 页。
③ 《全唐诗》，第 1704 页。
④ 张籍《和韦开州盛山十二首·梅溪》，《全唐诗》，第 962 页。
⑤ 白居易《寄情》，《全唐诗》，第 1116 页。
⑥ 《全唐诗》，第 1710 页。

傲峭，这就为人格意态的演绎寄托奠定了基础。陆希声《梅花坞》："冻蕊凝香色艳新，小山深坞伴幽人。知君有意凌寒色，羞共千花一样春。"①"有意""羞共"云云比韩偓"不肯傍春光"云云更具人格化色彩。梅花已特立于三春芳华之外，桃李"千花"不堪为伍，梅花具有了超越流俗的格调。徐夤《梅花》："琼瑶初绽岭头葩，蕊粉初妆姹女家。举世谁更怜洁白，痴心皆尽爱繁华。"②把梅花的素洁与秾春的浮华相对立，诗人的爱梅具有了反悖世情、超越流俗的意味。当然，如此明确的精神演绎和人格荐示在唐诗中是极其个别的，普遍地卑视桃李以推重梅花格调，是入宋以后的事。

宋人有关梅与桃杏优劣尊卑最引人注目的讨论发生在苏轼时代。起因是对林逋"疏影"一联的评价。林逋的"孤山八梅"尤其是"疏影"一联开创了梅花审美认识的新阶段，但价值不是一下子就为人们看清的。与苏轼同时代即有人认为，"疏影"一联"咏杏与桃李皆可用"③，后来又有人认为林逋所写"近似野蔷薇"④。针对这一说法，苏轼明确指出，"疏影"联"决非桃李诗"⑤，"杏李花不敢承当"⑥。苏轼强调诗人写物就是要写出其不可移易、其他事物不可冒替的本质特征，在他看来林逋"疏影"一联是成功的代表。何以见得，宋末方回有一段解释："予谓彼杏、桃、李者，影能疏乎？香能暗乎？繁秾之花，又与'月

① 《全唐诗》，第 1737 页。
② 《全唐诗》，第 1789 页。
③ 王直方《王直方诗话》，郭绍虞辑《宋诗话辑佚》，中华书局 1980 年版，上册，第 13 页。
④ 陈辅《陈辅之诗话》，郭绍虞辑《宋诗话辑佚》，上册，第 292 页。
⑤ 苏轼《评诗人写物》，孔凡礼点校《苏轼文集》卷六八，中华书局 1986 年版。
⑥ 王直方《王直方诗话》，郭绍虞辑《宋诗话辑佚》，上册，第 13 页。

黄昏''水清浅'有何交涉？且'横斜'、'浮动'四字，牢不可移。"①
方回看到了林诗两层技巧：一是"疏影横斜""暗香浮动"诸语，正面
切入梅之"影"(枝)、"香"；一是以"水""月"两个外在境象侧面的
烘托渲染。与唐人不同的是，林逋并不着意梅花的独步傲寒，而是注
重其物色的"体态"②视觉。通过正面与侧面的剪裁与贴衬，有效地凸
显出梅花疏淡、幽独、闲静的格调神韵。这是以往咏梅所未及的，包
含着其湖山幽隐之士精神意趣的渗透和作用。如此的物象特征与意蕴
透现，构筑起高度典型的形象符号，桃杏等"繁秾"之花、喧艳之色
在知觉形象上既无从混淆，意趣格调更是无与其俦。苏轼认为"杏李
花不敢承当"，大概正是有感于此。

苏轼还有一段思考也是关于咏梅的，针对的是比林逋稍晚的石延
年所作的《红梅》诗。桃梅杏李本就种近形似，而梅花中红梅与桃杏
更易混淆，当时晏殊等人写诗嘲笑北方人梅杏不辨。石延年这样描写
红梅："认桃无绿叶，辨杏有青枝。"③石延年是北方人，大概以他的
知识，这也是抓住了红梅的特征。但苏轼认为，这种植物学的外形比
较介绍，无异于"村学"童言④，远非梅花之神韵。为此苏轼也写了《红梅》
诗，对梅之"红"重新进行形象诠释，意在说明红梅着色，姿如桃杏，
只是外表而已，其内在却别有品格。苏轼维护和强调的是梅花的品格。
这是林逋诗给他的启发，也有自己独到的悟见。体现在咏梅方法上，

---

① 方回选评，李庆甲集评校点《瀛奎律髓汇评》卷二〇，上海古籍出版社
1986年版，786页。
② 司马光《温公续诗话》，何文焕辑《历代诗话》上，中华书局1981年版，
第275页。
③ 《全宋诗》，第3册，第2005页。
④ 苏轼《评诗人写物》，孔凡礼点校《苏轼文集》卷六八。

苏轼既脱弃石延年那样的拘泥"形似"，也不似林逋诗之图貌写气、因形求神，而是多用比喻尤其是拟人手法，直接赋予梅花人的性格情怀，大大强化了梅花形象比兴寄托的色彩，进一步明确了梅花的品格意趣。

由于林逋苦心孤诣的图写和苏轼的理论与创作，梅花形象已大大提升了，越来越服务于高雅的情趣，越来越成为高超人格的形象写照。而与此相应，杏桃李便逾来逾不能与梅相提并论，逾来逾沦为梅花的反衬。事实上，林逋与苏轼在向疏淡、幽闲、孤清、高雅的方向演绎梅花时，就不时地使用杏、桃、李等花作反衬。如林逋："众芳摇落独暄妍，占尽风情向小园。"① "人怜红艳多应俗，天与清香似有私。""惭愧黄鹂与蝴蝶，只知春色在桃蹊。"②苏轼："冰盘未荐含酸子，雪岭先看耐冻枝。应笑春风木芍药，丰肌弱骨要人医。""天教桃李作舆台，故遣寒梅第一开。"③或讥其后开，或劣其暄器，或贬其俗艳，藉从不同的侧面反衬梅花的审美优势，达成推尊梅花的目的。

概括入宋以来的梅与桃杏诸芳比较褒贬之论，大致涉及了这样一些角度和层面：

一是"色"。桃杏等花虽色差有等，但与梅相比总显其艳丽，梅则花小色白，以素淡取胜。如："文杏徒繁，牡丹虽贵，敢夸妍妙。看冰肌玉骨，诗家漫道，银蟾莹、白驹胶。"④ "海棠秾丽梅花淡。"⑤一称梅白，一说梅淡，以比较见之。

① 林逋《山园小梅二首》，《林和靖集》卷二，《影印文渊阁四库全书》本。
② 林逋《梅花三首》，《全宋诗》，第 2 册，第 1218 页。
③ 苏轼《次韵杨公济奉议梅花十首》《再和杨公济梅花十绝》，苏轼撰，王文诰辑注，孔凡礼点校《苏轼诗集》卷三三，中华书局 1982 年版。
④ 史浩《水龙吟·次韵弥大梅词》，唐圭璋编《全宋词》，第 2 册，第 1274 页。
⑤ 杨万里《郡圃杏花》，《诚斋集》卷一二，《四部丛刊》本。

二是"姿"。"姿"与"色"是交糅一体的，这里主要指枝影树形。林逋"疏影横斜"即重点抓揭这一特点。杨万里说"梅不嫌疏杏要繁"①，概括地道出了梅与桃杏之流的差别。

三是"香"。花色少有兼美，海棠乏香，牡丹不实。梅无桃杏之艳，却寒香独擅。"北风万木正苍苍，独占新春第一芳。调鼎自期终有实，论花天下更无香。"②"夭桃秾李不可比，又况无此清淡香。"③不仅是香之有无，香型也有讲究。梅花是幽蕊冷香，葛天民《梅花》诗道："花中有道须称最，天下无香可斗清。"④比较了梅香的与众不同。

四是花期。梅为百花之先，冒寒傲雪，体现了崇高的气节操守，这可以说是诗赋中最流行的比较之言。"群花四时媚者众，何独此树令人攀。穷冬万木立枯死，玉艳独发陵清寒。"⑤"已先群木得春色，不与杏花为比红。"⑥"桃根有妹犹含冻，杏树为邻尚带枯。"⑦"寒梅虽淡薄，乃是物之珍。天与离群性，花前独步春。"⑧这些北宋前期的诗言韵语所见尚属平浅，北宋后期以来，有关描写就极其强调颂美之意："秾华敢争先，独立傲冰雪，故当首群芳，香色两奇绝。"⑨"清友，群芳右，万槁纷披此独秀。"⑩"雪虐风饕愈凛然，花中气节最高坚。

① 杨万里《雨里问讯张定叟通判西园杏花二首》，《诚斋集》卷六。
② 张耒《梅花》，《张耒集》卷二三。
③ 梅尧臣《资政王侍郎命赋梅花用芳字》，《全宋诗》，第 5 册，第 2881 页。
④ 葛天民《无怀小集》，《宋絫南宋群贤小集》本。
⑤ 欧阳修《和对雪忆梅花》，《全宋诗》，第 6 册，第 3752 页。
⑥ 梅尧臣《梅花》，《全宋诗》，第 5 册，第 2974 页。
⑦ 梅尧臣《梅花》，《全宋诗》，第 5 册，第 2972 页。
⑧ 徐积《和范君锡观梅二首》其二，《全宋诗》，第 11 册，第 7653 页。
⑨ 程俱《山居·梅谷》，《全宋诗》，第 25 册，第 16304 页。
⑩ 曾慥《调笑令》，唐圭璋编《全宋词》，第 2 册，第 918 页。

过时自合飘零去，耻向东君更乞怜。"①"逢时决非桃李辈，得道自保冰雪颜。"②"不学桃李颜，甘在枯朽列。"③或言梅花之自甘冷淡、不屑秾春，或说桃李岂知幽胜、不能凌寒，两相对照，推显梅之精神。

五是格调。格调与精神各有侧重。精神多表意志，而格调则言意度。前者坚贞而谓"骨"，后者幽雅而有"韵"。由于"色""香""姿"诸方面的具体体认，梅花的整体格调也便逐步明确起来。梅与桃李有着高雅与凡俗之别。"丹杏尘多杂，夭桃俗所称。"④"藏白收香，放他桃李，漫山粗俗。"⑤"余花岂无好颜色，病在一俗无由贬。"⑥"一春花信二十四，纵有此香无此格。"⑦"格"的比较判言从整体上确认了梅花超越众芳的地位。

从特色习性等外在特征的比较辨别，到精神有无、格调高低的品评判别，体现了梅花审美认识的不断深化，梅花品格神韵随着审美认识的发展逐步明确起来。为了更有效地表示梅花品格的高超，凸显梅花超然芳国的地位，诗人们引入了社会人伦关系的比喻，梅花是"主"，而桃李则被视为梅之"臣仆""奴婢""皂隶""舆台"：

> 天教桃李作舆台，故遣寒梅第一开。⑧

> 桃李真肥婢，松筠共老苍。⑨

---

① 陆游《落梅》，钱仲联校注《剑南诗稿校注》卷二六。
② 陆游《梅》，钱仲联校注《剑南诗稿校注》卷五六。
③ 陈起《梅花》，《宋椠南宋群贤小集·前贤小集拾遗》卷四。
④ 梅尧臣《依韵和正仲重台梅花》，《全宋诗》，第 5 册，第 3097 页。
⑤ 扬无咎《柳梢青》十首，唐圭璋编《全宋词》，第 2 册，第 1197 页。
⑥ 陆游《西郊寻梅》，钱仲联校注《剑南诗稿校注》卷三。
⑦ 陆游《芳华楼赏梅》，钱仲联校注《剑南诗稿校注》卷九。
⑧ 苏轼《再和杨公济梅花十绝》，苏轼撰，王文诰辑注，孔凡礼点校《苏轼诗集》卷三三。
⑨ 尤袤《梅》，方回《瀛奎律髓》卷二〇。

真可媵芍药，未妨妃海棠。①

韵绝姿高直下视，红紫端如童仆。②

类似的说法不胜枚举。这种人伦尊卑等级的比拟，突出地强调了梅与桃李等凡花浪蕊之间的差别，不是一般意义上"量"的级差，而是"质"的对立。据载晚唐五代时曾有"梅聘海棠"的说法③，但在宋人看来："唐人未识花高致，苦欲为渠聘海棠。"④"夫妻"之义要在匹配，如此界定梅与海棠的关系，有失梅花尊严。只有"主奴"关系，才能充分地突出梅花凌轹花国、居尊俯视的"高致"雅格。

同类比较而终至屈膝奴事，桃李杏以自我形象的贬损构成了梅花品格的荐阶。在这种"主奴"关系的拟喻中，褒贬抑扬之意得到了最简明有力的表达。唐人称牡丹"国色天香"，北宋时进称牡丹为"花王"⑤，即属这种"表达式"。但有一点值得一提，宋代梅花虽被推至极高，实际已占芳国首席，但未夺"花王"之冕。虽然个别情况下也有称梅为"王"的，如南宋末年的薛季宣《梅花》："花实望先进，英华标素王。"自注称："仙家号梅为花王。"⑥北宋后期的陆佃也早提出："论功纵在姚黄下，果子花中合是王。"⑦刘克庄："年来天地萃精英，占断人间一味清。唤作花王应不忝，未应但做水仙兄。"⑧但由于梅花"格胜"终在"一丘一壑"

① 刘克庄《梅花》，方回《瀛奎律髓》卷二〇。
② 苏仲及《念奴娇》，唐圭璋编《全宋词》，第 2 册，第 991 页。
③ 冯贽《云仙散录》"梅聘海棠"条，中华书局 1998 年版，第 31 页。
④ 刘克庄《梅花》九叠之九、《后村先生大全集》卷一七，《四部丛刊》本。
⑤ 邵雍《牡丹吟》："牡丹花品冠群芳，况是其间更有王。"《全宋诗》，第 7 册，第 4636 页。
⑥ 薛季宣《浪语集》卷四，《影印文渊阁四库全书》本。
⑦ 陆佃《依韵和查许国梅花六首》其六，《全宋诗》，第 16 册，第 10676 页。
⑧ 刘克庄《梅花十绝》，《后村先生大全集》卷一七。

的闲雅幽逸，"王霸"之称于义乖悖，因而未见流行。宋以来比较常见的梅花尊号是"花魁"，如：

> 百花丛里花君子，取信东君，取信东君，名策花中第一勋。[1]

> 因何事，向岁晚，搀占花魁。[2]

> 江南春信早，问谁是百花魁……独许寒梅。[3]

究其用义，也主要赞美梅花先春而发、"东风第一"，远不能涵盖梅花的品格神韵，因而这一称号在揭示梅花美方面，作用并不十分突出。

三、梅花的德性盟友

对梅花品格揭示来说，更为重要的是"岁寒三友"等说法。梅与桃杏等芳树花卉的比短较长、考优品劣是以同是"花"这一自然属性为前提的，而"岁寒三友"中的松、竹却完全是另类，与梅花自然形态差别较大，在形象上它们是很难类比联系到一起的，"三友"的并列主要是观念性的，其意义在于通过与"松竹"这两个传统的"比德"意象朋比附类，推求其同，从而"移木接花"，彰显梅花的"比德"写格之义。

"松竹"的"比德"之义源远流长。《礼记·礼器第十》："其在人也，如竹箭之有筠也，如松柏之有心也。二者居天下之大端矣，

---

① 何桌《采桑子》，唐圭璋编《全宋词》，第 2 册，第 1031 页。
② 卢炳《汉宫春》，唐圭璋编《全宋词》，第 3 册，第 2168 页。
③ 陈允平《木兰花慢》，唐圭璋编《全宋词》，第 5 册，第 3111 页。

图 45　[元] 吴瓘《梅竹图》。纸本水墨，纵 29.6 厘米，横
79.8 厘米，辽宁省博物馆藏。梅竹为友，因缘较深，二者都偏宜
于温暖湿润的气候土壤。梅竹相配，可谓双清，更显出竹之苍翠
清郁和梅之素洁清俏。

故贯四时而不改柯易叶。"[1]即以松、竹连喻人表里相应，坚贞正直。
后世更多松竹连誉之言，如晋戴逵《松竹赞》："猗欤松竹，独蔚山皋。
肃肃修竿，森森长条。"[2]而在同时，梅花却与桃李一样，被视作易凋
易逝之春葩时艳。吴均《梅花诗》甚至有"梅性本轻荡"[3]的说法。鲍
照《中兴歌十首》之十："梅花一时艳，竹叶千年色。愿君松柏心，采
照无穷极。"[4]梅花旋开旋落、一时呈艳与松竹之岁寒不改、千年一色
恰好构成对比，梅花与桃李等众芳一样是松竹的反角。这种情况延续
至北宋。李昉《修竹百竿才欣种植佳篇五首……》："漫栽花卉满朱栏，
争似疏篁种百竿。""我得此君添一友，时时相对列杯盘。""寒桧老松

① 《礼记正义》卷二三，十三经注疏本。
② 严可均校辑《全上古三代秦汉三国六朝文》全晋文卷一三七，第 2250 页下。
③ 逯钦立辑校《先秦汉魏晋南北朝诗》，第 1751 页。
④ 逯钦立辑校《先秦汉魏晋南北朝诗》，第 1272 页。

堪接影，绿杨红杏莫同群。"①松竹被视为同类友辈，而杨柳春花则是对立之另类。在诸花品中，只有兰菊特别对待，早在《离骚》时代就奠定了地位。曾巩《菊花》诗道："菊花秋开只一种，意远不随桃与梅。"②梅花与桃杏一起被视为一时之艳、轻薄之物。

"三友"中，梅、竹两者的因缘联系相对深远些。梅与竹有一个生理共性，它们都偏宜于温暖湿润的气候土壤，在我国主要分布在淮河以南尤其是长江以南地区。山间水滨、舍前屋后，无论园艺，还是野生，梅、竹都是习常之物。这为它们联袂进入诗咏骚赋提供了客观条件。晋朝民歌就有这样的咏春之辞："杜鹃竹里鸣，梅花落满道。燕女游春月，罗裳曳芳草。"③一句竹里，一句写梅，不难想见作者对景放歌所见江南春日梅竹交映的景象。至唐人若钱起《宴崔附马玉山别业》："竹馆烟催暝，梅园雪误（一作映）春。"④写的是私人园林中梅竹各自为景而又相映生趣的情景。晚唐韦蟾《梅》："高树临溪艳，低枝隔竹繁。"⑤所写则是梅竹交生的景色。第一个专注于梅、竹伴生交映之景，引为诗歌题材的是中唐刘言史，其《竹里梅》写道："竹里梅花相并枝，梅花正发竹枝垂。风吹总向竹枝上，直似王家雪下时。"⑥宋代诗人梅尧臣任职京城（开封），当地梅花绝少，花时只见于担贩叫卖，因念江南早春梅开之景，有诗道："忆在鄱君旧国傍，马穿修竹忽闻香。偶将眼趁蝴蝶去，隔水深深几树芳。""曾见竹篱和树夹，高枝斜引过柴扉。

---

① 《全宋诗》，第 1 册，第 183 页。
② 《全宋诗》，第 8 册，第 5536 页。
③ 逯钦立辑校《先秦汉魏晋南北朝诗》，第 1043 页。
④ 《全唐诗》，第 595 页。
⑤ 《全唐诗》，第 1446 页。
⑥ 《全唐诗》，第 1187 页。

对门独木危桥上，少妇髻鬟犹带归。"①这些诗使我们具体感受到南方山间村野梅花繁布而与竹交映的普遍景象。梅竹相映的景色不仅在诗歌中得到了反映，也渐为画家所注意。晚唐五代花鸟画崛起，梅竹是花鸟画中最常见的衬景或题材之一。如中唐萧悦《梅竹鹌鹑图》②、五代徐熙《梅竹双禽图》、唐希雅《梅竹杂禽图》《梅竹伯劳图》③等。

"梅竹"组合的美感在于两者色彩与形态的对比映衬。竹之苍翠郁茂的映衬，更见出梅花的素洁清秀和明艳俏丽。苏轼《红梅》诗云，"乞与徐熙画新样，竹间璀璨出斜枝"④，以画喻梅，写出了梅竹交映极其出色的组合效果。"诗画一律"的描写，体现出诗人与画家对这一美好景色的同好共鸣。在众多梅竹交映的描写中，苏轼《和秦太虚梅花》"江头千树春欲暗，竹外一枝斜更好"句最为警策。下句以竹衬梅，而梅花又只撷一枝，既写出了

图 46 ［清］罗聘《梅竹双清图》。

---

① 梅尧臣《京师逢卖梅花五首》，《全宋诗》，第 5 册，第 3066 页。
② 《宣和画谱》卷一五，俞剑华标点注释本，人民美术出版社 1964 年版。
③ 《宣和画谱》卷一七，俞剑华标点注释本，人民美术出版社 1964 年版。
④ 苏轼《红梅三首》其三，苏轼撰，王文诰辑注，孔凡礼点校《苏轼诗集》卷二一。

梅花的秀拔娟丽，更衬托出一份"幽独闲静"①的神韵意趣。影响所及，这一取景成了梅花形象的一个定格，"竹外一枝"成了后世咏梅惯用的套语、画梅习见的构图。

上述材料足见在"三友"说出现之前梅竹已有了紧密的联姻，并且有了成功的意象经营和揭美。而梅与松之间却缺乏这样"好事成双"的基础。虽然松梅也有同植的情况，如苏轼《北归度岭寄子由》所写"青松盈尺间香梅，尽是先生去后栽"②，但远不似江南梅花"水村映竹家家有"③那样的普遍，更重要的是两者自然形态差异较大，诗赋、绘画中是很少把它们放在一起描写称美的。梅花是花树芳物，其美妙虽可多方演绎，如其疏枝老干后世多所注意，但终不出"花谱""香国"。"开花必早落，桃李不如松"④，梅花也不能例外。梅花于六朝之际引入诗咏，诗人藉以写春色之新至，悲韶华之流逝，目睹情感总在其花开花落。而这鲜花"时艳"之物色与松竹之坚久耐忍之特性是大不相侔的。就"梅花一时艳"而言，即便是到梅品被推之弥尊的南宋，诗人仍不能不为之感怀兴叹："何事雪霜际，不随松桧长。"⑤梅飘春逝一直是古代诗人词客迟暮寂寞之情的触媒与寓具。梅、松两象之间的抟合求同、齐观并美远不似"梅竹"之间那样直接容易。

历史在缓慢中演进，梅与"松竹"尤其是与"松"之间的类聚联系"别待心裁"。中唐以来诗人咏梅开始着眼其凌寒开放、冲雪报春的

---

① 魏庆之《诗人玉屑》卷一七引《遁斋闲览》，上海古籍出版社 1987 年版。
② 苏轼撰，王文诰辑注，孔凡礼点校《苏轼诗集》卷四八。
③ 晁补之《谢王立之送蜡梅十首》，《全宋诗》，第 19 册，第 12869 页。
④ 李白《箜篌谣》，瞿蜕园、朱金城校注《李白集校注》卷三，上海古籍出版社 1980 年版，第 255 页。
⑤ 邹浩《次韵文仲落梅》，《全宋诗》，第 21 册，第 14001 页。

特性，在与桃、杏、李诸花比较中凸显其精神格调。在这样的情况下，梅花才能逐步与松、竹相联系。最早把梅之物性与松、竹联想一起加以赞颂的是中唐闽越诗人朱庆余，其《早梅诗》曰："天然根性异，万物尽难陪。自古承春早，严冬斗雪开。艳寒宜雨露，香冷隔尘埃。堪把依松竹，良途一处栽。"[①]这首诗有两点值得注意：一是赞美梅花，重点已不在以往诗人常言的"承春早"，而是"斗雪开"，不是为了称其先春开放、献岁报春，而是着眼于梅花与严寒风雪的对立，由此提出了梅花堪与松竹媲美的观点。二是设想了三者植于一途、相依相伴的形象。这两点正是后来"岁寒三友"说的基本内容，朱庆余此诗可以说具备了"岁寒三友"说的

图 47　[明]边文进《三友白禽图》。绢本设色，纵 152.2 厘米，横 78.1 厘米，台北故宫博物院藏。三友为松竹梅。

雏形。入宋后，类似的比类誉梅之辞不时出现，如北宋中期李靓《雪中见梅花》二首："品物由来貌难取，共言花卉易凋残。""宁知姑射冰

———————————
① 《全唐诗》，第 1305 页。

肌侣，也学松筠耐岁寒。"①开始使用"岁寒"的字眼。北宋后期葛胜仲（1072—1144）《菁山梅花盛开……》："松篁傲雪堪为伴，桃李酣春未敢先。"②这些都可以说是"岁寒三友"说的前奏。至南宋绍兴间，"岁寒三友"说正式出现，并逐步成了诗画作品流行的命题和立意。

"岁寒三友"说的意义极其醒豁。从语源上看，其名目直接取自儒圣之言。首先是"岁寒"二字。"岁寒后凋"本是孔子对松柏的赞美（《论语·子罕》），是儒家观物"比德"精神的典型所在。与松相比，竹色苍苍四时不改，堪与其比，现在又引梅入列，梅花也就被赋予与松竹同等的"比德"意义和象征地位。"岁寒三友"说出现之前，诗人喻梅赞梅，多只写其侣霜似雪，赞颂其形质素洁之美，或只是笼统地称扬其凌寒斗雪之奇。前引李觏诗"宁知姑射冰肌侣，也学松筠耐岁寒"，所谓"姑射冰肌"仍重在视觉形象，而"学松筠耐岁寒"云云，由于儒圣之典的使用，则透彻地表示了作为坚贞不屈之精神品格象征的意义。不仅是岁寒"二字有此"点题"作用，"三友"也非仅仅停留于字面意思。"三友"有两义，一是松、竹、梅相与成"三友"，意在表示梅与松竹相提并论、鼎足而三。另一种意思则是，松、竹、梅三者为人之友，这是《论语》所言"三友"的本义。《论语·季氏》："益者三友，……友直、友谅、友多闻，益矣。"这种君子友德齐贤的道德修养意识在"岁寒三友"中不无体现，"岁寒三友"也常称作"岁寒三益"。"岁寒三友"被视作道德"益友"、人伦龟鉴，其意义就远非一般的美感形象。可以这样说，"岁寒三友"说的出现，揭示了梅花审美赋义的新高度，梅花完全超越了一般花树芳物的审美意义，获得与松、竹鼎

① 《全宋诗》，第 7 册，第 4330 页。
② 《全宋诗》，第 24 册，第 15673 页。

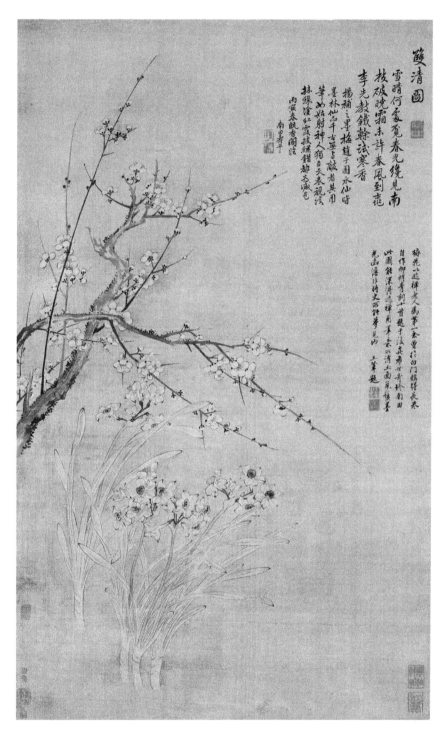

图48 ［清］恽寿平《双清图》。梅与水仙，古人也视为清友。

足而三的"比德"地位，成了具有崇高品格之义的"君子"之象。

与松、竹平起平坐后的梅花，可以说是占得了花卉审美品级的"制高点"，引得咏物创作中众花卉前来趋仰比附，或攀"朋"结"友"，或称"兄"道"弟"。如咏酴醾：

> 天将花王国艳殿春色，酴醾洗妆素颊相追陪。绝胜浓英缀枝不韵李，堪友横斜照水挽先梅。[1]

> 虢国朝天嫌粉污，唐昌夜月恐仙来。寒梅胜韵聊堪友，秾李凡姿讵敢陪。[2]

咏水仙：

> 只有江梅合是兄，水仙终似号夫人。季方政尔难为弟，每恨诗评未逼真。[3]

咏玉蕊花：

> 唐昌观里东风软，齐王宫外芳名远。桂子典刑边，梅花伯仲间。[4]

以至于写菊也得如此措语：

> 延桂同盟，索梅为友，不复娇春态。年年秋后，笑观芳草萧艾。[5]

梅花的格调品位成了其他花卉审美认识和表现的标尺，与梅友松竹一样，与梅花的比肩跻列也成了其他花卉的赞美方式。这种"称兄道弟"方式在宋代的流行，当推原到黄庭坚《王充道送水仙花

---

① 卢襄《酴醾花》，《全宋诗》，第 24 册，第 16221 页。
② 王庭珪《酴醾》，《全宋诗》，第 25 册，第 16835 页。
③ 方岳《山矾》，《秋崖集》卷二。
④ 史达祖《菩萨蛮·赋玉蕊花》，唐圭璋编《全宋词》，第 4 册，第 2334 页。
⑤ 郑清之《念奴娇·菊》，唐圭璋编《全宋词》，第 4 册，第 2322 页。

五十枝欣然会心为之作咏》中"山矾是弟梅是兄"一语①。但在黄庭坚那里，还着眼于梅花、水仙、山矾相继开放的先后次序。而南宋以来，随着梅花品格的完全确立，这一说法已重在品位格调的参比附美。

一方面如上节所述桃李杏等花物的为奴为隶，一方面是松竹、水仙、山矾等物的友缔弟附，梅花如此置身于"社会关系"的纵横网络之中，其居尊处优的地位被标示得确凿无疑。这种人伦关系的比拟，是一种审美认识和表达的"话语"方式，体现了花卉审美认识的普及与提高。只有在中唐以来尤其是两宋时期园林艺术、花卉审美兴盛发展，越来越多的花卉草树被引入审美视野的形势下，花色花品间的考比序次才有可能。而社会角色、人伦关系的比拟附会，表明人们对自然物的审美不只停留于外在形态美感知，而是深入神韵特色的把握；不只停留于赏心悦目，而且追求人格精神的象征寄托、人伦义理的悟会引鉴。自然世界被赋予人伦关系、世故人情的同时，也更鲜明、丰富地揭示出社会人文的精神理念，体现出进一步的"为人"的、"人化"的属性和意味。梅花也正是在这统一的文化氛围中，完成了从实用之物、审美意象到文化象征的过程。

总结以上三节所述可以看到，梅花在花卉植物的地位不是与生俱来的，人们最初只是把它与杨柳等等一起作为早春之景、春物一族来看待和感受的，随着审美兴趣的发展，人们逐步发现了梅花色香姿态习性等方面的优势，于是着意发挥，赋予精神意义，梅花便逐步凌轹桃杏、平视松竹，成了高超的"比德"之象。杨柳、桃杏、

---

① 钱钟书曾指出《淮南子》中这一修辞法更早的例子，见《谈艺录》修订本，中华书局1984年版，第11页。

松竹三组物象相继而起的类比、映照、衬托，分别揭示出梅花美的不同层面，体现了梅花审美认识的不断发展，构成了梅花文化提升的三级阶梯。

（原载《南京师大学报》2001 年第 2 期，又载程杰《宋代咏梅文学研究》第 248～274 页，安徽文艺出版社 2002 年版。）

梅与水、月

——咏梅模式之四

只有在各种概念、标准、规范的分析衡量中，事物才能得到科学的界定与说明；只有在形象化的"语境"氛围中，事物的审美表现才有可能。"诗人咏物，联类不穷。"[①]就表现技巧而言，咏梅之法不外虚实偏正两类：或正面描写，着物"密附"，比短较长，以期"巧言切状，如印之印泥"；或侧面用笔，取物比况，借景映带，言意不言名，"言用勿言体"[②]，离形得似，虚处传神。

咏梅文学也复如此，梅花的形象塑造离不开其他事物的比量拟似、联类烘托。在用作梅花审美表现的众多描写意象中，"霜雪"与"水月"两组自然意象是极其重要的。它们或因客观生态上的时空联系，或以人类主观心理感觉上的相通，被引入咏梅的形象"语境"，用作比较、衬托和拟喻，服务于梅花形象的塑造，成了咏梅作品中最基本的表现方式。"霜雪"与"水月"有着各自不同的形象特点与表现优势，因而在咏梅中的作用是不一样的，它们的出现也有着时间上的先后，"霜雪"写梅在前，"水月"写梅稍后。它们与梅花之间的审美表现关系有一个不断积累、发展、变化的过程。

---

① 周振甫注《文心雕龙注释》物色第四十六，人民文学出版社 1981 年版。
② 魏庆之《诗人玉屑》卷一〇引《漫叟诗话》，上海古籍出版社 1978 年版。

笔者已有《梅与雪》一文在先①，本文则集中分析、总结梅花与"水月"之间的审美表现关系即以"水月"比喻、烘托梅花的描写模式，勾勒这一模式在魏晋南北朝隋唐两宋之际生成发展的过程，尤其是在宋代不断丰富深化，终至成熟定型的过程。这一工作的意义不仅在于理清有关描写技巧的因变轨迹，更重要的是整个梅花审美认识发展过程暨梅花走向文化象征的历史进程，可藉以得到一些具体切实的把握。

一、林逋的意义——"写照乍分清浅水，传神初付黄昏月"②

与"梅""雪"之间的关系一样，梅花与水之间也有着密切的自然生态联系。"梅爱山傍水际栽"③，梅花性喜温暖湿润的气候，野生多见于江岸山壑，早春梅花开放也是近水花木"易为春"。六朝咏梅诗对梅花这一生态习性早已有所反映，一些诗句已写及庭梅临池、花落入池的景象：萧绎《咏梅诗》"还临先日池"④，王筠《和孔中丞雪里梅花诗》"落素混冰池"⑤等，但只是客观地描写物色环境细节，而非诗意构思之重心。唐代以来，情况略有变化，诗人多在郊野游赏、江山行旅相对开阔的背景上感咏梅花，对梅花的生态实际尤其是野生景观眼熟能详。王适《江边梅》："忽见寒梅树，开花汉水滨。"⑥张谓（一作戎昱）《早梅》："一树寒梅白玉条，迥临春路傍溪桥。不知近水花先发，

---

① 载《阴山学刊》2000 年第 1 期。
② 汪莘《满江红》，唐圭璋编《全宋词》，第 3 册，第 2195 页。
③ 郑獬《梅花》，《全宋诗》，第 10 册，第 6895 页。
④ 逯钦立辑校《先秦汉魏晋南北朝诗》，中华书局 1988 年版，第 2057 页。
⑤ 逯钦立辑校《先秦汉魏晋南北朝诗》，中华书局 1988 年版，第 2019 页。
⑥ 《全唐诗》，上海古籍出版社缩印扬州诗局本 1986 年版，第 238 页。

疑是经春雪未销。"① 钱起《山路见梅感而有作》:"晚溪寒水照,晴日数蜂来。"② 杜牧《梅》:"轻盈照溪水,掩敛下瑶台。"③ 韦蟾《梅》:"高树临溪艳,低枝隔竹繁。"④ 来鹄《梅花》:"枝枝倚槛照池水,粉薄香残恨不胜。"⑤ 或实录所见梅花生长环境,或直接特写花溪映照之景象,梅花与水"伴生"关系成了比较常见的取景。水滨的环境、水光的映照,渲染出了梅花早春花树清新明艳的形象。

梅花与月之间没有植物生态习性上的联系,而主要属于人类审美感觉上的相通。诗人咏梅早先多以雪、霜作类比、映衬,至迟从晚唐李商隐等人开始,引入"月"色来比喻、映衬梅花,如:李商隐《十一月中旬至扶风界见梅花》:"匝路亭亭艳,非时裛裛香。素娥惟怀月,青女不饶霜。"⑥ 李群玉《人日梅花,病中作》:"半落半开临野岸,团情团思醉韶光。玉鳞寂寂飞斜月,素艳亭亭对夕阳。"⑦ 温庭皓《梅》:"晓觉霜添白,寒迷月借开。"⑧ 皮日休《行次野梅》:"共月已为迷眼伴,与春先作断肠媒。"⑨ 陆龟蒙《奉和袭美行次野梅次韵》:"风怜薄媚留香与,月会深情借艳开。"⑩ 这些诗句的一个共性,是以月色的皎洁、清冷来比况、烘托梅花的白洁冷艳,即以"月色"写"花色"。

不难看出,上述梅与水、月共生状态或比喻关系的运用,或客观

---

① 《全唐诗》,第 460 页。
② 《全唐诗》,第 596 页。
③ 《全唐诗》,第 1324 页。
④ 《全唐诗》,第 1446 页。
⑤ 《全唐诗》,第 1618 页。
⑥ 《全唐诗》,第 1366 页。
⑦ 《全唐诗》,第 1455 页。
⑧ 《全唐诗》,第 1519 页。
⑨ 《全唐诗》,第 1552 页。
⑩ 《全唐诗》,第 1576 页。

图49 ［清］费丹旭《月下吹箫图》。立轴，纸本设色，纵 136 厘米，横 56 厘米，清华大学美术馆藏。此图疏梅清月，烟笼水面，箫声萦绕，意境清幽。

实录，或描摹色相，主要还属于写"形"拟似。而进入宋代，情况则有了根本性的变化。具有划时代意义的作品是林逋的"孤山八梅"（林逋八首咏梅诗），尤其是"疏影横斜水清浅，暗香浮动月黄昏"一联。

"疏影"一联意象的组合是极其成功的。首先是"疏影"句突出了梅枝的分量。据考林逋"疏影"一联是由晚唐诗人张为诗联改易二字点化而得，"疏影"句原本作"竹影"，是写翠竹的，林逋化用来写梅，就突出了梅树枝干疏秀峭拔的形态特征，这是前人注意不够的[①]。作为衬托之物的"水"，与唐人只是笼统地说池水、溪水相比，林逋强调了水意象的"清浅"。在水、梅之间林逋所写又重在树"影"，或即水中倒影，进一步淡化了梅花之作为花树的色彩感，抹去了唐人那明艳的粉色。这些因素相互渲发，便确定了梅花清雅疏秀的神采风韵。同样，"暗香"句与唐人以月色写梅色也不同，映衬的对象是梅"香"，重在一个"暗"字，昏黄朦胧中的潜馥幽馨给人一份幽雅闲静的感觉。疏枝、

---

① 参见程杰《林逋咏梅在梅花审美认识史上的意义》，《学术研究》2001 年第 2 期。

澄潭，夜月、幽香，"四件套"有机组合，构成梅花形象清疏闲雅的全新神韵。

不仅是意象组合效果突出，水、月赋予的潜在意味就更为深厚。"水""月"在中国文学中是两个特殊的意象，在漫长的历史过程中尤其是入唐以来积淀了丰富的意蕴。我们只要重温一下王维"明月松间照，清泉石上流"①的名句，比读一下林逋描写僧人"瞑目几闲松下月，净头时动石盆泉"②的诗句，再读一下南宋僧道璨《水月轩》一诗："江水清无底，江月明如洗。开轩挹清明，道人心若此。"③就不难感受到这两个意象作为士大夫高雅闲静、超尘脱俗精神追求之写照的内涵，及其在林逋诗中的非一般性。"水"不只是一个植物生长环境，"月"的作用也远不是一种光色气氛的拟似词，而是一个比雪、霜、冰、玉等都更具文化积淀的境象。置身其营造的"语境"，梅花便被赋予了清雅超逸的精神意蕴，从而上升为清雅高逸之士人人格的写意符号。

对这创造性的价值，林逋自己未必有清醒的意识，他只是听命于孤寂中的冥搜、心灵即机触发的妙悟，在宋代有关的理论认识要等到苏轼之后才逐步明确起来。当时有人认为，"疏影"一联"咏杏与桃李皆可用"，苏轼明确指出"决非桃李诗"④，"杏李花不敢承当"⑤。苏轼从林逋梅诗中读到了一种不可僭越冒替的精神格调。苏轼的评价片言只语，难得其详，宋末的方回有进一步的解释："彼杏桃李，'影'能'疏'

① 王维《山居秋暝》，王维撰，赵殿成笺注《王右丞集笺注》卷七，上海古籍出版社 1961 年版。
② 林逋《和西湖霁上人寄然社诗》，《全宋诗》，第 2 册，第 1227 页。
③ 曹庭栋编《宋百家诗存》卷四〇，《影印文渊阁四库全书》本。
④ 苏轼《评诗人写物》，孔凡礼点校《苏轼文集》卷六八，中华书局 1986 年版。
⑤ 王直方《王直方诗话》，郭绍虞辑《宋诗话辑佚》，中华书局 1980 年版，上册，第 13 页。

乎？'香'能'暗'乎？繁秾之花又与'月黄昏''水清浅'有何交涉？"①
林逋的意义在于揭示出梅花疏雅高洁的神韵品格，改变了梅花春色明
艳的传统面貌，拉开了与桃杏之类繁花时艳的距离。其中水、月的烘
托渲染是一个至关重要的因素，只有梅花这样清雅疏秀的形象才能与
水、月那样晶莹澄澈、冰清玉洁之物齐美无间，反之只有水、月的渲
染才能有效地渲染出幽雅高洁的格调神韵。正是从这个意义上，人们
高度评价林逋咏梅的意义："写照乍分清浅水，传神初付黄昏月。"林
逋开创了以水、月为梅传神写照的新模式。

　　这一模式堪称经典，其影响极其深远。从林逋稍后的诗人开始，
我们就可以不断读到水、月映衬咏梅的例子。宋庠《南方未腊，梅花
已开，北土虽春，未有秀者，因怀昔时赏玩，成忆梅咏》："高枝笼远
驿，侧影照回塘。旷望黄昏月，嫵妍半夜霜。"②梅尧臣《依韵和正仲
重台梅花》："月光临更好，溪水照偏能。"③杨则之《雪霁观梅》："向
晚十分终更好，静兼江月淡娟娟。"④苏辙《次韵王适梅花》："江梅似
欲竞新年，照水窥林态愈妍。霜重清香浑欲滴，月明素质自生烟。"⑤
黄裳《梅花八绝》："花傍水边窥缥缈，月来花上失婵娟。"⑥赵令畤《菩
萨蛮》："春风试手先梅蕊，颊姿冷艳明沙水。不受众芳知，端须月与
期。"⑦这些诗句都写及水、月映梅。当然诗人感兴趣的仍主要是梅与水、

① 方回选评，李庆甲集评校点《瀛奎律髓汇评》卷二〇林逋《山园小梅》诗下，
　　上海古籍出版社1986年版。
② 《全宋诗》，第4册，第2530页。
③ 《全宋诗》，第5册，第3097页。
④ 《全宋诗》，第11册，第7495页。
⑤ 《全宋诗》，第15册，第9963页。
⑥ 《全宋诗》，第16册，第11082页。
⑦ 唐圭璋编《全宋词》，第1册，第497页。

月交相辉映的静娟明秀之美，不似林逋那样深得梅格，语意也不够精彩。但正是这不自觉的众殊同归，预示了林逋开创的这一模式赖以深入发展的社会审美心理基础和范型意义。在后世的咏梅作品中，我们更多看到的是对林逋诗意的点化袭用。仅就宋代举例，如：

水漾横斜影。[1]

喷月清香犹吝惜，印溪疏影恣横斜。[2]

陇头先折一枝芳，如今疏影照溪塘。[3]

不怕微霜点玉枝，恨无流水照幽姿。[4]

多少横斜影，萦绕江流。[5]

细看横斜影下，如闻溪水泠泠。[6]

溪上横斜影淡。[7]

为被清池写疏影，一枝分作两枝妍。[8]

横斜疏影当池沼，似弄粉，初临鸾照。[9]

疏影横斜，照水溶溶。[10]

这些诗句都有林逋"疏影"句意的影子。"暗香"句的梅、月相

---

[1] 晏几道《胡捣练》，唐圭璋编《全宋词》，第 1 册，第 258 页。

[2] 吴可《探梅》，《全宋诗》，第 19 册，第 13022 页。

[3] 王寀《浣溪沙》，唐圭璋编《全宋词》，第 2 册，第 697 页。

[4] 张元干《鹧鸪天》，唐圭璋编《全宋词》，第 2 册，第 1093 页。

[5] 朱雍《八声甘州》，唐圭璋编《全宋词》，第 2 册，第 1511 页。

[6] 王质《清平乐》，唐圭璋编《全宋词》，第 2 册，第 1637 页。

[7] 王沂孙《西江月》，唐圭璋编《全宋词》，第 5 册，第 3365 页。

[8] 吴龙翰《水边早梅》，曹庭栋编《宋百家诗存》卷三九，《影印文渊阁四库全书》本。

[9] 无名氏《绛都春》，唐圭璋编《全宋词》，第 5 册，第 3624 页。

[10] 无名氏《雪梅香》，唐圭璋编《全宋词》，第 5 册，第 3624 页。

映也为人们频频仿效，如："数朵幽香和月暗。"①"横斜映水"与"暗香和月"构成了咏梅作品中最流行的画面、最常见的形象，林逋的水、月写梅成了咏梅的范式。

二、苏轼的发展——幽峭雅逸与孤清落寞交掺互渗的情景模式

林逋之后，咏梅方面贡献最大的是苏轼。林逋"孤山八梅"中，梅水相映、梅月相映两个视角的成就是不平衡的，后人称道的林逋三联："雪后园林才半树，水边篱落忽横枝。""湖水倒窥疏影动，屋檐斜入一枝低。"及"疏影"一联，都包含梅水映照的景象，可见林逋对这一境象体验较多，感悟较深。而梅月相映的视角在整个"孤山八梅"中只"暗香"句仅见。不仅数量不侔，艺术造诣也有些距离。尽管"暗香"句首开香、月相映的视角，后人至有"暗香和月入佳句，压尽今古无诗才"②的赞誉，但也不乏对此句表示疑问的。关键是其中的"黄昏"二字，用来形容月色，色彩虽黯，但视境不淡，感觉也略呈温暖。五代江为本来写中秋桂树夜馥弥漫（"暗香"句是由江为诗句改第一字"桂"为"暗"而得），极其贴切。林逋点化来写梅香，则略嫌浓郁，不似"疏影"句以写竹之象写梅"移花接竹"天衣无缝，不免为细心者訾议③。这不只是个技巧问题，反映了林逋对梅月相映之象审美经验、感性认识上

① 惠洪《浣溪沙·妙高墨梅》，《全宋词》，第2册，第710页。《全宋诗》卷一三三四收作《妙高墨梅》诗。（第23册，第15176页。）
② 王十朋《腊日与守约同舍赏梅西湖》，《梅溪王先生文集》前集卷八，《四部丛刊》本。
③ 见俞弁《逸老堂诗话》卷上、田同之《西圃诗说》、杨慎《升庵诗话》卷一等。

的相对薄弱。

苏轼继林逋后，以文坛大家咏梅，对梅月相映之境多所体会和表现。诗中所咏多为月下之梅，所写多是月下赏梅之情景：

> 多情立马待黄昏，残雪消迟月出早。江头千树春欲暗，竹外一枝斜更好。孤山山下醉眠处，点缀裙腰纷不扫。万里春随逐客来，十年花送佳人老。①

这是谪居黄州时的作品，"待黄昏"云云，尚不脱林的痕迹。

> 月黑林间逢缟袂，霸陵醉尉误谁何。相逢月下是瑶台，藉草清尊连夜开。月地云阶漫一尊，玉奴终不负东昏。临春结绮荒荆棘，谁信幽香是返魂。②

> 北客南来岂是家，醉看参月半横斜。他年欲识吴姬面，秉烛三更对此花。③

> 惟当此花前，醉卧黄昏月。④

这是元祐年间知杭州时的作品，景象和感觉都有翻新。最著名者当属晚年遭贬流落岭南的松风亭三首：

> 春风岭上淮南村，昔年梅花曾断魂。岂知流落复相见，蛮风蜑雨愁黄昏……松风亭下荆棘里，两株玉蕊明桑暾。海南仙云娇堕砌，月下缟衣来扣门。（《十一月二十六日松风亭下梅花盛开》）

---

① 苏轼《和秦太虚梅花》，王文诰辑注，孔凡礼点校《苏轼诗集》卷二二。

② 苏轼《次韵杨公济奉议梅花十首》，王文诰辑注，孔凡礼点校《苏轼诗集》卷三三。

③ 苏轼《再和杨公济梅花十绝》，王文诰辑注，孔凡礼点校《苏轼诗集》卷三三。

④ 苏轼《次韵钱穆父王仲至同赏田曹梅花》，王文诰辑注，孔凡礼点校《苏轼诗集》卷三六。

罗浮山下梅花村，玉雪为骨冰为魂。纷纷初疑月挂树，耿耿独与参横昏。先生索居江海上，悄如病鹤栖荒园。天香国艳肯相顾，知我酒熟诗清温。（《再用前韵》，《苏轼诗集》卷三八）

七古叠唱，语重情深，比杭州时期又有进展。这些作品所咏都是月下对梅。花好月圆、对月赏花本就是世人所乐道,诗人所常吟的良辰美景、赏心乐事。北宋邵雍《花月长吟》道,"花逢皓月精神好,月见奇花光彩舒","有花无月愁花老,有月无花恨月孤"[1],花月交辉洋溢着物色的明媚骀荡，渲染出生活的美好温馨，诗人为之兴会神怡、赏心悦目。苏轼的月下赏梅虽然不脱这一传统的情迹，却别有衷曲与幽致：

首先从物色意象看，与林逋"暗香"句相较，苏轼取景偏于月黑星阑、夜色阒寂，后人从苏诗中提炼出"月落参横"语频频用诸咏梅，正是抓住了苏诗这一独到的时间设定。苏轼梅诗中"夜"的意味极其浓郁，月色偏于澄澈或凛冽，而梅花形象也偏于幽独孤介、意色惝恍，两相渲染，气氛效果极其强烈，远不止林逋那份疏雅闲静。

从主观情感上来说，与林逋客观咏物，重在意象刻琢的态度不同，苏轼出以感遇咏怀、比兴寄托，有着强烈的主观表现性。他带进了宦海沉浮、人生飘泊的深沉感慨。诗中所写月色朦胧中缟衣怨魂般的梅花，正是苏轼在许多作品中反复描写的"飘缈孤鸿影"自我心象的绝好写照。深更月下的幽寻醉卧，一方面淋漓尽致地展示了诗人孤芳自赏、幽洁自持、雅逸自恣的性格志趣，另一方面也寄托了内心深处与世迤逦而又不甘沦弃的孤清与落寞。尤其是岭南松风亭三首，更是充溢着天涯流落的凄楚迷惘。

---

[1] 《全宋诗》，第 7 册，第 4508 页。

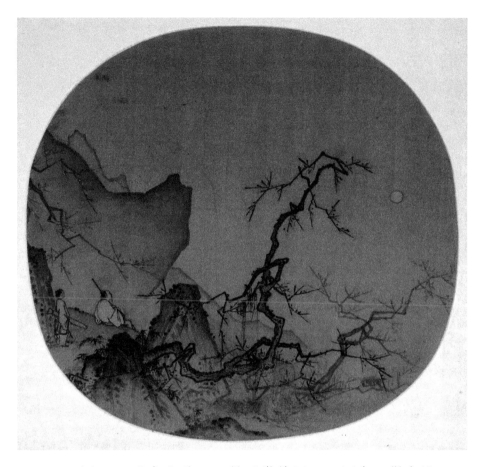

图 50　[宋]马远《月下赏梅图》。团扇，绢本设
色，纵 25.1 厘米，横 26.7 厘米，美国大都会博物馆藏。
画面中劲健曲折的梅枝斜出石上，明月斜挂梢头，持杖
高士携一琴童，悠然自得地坐于山石一角，静静赏梅。

　　继林逋之后，苏轼咏梅尤其是晚年岭南松风亭诸作又一次博得一
片赞叹。李光说："西湖处士语已妙，东坡先生句尤警。"[1]晁说之"谓
东坡风亭下梅花三篇之后，更不须有作矣"[2]。方夔说："罗浮仙子月

① 李光《良弼使君寄梅花……》，《全宋诗》，第 25 册，第 16399 页。
② 晁说之《申前意和圆机绝句梅花》诗自注，《全宋诗》，第 21 册，第 13774 页。

下归，三叠谁歌绝妙辞。便是梅花难作笔，老通只有七分诗。"①陈敏章称赞此"三首皆摆落陈言，古今人未尝经道者"②，大有叹为观止之意。究其原因，就在于苏诗深厚的感遇寄托，及其澄明惝恍沉寂清虚中一片幽愁暗恨的意境创造。

这一意境特色打着苏轼个性的烙印。综观苏轼作品，他好写清景雅物，而深更月下"幽人"觅思更是其习见之态，这与林逋湖上隐居偏好湖光水色映照之象一样，也是一种审美感受与表现的定势和特质。苏轼以个性化的经验丰富了"月梅"相映的审美感觉，而其文坛领袖的地位，更是加强了这一咏梅方式的影响。苏轼以来，梅月相映成了咏梅最好写的景致，"月下赏梅"也成了文人赏梅最流行的活动方式。反映在诗词中，有关咏题之作不断增加。如稍后之晁补之、张耒、李廌、徐俯、叶梦得等人都有月下赏梅之作，而在苏轼之前，几无明确属于这一题材的作品。至南宋，"月下观梅"的出现频率更是远远超过了"雪里觅梅"。不仅是"月下赏梅"："个中好办栽梅计，胜友从教载月寻"③；而且要"月下种梅"，"惆怅后庭风味薄，自锄明月种梅花"④。这种变化一方面是因为南宋偏居江南，气温稍暖，冬春少雪，踏雪觅梅的机会相对难得；另一方面也反映了人们对"月下赏梅"这一新的审美方式的情有独钟、深得兴会。

苏轼在林逋抉发梅花幽雅闲静格调的基础上，为"梅月"相映的模式带进了托物寄情、感遇咏怀的内容，大大强化了梅花主观寄托的

① 方夔《梅花五绝》其三，《富山遗稿》卷一〇，《影印文渊阁四库全书》本。

② 胡仔《苕溪渔隐丛话》后集卷二一引《遁斋闲览》，人民文学出版社1981年版。

③ 叶茵《次韵（梅）》，曹庭栋编《宋百家诗存》卷二三，《影印文渊阁四库全书》本。

④ 刘翰《种梅》，曹庭栋编《宋百家诗存》卷二〇。

210

色彩，梅花用为抒情写意的空间得到拓展，咏梅创作中有关的取裁用意为之丰富多彩。细究"月下赏梅"的动人之处，关键是引进了"夜生活"的背景。与光天化日下征逐相比，夜月恍惚中的寻觅更能体现出性格的特立独行、情趣的幽峭雅逸。施枢《月夜忆梅花》："夜深寒月照窗纱，忽忆林逋处士家。鸥鹭正眠烟树冷，不知谁可伴梅花。"①郭印《次韵杜安行见寄忆梅之什》："安得移琼林，月下对清影。坐想冰雪姿，萧然幽兴永。"②从意象效果看，梅月相映尤其是深更月照单纯而强烈的视觉效果，诗人月下觅梅，即多着意于皎洁，如李复《雪中观梅花》："惜无璧月悬中天，令渠交光映当户。"③或兴会其清朗，如姚宋佐（乾道八年进士）《梅月吟》："梅花得月太清生，月到梅花越样明。梅月萧疏两奇绝，有人踏月绕花行。"④另一方面"夜"又掩去了万物光天化日下的秾丽，淡化了梅花作为花树的色彩，使所见只是清光筛影那样的虚玄、萧疏、幽淡之象，从而能更有效地渲染出梅花的淡雅高洁。如张道洽《梅花》："有月色逾淡，无风香自生。"⑤林靖之《赋梅》："与月淡交连影瘦。"⑥郭印《梅影》："斜斜曾向溪边见，淡淡还从月下看。"⑦写的即是这番美感神韵。此外,也最值得注意的是，苏轼那样的深更明月，尤其是晓寒残月，极易生发凄凉枯寂、幽思迷

① 施枢《芸隐横舟稿》，《宋椠南宋群贤小集》，台北艺文印书馆影印本，1972年版。
② 郭印《云溪集》卷五，《影印文渊阁四库全书》本。
③ 《全宋诗》，第 19 册，第 12438 页。
④ 厉鹗《宋诗纪事》卷五四，上海古籍出版社 1983 年版。
⑤ 方回选评，李庆甲集评校点《瀛奎律髓汇评》卷二〇。
⑥ 陆心源《宋诗纪事补遗》卷三三，清光绪癸巳刊本。
⑦ 郭印《云溪集》卷一二，《影印文渊阁四库全书》本。

茫的种种心理感觉。如赵温之《踏青游》："冻云深，凉月皎，愈增清冽。"①
陆游《湖村野兴》："十里疏钟到野堂，五更残月伴清霜。已知无奈姮
娥冷，瘦损梅花更断肠。"②"我嗟人事迁，且爱树伶俜。回桓不能去，
月来孤影生。倚树一长吟，写我旷寂情。"③苏轼晚年咏梅也正是由此
创造出强烈的主观抒情性的。

　　苏轼咏梅诗开创的高洁之志与孤寂之感交渗一体的双重情感取向，
虽然出于苏轼一生极其坎坷的经历和独特的性格志趣，但对整个封建
士大夫来说，有着极其普遍的意义。梅月交映那淡泊闲静、高洁雅逸
的形象代表了士大夫的人格理想，而寓含的那份幽独孤寂、冷落荒寒
的感觉，又是广大士大夫仕途挫折、生意淡泊之际的经常体验。尤其
是到南宋江山半壁、国势飘摇，士人阶层涣散零落之际，更是对应着
人们幽峭危苦、萧散落寞的普遍心理。因而我们看到，在南宋的作品
中不仅"月下观梅"最为流行，而且倾向于是深夜独觅、孤梅幽影，
月色则多属参横斗阑之际的淡月、冷月、残月，在南宋人看来，"黄昏
未是清，吟到十分清处，也不啻，二三更"④。所写虽不乏闲逸意趣的
自得自适，但更多流露的是深心无诉的冷落与孤苦。"月明绕却梅花树，
直入梅花影里眠"⑤，"梦魂夜夜寻梅去，时带寒香踏月归"⑥，这些诗
句恣情漫逸中仍不失优雅和从容。至如："不见疏花久，凄然恨满襟……

---

① 唐圭璋编《全宋词》，第 2 册，第 816 页。
② 陆游著，钱仲联校注《剑南诗稿校注》卷一六，上海古籍出版社 1985 年版。
③ 徐玑《娄家梅篇》，《永嘉四灵诗集·二薇亭诗集》卷上，浙江古籍出版社
　 1985 年版。
④ 楼槃《霜天晓角·梅》，唐圭璋编《全宋词》，第 4 册，第 2850 页。
⑤ 李迪《自题爱梅》，《宋诗纪事补遗》卷八四，清光绪癸巳刊本。
⑥ 陈伯西《咏梅》，《宋诗纪事补遗》卷八四。

冷淡山中约，凄凉月下心。"①"耨银云，锄璧月，栽得梅花寄愁绝……参横月落兴未了，三叫花神闻不闻。花影摇摇情黯黯，冷透吟脾醒醉魄。"②这些宋末人的诗句则浸透了末世的孤危与凄凉。从这些不断因时变化的意态中，我们不难感到苏轼月夜幽寻托物寓怀的方式和梅月交映幽绪惝恍的境象，对士大夫精神世界的表达带来了多么丰富的启示，有着怎样的示范性和生命力。

三、梅月相映模式的精致化

北宋中期以来，梅月相映的境象在流行中不断得到改进、提炼和发展，逐步形成了一些更为简明的组合方式、更有效的取景角度。

首先是"梅枝映月"。前面提到林逋"暗香"句的不足，也许正是作为一种改进，人们在运用梅月映照之象时，大都舍"香"用"枝"，构造明月与疏枝的对比映衬。如：

带月一枝斜弄影。③

月色透横枝，短叶小花无力。④

欲看枝横水，会待月挂村。⑤

今夜回廊无限意，小庭疏影月朦朦。⑥

---

① 虞荐发《忆梅》，《宋诗纪事补遗》卷七五。
② 余观复《梅花引》，《北窗诗稿》，《宋絮南宋群贤小集》本。
③ 陈景沂编，程杰、王三毛点校《全芳备祖》前集卷一引王禹偁句，疑有误。浙江古籍出版社 2014 年版，第 38 页。
④ 张先《好事近·和毅夫内翰梅花》，唐圭璋编《全宋词》，第 1 册，第 62 页。
⑤ 吴可《探梅》，《全宋诗》，第 19 册，第 13015 页。
⑥ 释德洪《残梅》，《全宋诗》，第 23 册，第 15302 页。

丁宁明月夜，认取影横斜。①

横斜带月，又别是一般风味。②

“疏影”“横斜”在林逋诗中本由“清浅”“湖水”映照的，现在换上了月色，色调为之一变。“疏影”与月色的映照是一个纯视觉因而形象效果更为鲜明的组合。无论是梅树筛月的幽影扶疏，还是疏枝挂月的叠合映印，纯由玄白二色构图，境象更为幽淡玄妙，典型地体现了简静淡雅的审美意趣。

第二是“月窗观梅”。如：

星横参昴，梅径月黄昏，清梦觉，浅眉颦，窗外横斜影。③

月笼明，窗外梅花瘦寒影。④

屋角墙隅，占宽闲处，种两三株。月夕烟朝，影侵窗牖，香彻肌肤。⑤

寻常一样窗前月，才有梅花便不同。⑥

夜深更拥寒衾坐，明月梅花共一窗。⑦

霜月相摩漏二更，书窗伴我一枝梅。⑧

一枝勾引窗前月，冷淡相看太古清。⑨

所写景象与前述“梅枝映月”大致相同，不同处在于这里是临窗

① 陈与义《梅花两绝句》，白敦仁校笺《陈与义集校笺》卷一二，上海古籍出版社1990年版。
② 赵耆孙《远朝归》，唐圭璋编《全宋词》，第2册，第992页。
③ 谢逸《蓦山溪·月夜》，唐圭璋编《全宋词》，第2册，第647页。
④ 李重光《忆王孙·冬词》，唐圭璋编《全宋词》，第2册，第1040页。
⑤ 扬无咎《柳梢青》十首之十，唐圭璋编《全宋词》，第2册，第1197页。
⑥ 杜耒诗句，《玉林诗话》引，郭绍虞辑《宋诗话辑佚》，下册，第506页。
⑦ 楼扶诗句，厉鹗《宋诗纪事》卷六五。
⑧ 叶茵《梅》，曹庭栋编《宋百家诗存》卷二三。
⑨ 余观复《梅花》，《北窗诗稿》，《宋椠南宋群贤小集》本。

所得。创意体现在三个方面：一是窗户是一个有限的"界面"，视野相对集中，不像户外那么开放，也不似那么芜乱琐碎，因而这一取境更为简洁。二是只有在室内比窗外更静黯时，才能对室外有所观照，同时人处室内，也多了一份从容静观、细致感受的意味，因而临窗所得之梅较之于户外所得更具静观寂照的意味。三是月窗思乡、窗寒苦吟是古代文人经常的辛酸体验，用宋人的话说是"寒窗冷淡活计"①，此意渐然渗透，常寓一种孤寒凄凉的况味。如此特殊境况，宜乎为生活惨淡、襟怀复杂之诗人所常用。

图 51　宋代月梅纹镜图案。（张道一主编《中国图案大系》，第 7 卷、第 8 卷，山东美术出版社，第 145 页）

　　三是"月窗梅影"。如：

　　　　爱歃纤影上窗纱，无限轻香夜绕家。②

　　　　冷蕊疏枝半不禁，更着横窗影。③

　　　　玉箫吹未彻，窗影梅花月。④

①　赵以夫《汉宫春》，唐圭璋编《全宋词》，第 4 册，第 2668 页。
②　陈与义《梅》，白敦仁校笺《陈与义集校笺》外集校笺。
③　范成大《卜算子》，唐圭璋编《全宋词》，第 2 册，第 1620 页。
④　卢祖皋《菩萨蛮》，唐圭璋编《全宋词》，第 4 册，第 2416 页。

香阁静，横窗写出梅花影。[①]

月摹寒影横窗淡。[②]

　　这其实也属"月窗观梅"，只是所观不是窗外实景，而是月照梅树在窗纸上的投影。显然这是一个更富画面效果的景象。这一取景至少可以追溯到北宋张耒《庵东窗雨霁月出梅花影见窗上》一诗："山头冷月出，射我幽窗明。屋角有新梅，寒影交疏棂。暗香不可挹，仿佛认繁英。"[③]诗歌所写是真正意义上的"影子"，比实际所见远为"仿佛"；同时它又是窗面上明确的投影，有其清晰的一面。这种幽影虚白、点线分明的影像无异于是一幅镶嵌在窗框上的水墨梅画。

　　这一"审美"视角的发展有必要与绘画中的情况联系起来考察。有趣的是水墨画梅出现于北宋后期，首创此法的是与张耒同时的释仲仁。据载释仲仁好以稀笔作半枝疏梅，或取水边烟雨景象，当时见者描述"如西湖篱落间烟重雨昏时见"[④]。有关仁老墨梅后来人们作这样的形容："以墨晕作梅花，如影然。"[⑤]"以浓墨点滴成墨花，加以枝柯，俨然疏影横斜于明月之下。"[⑥]并出现了这样的记载：花光"老僧酷爱梅，唯所居方丈静室屋边，亦植数本，每发花时，辄床据于其下，吟咏终日，人莫能知其意。月夜未寝，见疏影横于纸窗，萧然可爱，遂以笔戏摹其影，凌晨视之，殊有月夜之思。因此学画，而得其无诤三昧，名播于世"[⑦]。把花光仁老开创水墨梅花说成是灵感来自月窗投影，不免有几分臆想

① 李昂英《渔家傲》，唐圭璋编《全宋词》，第 4 册，第 2873 页。
② 周麟之《观梅》，《海陵集》卷二。
③ 张耒《张耒集》卷一一，中华书局 1990 年版。
④ 惠洪《题〈墨梅〉》，《石门文字禅》卷二六，《四部丛刊》本。
⑤ 汤垕《画鉴》，人民美术出版社 1959 年版，第 52 页。
⑥ 宋濂《题徐原甫墨梅》，《宋文宪公全集》卷二五，清宣统辛亥成都刊本。
⑦ 解缙等《永乐大典》卷二八一二引王冕《梅谱》。

传说的色彩，但也反映了人们对"梅影映窗"情景的深刻体验。体现在文学作品中，水墨梅画盛行的南宋，咏梅诗词经常地出现"窗影入画幅""墨梅若窗影"的联想。前者如："香阁静，横窗写出梅花影。"[①]"把竹外一枝，飞洒轻烟里，月痕如洗。又底事丹青，何须水墨，虚白阒清沚。""待别有神人，风斤一运，和影上窗纸。"[②]"因看冬夜月初上，景象森然最难状。梅枝写影已清奇，不用画师作图障。"[③]后者如陈与义《和张规臣水墨梅五绝》称墨梅是"晴窗画出横斜影"[④]，章甫《书祖显墨梅枕屏》"晚角吹回灯尚在，眼花错认月横窗"[⑤]。更有诗人全然从画、物两间之优劣比较构思立意，如胡寅《和（赵）用明梅十三绝》其七："要写横斜临水枝，应从淡墨见依稀。画师未必传天巧，争似西厢月影微。"[⑥]李洪《梅》："寂寞吹香野水滨，霜蜚月坠倍精神。横陈故作临窗影，妙韵谁云画逼真。"[⑦]这些景如画、画胜景的联想与体认、诗人与画家的同气相求，充分说明了"月窗梅影"这一境象的典型性。在人们的心目中，水墨绘画与月夜窗纸上那横斜萧疏的枝影，一真一幻，都是梅花风神的绝好写照。

美学史家对南宋的艺术创作倾向曾有这样的概括：这个时代成功的作品"大都是在颇为工致精细的，极有选择的有限场景、对象、题

①　李昂英《渔家傲》，唐圭璋编《全宋词》，第 4 册，第 2873 页。
②　颜奎《摸鱼儿·尘梅》，唐圭璋编《全宋词》，第 5 册，第 3256 页。
③　张侃《野航池边古梅二首》其一，《张氏拙轩集》卷二，《影印文渊阁四库全书》本。
④　白敦仁校笺《陈与义集校笺》卷四，上海古籍出版社 1990 年版。
⑤　章甫《自鸣集》卷六，《影印文渊阁四库全书》本。
⑥　胡寅《斐然集》卷四，《影印文渊阁四库全书》本。
⑦　李洪《芸庵类稿》卷五，《影印文渊阁四库全书》本。

材和布局中，传达出抒情性非常浓厚的某一特定的诗情画意来"①。从林逋的水月写梅开始，到月下观梅，再到梅枝映月、月窗观梅、窗映梅影，就是一个题材、意象、场景不断选择、提炼的过程。这最后的月夜"视窗"，是一个极"有意味的形式"，梅花定格其中，形象删繁就简，雅淡幽玄，越来越境象朦胧，不可凑泊，而传达的意味：闲静、幽峭、孤清、落寞、惨淡，则越来越丰富复杂、幽微深细。"梅月相映"的模式演绎至此可谓情深意微、精致其极。

四、由"传神写照"到"表德"议论

水月为梅"传神写照"的作用，与整个梅花神韵品格的审美认识相统一，是逐步发展起来的。林逋写作"疏影"等精彩句子时，也许只是客观地表达对梅花物色美、"体态"美的欣赏。北宋中期以来，经过苏轼等人的吟咏和评议，梅花的品格神韵越来越为人们所注重，有关的审美认识不断地明确和深化。水、月与梅的关系也逐步突破了一般的渲染烘托、传神写照，而发展为水月与梅花之间"表德"关系的直接议论。

有关的情况是从北宋后期开始的。譬如谢逸《月中观梅花怀月上人》诗道："梅清不受尘，月净本无垢……但想月中梅，作诗清如昼（指皎然）。"②已完全是从精神上把握两者间的类同。此间诗人们已开始普遍地认识到，水、月的渲染衬托，不仅能写梅之形色，更重要的是能传梅之"神"、表梅之"格"，而且也唯有"水""月"才与梅风调相宜、

① 李泽厚《美的历程》，安徽文艺出版社 1994 年版，第 169 页。
② 《全宋诗》，第 22 册，第 14821 页。

气格相称，才能有效地衬示梅花的品格神韵。咏梅中"水月"的意义就是"与（梅）花为表德"①。南宋赵蕃的一首诗可以说代表了诗人们这方面的自觉水平："画论形似已为非，牝牡那穷神骏知。莫向眼前寻尺度，要从物外极观窥。山因雨雾青增态，水为风使绿起漪。以是于梅觅佳处，故就偏爱月明时。"②反映在诗歌艺术上，除了前述的形象创造外，则是出现了直接的比喻议论，即以水、以月来比喻梅神之清，比称梅品之高。有关的意思可以有这样两句话来表示：梅花如水月之清（比喻）；梅花与水月相宜（媲美）。如：

水月精神玉雪胎，乾坤清气化生来。③

迥立风尘表，长含水月清。④

明月在天水在下，耿耿于其间兮，于以观我生之清明。⑤

大潇洒，最宜雪宜月，宜亭宜水。⑥

天付风流，相时宜称，著处清幽。雪月光中，烟溪影里，松竹梢头。⑦

作屋延梅更凿池，是花最与水相宜。⑧

孤影棱棱，暗香楚楚，水月成三绝。⑨

① 史达祖《醉公子》，唐圭璋编《全宋词》，第 4 册，第 2347 页。
② 赵蕃《梅花六首》其五，《章泉稿》卷三，《影印文渊阁四库全书》本。
③ 王从叔《浣溪沙·梅》，唐圭璋编《全宋词》，第 5 册，第 3555 页。
④ 张道洽《梅花》，《瀛奎律髓》卷二〇。
⑤ 陈著《赋墨梅》，《本堂集》卷三六，《影印文渊阁四库全书》本。
⑥ 赵温之《喜迁莺》，唐圭璋编《全宋词》，第 2 册，第 815 页。
⑦ 扬无咎《柳梢青》，唐圭璋编《全宋词》，第 2 册，第 1197 页。
⑧ 陈元晋《题曾审言所寓僧舍梅屋》，《渔墅类稿》卷八，《影印文渊阁四库全书》本）
⑨ 仇远《酹江月》，唐圭璋编《全宋词》，第 5 册，第 3396 页。

林间姿艳同霜洁，窗下精神待月传。①

月中分外精神出，雪里几多风味长。②

梅花的审美品格在这水月的比喻中被指称得确凿无疑，梅花的价值地位在与水月的类聚媲美中得到明确认定。从表现方式上说，这些比类称宜之意是一种概念性的描述和议论，效果简明直通，反映了人们有关认识的明确、成熟和普及。水月写梅的模式发展至此，思想突过形象，意义推阐无遗，已走到了它的极限。同时它也从一个侧面表明梅花形象提升过程的基本完成、梅花作为人格象征符号的完全确立。理解的东西可以更好地感觉它，由于对梅花审美认识的提高，南宋以来文学作品对梅花的审美表现都以求其疏淡雅逸的格调风神为宗旨，以水月、霜雪、松竹渲染比喻为"套式"，取象用意径直明爽，了无委曲。而另一方面，正是这现成认识的限定，咏梅表现失却了形象思维创新的蓬勃活力，宋以后水月写梅模式乃至于整个梅花形象语汇都没有多少进展，人们大都流连在宋人创设的视界里讨生活，表现出封建正统文学衰萎的通病。

（原载《江苏社会科学》2000年第4期，又载程杰《宋代咏梅文学研究》第275～295页，安徽文艺出版社2002年版，此处有修订。）

---

① 卫宗武《次韵咏梅》，《秋声集》卷三，《影印文渊阁四库全书》本。
② 戴复古《梅花》，《石屏诗集》卷五，《影印文渊阁四库全书》本。

"美人"与"高士"

——咏梅模式之五

明代高启咏梅诗句"雪满山中高士卧，月明林下美人来"[①]，脍炙人口。就诗料言，两句分别用了典故，上句是袁安卧雪，下句是柳宗元《龙城录》所载隋赵师雄罗浮梦遇梅仙事。就咏物方法而言则是拟人，把梅比拟为雪中高士、月下美人，写其不畏严寒的节操、幽雅高洁的神韵，形象生动而贴切。这样的句子在六朝，在唐代，甚至在北宋是写不出来的。这不仅是因为记载赵师雄罗浮事的《龙城录》一书是后人的托名之作，最早于北宋末才见于人们引述，更重要的是诗句以形象的方式体现的对梅花品格神韵的充分认识和高度评价，属于梅花作为人格象征的审美形象完全定型的时代，那是北宋后期至南宋的事。以"美人""高士"比拟梅花这一拟人化的方法并不是咏梅赋梅文学一开始就具备的思路与方法，而是在六朝以来几个世纪的咏梅实践中，随着梅花审美认识的不断深化发展而逐步出现、不断确立的。两个拟象的出现也有一个先后过程，"美人"在前，"高士"在后，从"美人"到"高士"，不同拟象的变化反映了梅花形象地位的不断提高。从相反的角度说，梅花的审美意义不是自明的，尤其是其作为人格象征的意义只是一种潜含于物，有待于发现的可能性，"美人"与"高士"拟喻正是揭示梅花象征意义有效的手段，可以这么说，两个拟象间的积淀和递变，

① 高启《梅花九首》，《高青丘集》卷一五，上海古籍出版社 1985 年。

推动着梅花审美认识的不断深化和发展，其过程可以说是审"梅"认识史的一个缩影。本文勾勒、讨论这一咏梅手法的起源与演变过程。

一、梅花与"美人"

虽然我们今天看来，以花喻美人，或美女喻花都已是老掉牙的拟喻①，但就某一具体花卉为题材对象的咏物创作而言，首先总是由正面的形象刻画、描摹起步的。咏物诗兴起于南朝，许多园林花卉、宫闺器物开始得到专题吟咏。当时诗人的描写主要着眼于事物外在的物理性状刻镂形似，巧言切状。诗人咏梅也复如此。萧纲的《梅花赋》曰："梅花特早，偏能识春。或承阳而发金，乍杂雪而被银。吐艳四照之灵，舒荣五衢之路。既玉缀而珠离，且冰悬而雹布。叶嫩出而未成，枝抽心而插故。摽半落而飞空，香随风而远度。"②从花期、色白、香浓、枝叶等方面一一着笔，可以说代表了同时赋梅咏梅最为基本的视角。这一时期咏梅名句如何逊《咏早梅诗》"枝横却月观，花绕凌风台"③，苏子卿《梅花落》"只言花似雪，不悟有香来"④，庾信《梅花诗》"树动悬冰落，枝高出手寒"⑤等，均属正面写入，就外在物色生态摹勒勾画，直观细切中带着题材发生之初审美认识、表现手法常见的肤浅与稚嫩。

---

① 《木天禁语》："咏妇人者，必借花为喻；咏花者，必借妇人为比。"何文焕辑《历代诗话》，第748页。本文所用"拟喻"的概念，属于描绘手法，兼含修辞学上的"比喻"与"比拟"二义，针对不同的例证，有时也略有分别。

② 严可均校辑《全上古三代秦汉三国六朝文》全梁文卷八，第2997页下。

③ 逯钦立辑校《先秦汉魏晋南北朝诗》，中华书局1988年版，第1699页。

④ 逯钦立辑校《先秦汉魏晋南北朝诗》，中华书局1988年版，第2601页。

⑤ 逯钦立辑校《先秦汉魏晋南北朝诗》，中华书局1988年版，第2398页。

其间也有感物抒情的表现倾向。乐府《梅花落》原本可能是塞上征夫的思乡曲，文学作品中明确为睹物惊时伤春怨离之主题。在南朝绮怨艳冶文风流行的背景里，更多地用以表现闺情宫怨，成了金闺佳丽、怀春少女感物寄情的意象。还是举萧纲的《梅花赋》为代表，其写情曰："重闺佳丽，貌婉心娴，怜早花之惊节，讶春光之遣寒。""春风吹梅长落尽，贱妾为此敛蛾眉。花色持相比，恒愁恐失时。"以春花之鲜丽，拟佳人之娇美；因芳物之零落，怨韵华之易逝。这是以花色拟美色，是抒情的"拟物化"，即以自然景物的形色气貌、直观图象来引发、渲染、类比人的内在情绪感受，从而赋予无形之情以形象化的表现。这与我们这里所要集中讨论的"拟喻"以咏物恰好相反，一是即物移情，以花喻人，托物言情；一是体物写物，以人喻物，拟人写花。一是"比兴"（以"兴"为主）；一是拟喻。一是为了抒情的目的；一是为了写物的目的。咏梅是咏物之一类，"咏物一体，就题言之，则赋也"①。

花喻美人，美人喻花，虽然目的不同，思路相反，但都是花与美人之间传统类比、隐喻关系的表现。唐代是中国历史上的盛世，繁华而浪漫，许多以往名不见经传的花卉都是这个时代开始引起人们注意，成为审美对象的。著名如牡丹、琼花等，都从此而开始了其"美的历程"。围绕这些花卉，当时多有一些花神物妖的奇艳传说，正如胡仔《苕溪渔隐丛话》后集卷三〇所说："凡言花卉，必须附会以妇人女子，如玉蕊花则言有仙女来游，杜鹃花则言有女子司之。"诸花藉以动人听闻，流布声誉。这类仙姝女妖幻化魂托的传说故事，反映了花与美女之间文学隐喻关系有着普遍深刻的社会审美文化心理基础。文人咏花也复

---

① 李重华《贞一斋诗话》，《清诗话》，上海古籍出版社 1963 年，第 930 页。

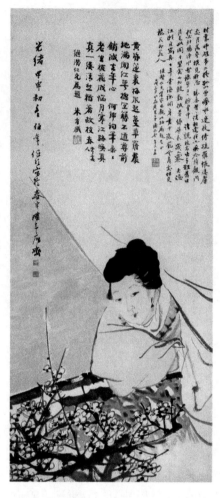

图 52 [清]任颐《梅花仕女图》。立轴，纸本设色，纵42.6厘米，横96厘米，辽宁省博物馆藏。

好以美人作喻。唐人赋咏牡丹的作品较多，以美人来作比拟即是其中一个较常见的描写方法，如舒元舆《牡丹赋》写牡丹之繁盛秾丽："历阶重台，万朵千棠。西子、南威，洛神、湘娥，或倚或扶，朱颜已酡。角炫红釭，争鬶翠娥。灼灼夭夭，逶逶迤迤。汉宫三千，艳列星河。我见其少，孰云其多！"① 又如徐凝《牡丹》"疑是洛川神女作，千娇万态破朝霞"②，罗隐《牡丹》"日晚更将何所似，太真无力凭栏杆"③，不胜枚举。咏他花也复如此，如李商隐《槿花》"未央宫中三千女，但保红颜莫保恩"④，李绅《重台莲》"双女汉皋争笑脸，二妃湘浦并愁容"⑤，温庭筠《芙蓉》"浓艳香雾里，美人清镜中"⑥。同样，咏梅中以女子来作比拟，也是一个必然出现的描写手法。

---

① 李昉等编《文苑英华》卷一四九，中华书局，1966年。
② 《全唐诗》，上海古籍出版社缩印扬州诗局本1986年版，第1200页。
③ 《全唐诗》，上海古籍出版社缩印扬州诗局本1986年版，第1276页。
④ 《全唐诗》，上海古籍出版社缩印扬州诗局本1986年版，第1373页。
⑤ 《全唐诗》，上海古籍出版社缩印扬州诗局本1986年版，第1221页。
⑥ 《全唐诗》，上海古籍出版社缩印扬州诗局本1986年版，第1477页。

纵览魏晋以来的咏梅作品，明确地以女子来拟写梅花形象当是入唐以来的事。武则天时王适《江滨梅》："忽见寒梅树，开花汉水滨。不知春色早，疑是弄珠人。"[①]曹植《洛神赋》有句："或采明珠，或拾翠羽，从南湘之二妃，携汉滨之游女。"[②]此诗当用此意（或兼用郑交甫汉皋逢神女来），以水滨美人写梅花远观之清丽明媚。中唐王初《春日咏梅花》："靓妆才罢粉痕新，递晓风回散玉尘。"[③]晚唐皮日休《行次野梅》："笋拂萝梢一树梅，玉妃无侣独裴回。好临王母瑶池发，合傍萧家粉水开。"[④]唐彦谦《梅》："玉人下瑶台，香风动轻素。"[⑤]韩偓《梅花》："梅花不肯傍春光，自向深冬著艳阳。龙笛远吹胡地月，燕钗初试汉宫妆。"[⑥]或以美女之外貌，或用典故，写梅之素色、清香。这些美人拟喻是唐人咏梅作品中为数不多的例子。不难看出，主要仍属于简单的比喻，拟人想象没有得到展开。这是与整个咏梅文学较牡丹等花卉题材相比仍处于较初级的状态相一致的，一些描写方法还处于零星的实践阶段，技巧的明显提高则是宋代的事。

二、从"美人"到"冷美人"

林逋是宋代第一个大量咏梅的诗人，他的"孤山八梅"笔法多样，有正面描写，如著名的"疏影""暗香""雪后园林"等联，有侧面的暗示、

---

① 《全唐诗》，第 228 页。
② 《文选》卷一九，中华书局，1977 年版。
③ 《全唐诗》，第 1240 页。
④ 《全唐诗》，第 1551 页。
⑤ 《全唐诗》，第 1684 页。
⑥ 《全唐诗》，第 1710 页。

渲染、衬托，如"霜禽欲下先偷眼，粉蝶如知合断魂"，"横隔片烟争向静，半粘残雪不胜清"等联，还有一些暗喻、比较等，但没有明显的拟喻尤其是拟人手法。稍后仁宗朝初年的石延年，其《红梅》诗也以正面的摹形绘色为主。石氏此诗的出名缘于后来苏轼的批评。苏轼对石延年的批评开始了梅花描写技巧的转向。苏轼不满石延年诗中"认桃无绿叶，辨杏有青枝"①一联，认为只知在枝叶外形上比短较长如村学习作。其实石延年这样的写法有其原委，当时红梅是梅中异品，极其罕见，尤其是像石氏这样生活于淮河以北的人来说，是极易把红梅与杏花浑作一物的，因而从他的立场上说，如何分辨两者，是描写红梅的首要任务，也属是抓揭事物特点，便有了"辨杏""认杏"、寻枝摘叶之语。方法是浅陋的，但也是有情可原的。针对石延年这种近乎村学童言的方式，元丰五年（1082）苏轼精心推出了自己的《红梅》三首。其中第一首最成功（苏轼曾全盘改写为《定风波》词）。后两首是和作，巧思难于再得，已无多少新意。《红梅三首》之一：

> 怕愁贪睡独开迟，自恐冰容不入时。
>
> 故作小红桃杏色，尚余孤瘦雪霜姿。
>
> 寒心未肯随春态，酒晕无端上玉肌。
>
> 诗老不知梅格在，更看绿叶与青枝。 （《苏轼诗集》卷

二一）

全然出以拟人化的描写，辅以议论来演绎红梅的特征：红梅较一般的江梅开得迟，正如一个贪睡慵倦的美人懒得早起，大概也因为她担心自己那凌寒犯霜的样子可能并不尽为人们所喜欢，她竭力作出桃杏那样的艳容，但终难掩其梅花高洁孤瘦的本色。但那份娇艳其实不

---

① 《全宋诗》，第 3 册，第 2005 页。

是媚俗，而是美人掩抑不住的率性恣意。这样的演绎，与石氏那种本草常识般的比较辨认相比，差别很大。也非一般形似方面的类比联想（比喻），而是一种富于创造性的想象，一种充分的拟人化手法。尤其是以人的心理意态演绎所写事物，不仅形象富有生命力，极其生动活泼，而且整体上包含了人的心理意态的投射，写出了人格化的心情气性，这极利于作者情感、志趣、性格的寄托。

这种拟人手法在苏轼同类题材的创作中运用得较为普遍，艺术上也较成功。如咏定惠院海棠诗（《寓居定惠院之东杂树满山有海棠一株土人不知贵也》），以海棠自寓，通过拟人化的想象，寄托自我幽独超迈之志，表达身世流落之感，苏轼视为"平生最得意"之作[1]。词中《水龙吟》咏杨花，把杨花拟为闺妇的离思梦魂，似花非花，亦花亦人，极尽其缠绵悱恻之致。这些都是广为人知的。苏轼咏梅也复如此，《红梅》三首之后苏轼咏梅多以美人作拟喻，如《次韵杨公济奉议梅花十首》《再和杨公济十绝》[2]"月黑林间逢缟袂""缟裙练帨玉川家""盈盈解佩临烟浦，脉脉当垆傍酒家""斩新一朵含风露，恰似西厢待月来"等，分别用隋赵师雄罗浮遇梅树仙女、

图 53　［清］顾洛《梅边吟思图》，南京博物院藏。

---

① 王直方《王直方诗话》，《诗林广记》后集卷三引，中华书局，1982年。

② 苏轼撰，王文诰辑注，孔凡礼点校《苏轼诗集》卷三三，中华书局，1982年。

韩愈《李花》"长姬香御四罗列，缟裙练帨无等差①句意及郑交甫汉皋逢神女、卓文君及崔莺莺等美人事。当然其中有些只属于简单的比喻，或受到体裁样式的限制，拟人想象没有充分发挥，但由于使用频率较高，整体上构成了较为稳定的表现特色。

从诗歌艺术的历史演进看，拟人描写与直切的正面形似描写相比是一种创新、一种发展，对此要联系宋诗在唐诗之后求新求变的历史趋势和发展规律来把握。从上面所举苏轼诗例不难看到，其咏物中的拟人手法是与典故的多用活用相联系的，包含了艺术想象的发挥，都以构想命意的奇特不凡为特征，都以写出人的思想、性情、意趣与情操为极致。这些都是宋诗创作中具有普遍意义的艺术追求。苏轼说："论画以形似，见与儿童邻。赋诗必此诗，定知非诗人。"②积极主张写神韵、写情采、写意趣，主张合于天理，餍于人意，反对胶著于事物的常形。有关的理论和说法是耳熟能详的，此不赘述。与认桃辨杏、寻枝摘叶的正面绘形相比，拟人的手法不能说完全脱离形似基础，但已超越了事物外形的刻板描摹，所表现的重在事物的整体感觉、风韵。以人的心理思想去揣度演绎，更是赋予了人格的精神意态，进而为主体精神的寄托打下基础。所谓虚处传神、离形得神，就是包括这种方式与效果。

这种拟人化的手法不仅在苏轼诗中较为普遍，同时大家如王安石、黄庭坚也都乐于运用。如王安石《次韵徐仲元咏梅二首》："额黄映日明飞燕，肌粉含风冷太真。""肌冰绰约如姑射，肤雪参差是太真。"③《与

① 韩愈《李花二首》，钱仲联集释《韩昌黎诗系年集释》卷七，上海古籍出版社 1984 年版，第 779 页。
② 苏轼《书鄢陵王主簿所画折枝》，苏轼撰，王文诰辑注，孔凡礼点校《苏轼诗集》卷二九。
③ 王安石《临川先生文集》卷二〇，中华书局香港分局，1971 年。

微之同赋梅花得香字三首》："汉宫娇额半吐黄，粉色凌寒透薄妆。好借月魂来映烛，恐随春梦去飞扬。"①虽仍多唐人美人拟喻那样的写形目的，但所写已不重在粉泽气味。黄庭坚咏梅未见经心之作，其咏水仙花有句："凌波仙子生尘袜，水上轻盈步微月。是谁招此断肠魂，种作寒花寄愁绝。"②宋时很著名。南宋胡仔评论本朝咏物诗说："诗人咏物形容之妙，近世为最。如梅圣俞'猬毛苍苍磔不死，铜盘蠹蠹钉头生，吴鸡斗败绛帻碎，海蚌扶出真珠明'，诵此则知其咏芡也。东坡'海山仙人绛罗襦，红纱中单白玉肤。不须更待妃子笑，风骨自是倾城姝'，诵此则知其咏荔支也。张文潜'平池碧玉秋波莹，绿云拥扇青摇柄。水宫仙女斗新妆，轻步凌波踏明镜'，诵此则知其咏莲花也。如唐彦谦咏牡丹诗……罗隐咏牡丹诗……非不形容，但不能臻其妙处耳。苏、黄又有咏花诗，皆托物以寓意，此格尤新奇，前人未之有也。东坡《谢杜沂游武昌以酴醾见惠诗》云：'凄凉吴宫阙，红粉埋故苑。至今微月夜，笙箫来绝巘。余妍入此花，千载尚清婉。'山谷咏水仙花诗云（引者案：引略），咏桃花绝句云：'九疑山中萼绿华，黄云承袜到羊家。真筌虫蚀诗句断，犹托余情开此花。'"③所举诗例多属拟人化的手法。所谓咏花"托物以寓意"一格，并非一般意义上的托物言情，而是指把花卉想象为某一红颜怨魂、仙女精灵的魂托精变。这一思路其实与前面所说的把花卉附会为女仙妖灵身寄魂附的各种民间奇谈佳话有着某种相通的一面，本质上仍是花与美人传统类比隐喻关系的表现。但用为咏物描写，想象开展，效果新颖奇特。在胡氏看来，此法是一种

---

① 王安石《临川先生文集》卷二〇。

② 黄庭坚《王充道送水仙花五十枝欣然会心为之作咏》，《豫章黄先生文集》卷七，《四部丛刊》本。

③ 胡仔《苕溪渔隐丛话》前集卷四七，人民文学出版社1981年版。

创新，在宋诗中也已有一定的普遍性，因而具有加以总结的价值。严羽说，宋诗发展到苏、黄，"始自出己意以为诗"[①]，也就是说苏、黄对古法多所突破，多有创新。咏花咏物中拟人手法的大量使用便是其整个诗艺创新系统中的一个方面。

艺术技巧是审美表现的手段和载体，服务于审美意趣的发展和变化。拟人以写物，在很大程度上摆脱了"形似"的拘限，有利于主观意趣格调的渗透和寄托，带有鲜明的写意性。具体到咏梅，拟人化的手法直接赋予梅花以人的心理气性，表现出某种"人格化"的精神品质，有效地传达宋人对梅花格韵美的新认识。石延年《红梅》诗在"认桃辨杏"后也展开了拟人化的描写："烘笑从人赠，酡颜任笛吹。未应娇意急，发赤怒春迟。"[②]想象红梅之"红"不是佳人怒姿而是醉态。苏轼《红梅三首》中"酒晕""玉肌""玉人颒颊"云云，未必没有受到石氏构思的启发。但苏轼的想象不仅更充分，更富连贯性，更具创造力，关键的还在于苏轼的拟人更多地是为了突出梅花抗颜脱俗的品格。所谓"寒心未肯随春态"，"尚余孤瘦雪霜姿"云云，都不只是交代颜色之红白——这属于写"形"，而是赋予了强烈的心气意志，写出红梅虽为俗态而不为媚世，艳丽其外却无碍内在本色的姿性品格。同为拟人，同是拟为红颜佳人，石氏意在颜色，力求"形似"；苏轼则重在梅之精神，力求写出红梅这一姿色入俗之物洒落傲然的品格。这是苏轼的进步之处。究其原因，苏轼从梅花中看到的精神品格内涵要远比石延年多。此前林逋咏梅对发明梅花品格贡献最大，林逋虽然没有采用拟人的手法，但"疏影横斜""雪后园林"诸联写出了梅花不同寻常的体态神韵，

---

① 严羽《沧浪诗话》，何文焕辑《历代诗话》，中华书局 1981 年版，第 688 页。
② 《全宋诗》，第 3 册，第 2005 页。

潜含了精神意趣的强烈渗透。针对时人关于林逋"疏影"一联写桃李杏皆可的议论，苏轼明确指出，"疏影"一联"决非桃李诗"①，"杏李花不敢承当"②，充分肯定了林逋的咏梅之功，肯定其写物中突现的人格意趣，表明苏轼对梅花形象也有了相应的赏会体认。苏轼这些意见，代表了北宋后期梅花审美认识的新水平。当时人们广为传谈，从而促进了林逋咏梅诗的传播，推动了有关审美认识的普及，对梅花价值地位的确立发挥了有力的作用。

为了表现梅花的高格雅韵，用以拟梅的人物，更具体地说是"美人"，就非同小可，其角色身份、人格风采总要与人们所经感受、所要表达的梅花风神格调相等称。用以拟喻的"美人"不能是骄奢、荒淫、浪荡的角色，也不能是妖媚、秾艳、柔婉的形象。苏轼晚年贬窜岭南作的《十一月二十六日松风亭下梅花

图54 ［明］陈洪绶《仕女图》。纸本设色，纵110.5厘米，横15.2厘米，辽宁省博物馆藏。图中仕女手执梅花，花面交映。

---

① 苏轼《评诗人写物》，孔凡礼点校《苏轼文集》卷六八，中华书局1986年版。
② 王直方《王直方诗话》，郭绍虞辑《宋诗话辑佚》，上册，第13页。

盛开》《再用前韵》《花落复次前韵》①，是经心结撰的三首作品。其中写梅道："松风亭下荆棘里，两株玉蕊明桑暾。海南仙云娇堕砌，月下缟衣来扣门。""玉妃谪堕烟雨村，先生作诗与招魂。"把梅花拟想为月下来访的美人，拟想为与诗人一样沦落瘴烟之地的宫中怨妃。这样的比拟，既切合诗人远谪蛮荒的处境，寄托了诗人的无比落寞之情，也对应于诗人超迈孤峭、自甘幽独的精神品质。如此写出的梅花形象就是诗人天涯沦落而能坚贞不屈之超然品格的绝好写照。

虽然诗人们未必都有，或者说未必每一首咏梅作品都有托梅自寓的意兴目的，但由于林逋、苏轼等人的影响，至北宋后期，人们对于梅花的审美评价是普遍地提高了，梅花品格寒素冷峭、清疏淡雅、高洁脱俗已成了人们的共识。落实在描写手法上，我们发现，从苏、黄时代起，开始普遍以月宫嫦娥、瑶池仙姝、姑射神女、深宫贵妃、林中美人、幽谷佳人等"美人"形象来拟喻梅花。抄缀诗例如下：

　　姑射仙人冰作体，秦家公主粉为身。素娥已自称佳丽，更作广寒宫里人。②

　　如云不比东门女，若雪岂非姑射人。③

　　姑射真人自少群，要亲高节许交君。④

　　渭水冰消意始回，肌肤玉雪本仙材。⑤

　　此意比佳人，争奈非朱粉。惟有许飞琼，风味依稀近。⑥

---

① 苏轼撰，王文诰辑注，孔凡礼点校《苏轼诗集》卷三八。
② 郑獬《雪中梅》，《全宋诗》，第 10 册，第 6876 页。
③ 彭汝砺《湖湘路中见梅花寄子开》七首其三，《全宋诗》，第 16 册，第 10615 页。
④ 米芾《咏梅二首》，《全宋诗》，第 18 册，第 12261 页。
⑤ 李复《依韵和秦倅陈无逸观梅》，《全宋诗》，第 19 册，第 12473 页。
⑥ 晁补之《生查子·梅》，唐圭璋编《全宋词》，第 1 册，第 561 页。

风月精神珠玉骨，冰雪簪珥琼瑶珰。天姝星艳下人世，灵真高秀无比方。①

调鼎自期终有实，论花天下更无香。月娥服驭无非素，玉女精神不尚妆。②

姑射仙姿不畏寒，谢家风格鄙铅丹。数点深藏碧玉枝，翠峰十二拥瑶姬。③

天质自清非为瘦，仙姿正白不施红。④

尽将七泽清霜气，洗出姑射绰约身。⑤

一尘不染香到骨，姑射仙人风露身。⑥

肌肤绰约真仙子，来伴冰霜，洗尽铅黄，素面初无一点妆。⑦

素面玉妃嫌粉污，晨妆洗尽铅华。香肌应只饭胡麻，年年如许瘦，知是阿谁家。⑧

深雪里，玉妃粲粲，初下瑶池。笑人间春色，只在桃蹊。⑨

有艳难欺雪，无花可比香。寻思无计与幽芳。除是玉人清瘦、道家妆。⑩

① 张耒《观梅》，《张耒集》卷一三，中华书局 1990 年版。
② 张耒《梅花》，《张耒集》卷二三，中华书局 1990 年版。
③ 张耒《梅花十首》，《张耒集》卷二八，中华书局 1990 年版。
④ 张耒《梅花二首》，《张耒集》卷三〇，中华书局 1990 年版。
⑤ 张耒《梅》，《张耒集》卷三一，中华书局 1990 年版。
⑥ 张耒《腊初小雪后圃梅开二首》，《张耒集》卷三二，中华书局 1990 年版。
⑦ 周邦彦《丑奴儿·梅花》，唐圭璋编《全宋词》，第 2 册，第 610 页。
⑧ 王庭珪《临江仙·梅》，唐圭璋编《全宋词》，第 2 册，第 817 页。
⑨ 王庭珪《满庭芳·梅》，唐圭璋编《全宋词》，第 2 册，第 821 页。
⑩ 权无染《南歌子》，唐圭璋编《全宋词》，第 2 册，第 994 页。

清一色"冷美人""峭美人""瘦美人""素妆美人""幽独美人""世外美人"的形象拟喻。与前引王初、皮日休、唐彦谦、韩偓等人的美人拟梅重在描写"粉痕""香风"等"形似"姿色不同，这些美人或身份特殊、或品位不凡、或风度高雅、或性格孤峭，她们既以美人容颜对应梅花的芳树形象，同时又以身份、性格、气质上的特殊内涵，指揭梅花超然于春花时艳之上的风神格调。其中一些语句完全是一副评判的语气，诗人们几乎是在通过这种拟喻直接述说对梅花形象特征的见解和评价，表达自己对梅花形象的尊崇爱尚。不管是用于描写还是出于评说，这些特品美人的拟喻成了梅花素洁、淡雅、清疏、幽闲、冷峭种种格调神韵最简明醒目的表达方式。这一拟喻方式在北宋后期的流行，标志着梅花格韵高超这一审美特征的基本确立。

三、从"美人"到"高士"

梅花意象不似松、兰、竹、菊那样具有悠久、显赫的来头，虽然早在《诗》《书》中已被提及，其中最重要的当属《尚书·说命》的"盐梅和羹"云云，但说的是梅实，用以比喻宰辅权要协理国事的能力，属事功的一面，与宋代士人的"比德"之求是格格不入的。梅花以"花"闻是汉魏以后的事，当时主要见于乐府闺情和南朝宫体诗赋，这一出身卑不足道。诗人们对梅花的兴致首先开始于芳树色香，这与其他花卉题材并无二致。唐开元名臣宋璟为人刚正不阿，"贞姿劲质，刚态毅状，疑其铁石心肠"，然作《梅花赋》，"清便富艳，得南朝徐、庾体，殊不类其为人"①。后人对此多感困惑，其实他只是遵循了六朝隋唐之际此类题材的艺术惯例，属于那个时代的认识水平。不难看出，上节论述的"美人"拟喻仍未超出花与美女间的传统拟喻关系，所谓"冰肌玉骨""粉瘦酥寒""素妆幽香"云云，虽然突出了超拔于秾春繁艳之外的特殊标格，但着眼点仍主要为梅花感觉形象和生物习性上的特征，仍不免带有花卉题材常见的香艳味、脂粉气，品格神韵未能充分凸显，人格寄托之意也就受到影响。

宋代伦理道德意识思潮高涨，高雅超迈的道德人格是思想意识中最高的价值目标，也是审美理想的极致。宋代花草吟咏普遍地倾向于"比德"演绎，其原因殆由于此。宋代咏物"比德"最终的事实表明，梅花只有上升为士大夫道德人格的象征才最终完成其审美形象的历史铸塑。美人拟喻虽然高揭了梅花的审美品位，但去士大夫理想人格的充分象征还有一定的距离。究其主要障碍就在于梅花之花容艳科与士人大义凛然之人格追求间不易磨合的差距。南北宋之交的向子諲有一首《卜算子》咏梅词，追次苏轼《卜算子》"缺月挂疏桐"一首韵调，也想写出苏词那种高逸幽雅、"不食人间烟火"的意境神韵，但由于主要是用美女进行比拟描写，自称"终恨有儿女子态"②，远未达到其理想的品位。写形虽让位给写神，但未能尽泯色相；意趣已趋高雅，道德人格之义未隆。梅花形象要最终成为士人理想人格的象征，充分地象示出士大夫道德人格之求的严正、高超，还有待进一步的演绎方式，其关键是进一步摈弃色相，防止艳丽伤骨、阴柔无骨的现象。于是就有了拟人手法的"变性"处理，即由冷美人、雅美人、幽美人、仙姝

① 皮日休《桃花赋》序，董诰《全唐文》卷七九六，中华书局 1983 年版。
② 唐圭璋编《全宋词》，第 2 册，第 972 页。

神女的拟喻转入以士人高尚人格形象的直接拟喻。

宋代较早以士人形象喻梅的是苏轼、王安石。元丰间在黄州，与美人拟喻的《红梅三首》同时，苏轼《次韵陈四雪中赏梅》诗写道："独秀惊凡目，遗英卧逸民。"①把落地的梅英比拟为袁安卧雪。当然所喻只是落花，而且主要是形容其飘落雪地的景象，属于隶事写景。王安石熙宁间所作《独山梅花》："美人零落依草木，志士憔悴守蓬蒿。"②上句以美人为喻，下句以志士为喻。其构思可能与地名"独山"，所见又是荒山孤株有关。黄庭坚作诗好创撰新奇，诗中有以美男子喻花一法。其《观王主簿家酴醾》："露湿何郎试汤饼，日烘荀令炷炉香。"③宋人诗话中常举为诗法创新之模范④，影响甚大，后世咏花以男子作比，或美妇美男兼比，远近隐显都以黄氏为张本。但黄氏未用于咏梅，而且所喻也重在巧言切状，描摹色、香。由此可见，在苏、黄时代，士人喻梅的有关技法还在酝酿探索之中。

真正明确地以"士人"形象拟喻品评梅花，用以推举梅花的格调品位，是从北宋中期开始的。刘敞《忆梅》："岁晏吐奇芳，芬芬有余香。

---

① 苏轼撰，王文诰辑注，孔凡礼点校《苏轼诗集》卷二一。
② 王安石《临川先生文集》卷一〇。
③ 《全宋诗》，第 17 册，第 11543 页。
④ 胡仔《苕溪渔隐丛话》前集卷四七引《冷斋夜话》："前辈作花诗，多用美女比其状……尘俗哉。山谷作酴醾诗曰：'露湿何郎试汤饼，日烘荀令炷炉香。'乃用美丈夫比之，特出类也。"其实黄氏是从李商隐诗学得。朱翌《猗觉寮杂记》卷上"诗人论鲁直《酴醾》云：'露湿何郎试汤饼，日烘荀令炷炉香。'不以妇人比花，乃用美丈夫事，不知鲁直此格亦有来历。李义山《早梅》云：'谢郎衣袖初翻雪，荀令熏炉更换香。'亦以美丈夫比花，鲁直为工。"见知不足斋丛书本。钱钟书《谈艺录》（补订本）第 342 页："实则义山《牡丹》云：'锦帏初卷卫夫人，绣被犹堆越鄂君。'早已（取美妇人、美男子）兼比。"

疾风见松柏，众秽知蕙芳。譬彼君子质，幽沉道逾彰。"[1]刘一止（1080—1161），字行简，号太简居士，湖州归安人，宣和三年进士，其《道中杂兴五首》其二曰："姚黄花中君，芍药乃近侍。我尝品江梅，真是花御史。不见雪霜中，炯炯但孤峙。"[2]一以高蹈的君子，一以刚直的御史来拟喻梅花，虽然喻体之间角色差别较大，精神面貌不尽一致，但都属士大夫中较为挺特、高尚的形象。

与美人拟喻中"冰肌玉骨""素妆幽姿"一类誉美相比，君子喻梅淡泊幽逸，御史喻梅刚正不屈，都更明确地指向士人阶层的道德理想和品格意识。这种崇高的品格意义是美人拟喻所难揭示的，尤其是其"大丈夫"凛然、刚直的一面，再多贞烈的女性形象也难比其阳刚，尽其威烈。南宋以来，人们对此有更明确的认识和主张：

图 55　[清] 任预《梅花仕女图》。

　　骚人以荃荪蕙茝比贤人，世或以梅花比贞妇烈女，是犹

---

① 刘敞《公是集》，中华书局 1985 年版，第 91 页。
② 刘一止《道中杂兴五首》，《全宋诗》，第 25 册，第 16670 页。

屈其高调也。①

脂粉形容总未然，高标端可配先贤。②

此花不必相香色，凛凛大节何峥嵘……神人妃子固有态，此花不是儿女情。③

最是爱他风骨峻，如何只喜玉姿妍。④

花中儿女纷纷是，唯有梅花是丈夫。⑤

以千林表丈人行，洗万古凡儿女妆。⑥

世间所谓奇男子，除却梅花更是谁。⑦

梅花是人中豪杰、花中丈夫。不仅"不应将作女人看"⑧，即以男子作喻也有所忌，黄庭坚喻花用的"粉面何郎"常为咏梅者所提及⑨，但大都是用作反衬。相反，曾以一篇绮艳婉媚风格的《梅花赋》颇为后人起疑的宋璟，却被认为是梅花的"铁杆"知音、咏梅的最佳人选，原因是他作为一代诤臣贤相之所谓"铁肠石心"。《韵语阳秋》卷一六："皮日休尝谓宋广平正资劲质，刚态毅状，宜其铁肠石心，不解吐媚辞。然其所为梅花赋清便富艳，得南朝徐庾体，殊不类其人……叶少蕴（梦得）效楚人《橘颂》体作《梅颂》一篇，以谓梅于穷冬严凝之中，犯霜

---

① 冯时行《题墨梅花》，《缙云文集》卷四，《影印文渊阁四库全书》本。

② 《梅花十绝》三叠，《后村先生大全集》卷一七。

③ 熊禾《涌翠亭梅花》，《勿轩集》卷八，《影印文渊阁四库全书》本。

④ 王柏《和无适四时赋雪梅》其一，《鲁斋集》卷二，《影印文渊阁四库全书》本。

⑤ 苏泂《和赵宫管看梅三首》其一，《泠然斋诗集》卷八，《影印文渊阁四库全书》本。

⑥ 李曾伯《又和（邓巽坡见寄）梅韵》，《可斋杂稿》卷三〇，《影印文渊阁四库全书》本。

⑦ 方岳《即事》，《秋崖集》卷四。

⑧ 苏泂《和黄观复梅句》，《泠然斋诗集》卷八，《影印文渊阁四库全书》本。

⑨ 赵必璩《南山赏梅分韵得观字》，《覆瓿集》卷二，《影印文渊阁四库全书》本。

雪而不慑，毅然与松柏并配，非桃李所可比肩，不有铁肠石心，安能穷其至。此意甚佳。审尔，则铁肠石心人可以赋梅花，与日休之言异矣。"①叶梦得的这一翻案之说，在南宋几成咏梅套话②，足见梅花"丈夫行"这一意识的深入人心。

综观南宋时期的咏梅作品，在"贤人正士"的前提下，用作梅花之喻的"丈夫"形象也是多种多样的。郑刚中《梅花三绝》便推出三喻："梅花常花于穷冬寥落时，偃傲于疏烟寒雨之间，而姿色秀润，正如有道之士，居贫贱而容貌不枯，常有优游自得之意，故余以之比颜子。""至若树老花疏，根孤枝劲，皤然犯雪，精神不衰，则又如耆老硕德之人，坐视晚辈凋零，而此独撄危难而不挠，故又以比颜真卿。""又一种不能寄林群处，而生于溪岸江皋之侧，日暮天寒，寂寥凄怆，则又如一介放逐之臣，虽流落憔悴，内怀感伤，而终有自信不疑之色，故又以比屈平。"③郑清之《冬节怀寒约客默坐……》一诗即出以四喻："衣冠古岸绮季至，介胄嶙峋亚夫色。从来魏征真妩媚，要是广平终铁石。"④另外具有代表性的还有：

> 风流王谢佳公子，臭味曹刘入幕宾。⑤

---

① 何文焕辑《历代诗话》，第 616 页。
② 王铚《明觉山中始见梅花戏呈妙明老》："千古无人识岁寒，独有广平心似铁。"自注："皮日休曰宋广平铁石心肠，乃作梅赋，有徐庾风格。予谓梅花高绝，非广平一等人物，不足以赋咏。"见《雪溪集》卷二，《影印文渊阁四库全书》本。陆游《携瘿尊醉梅花下》："人生万事云茫茫，一醉常恐俗物妨。正须仙人冰雪肤，来伴老子铁石肠。"见钱仲联校注《剑南诗稿校注》卷一四，上海古籍出版社 1985 年。
③ 郑刚中《梅花三绝并序》，《北山集》卷一一，《影印文渊阁四库全书》本。
④ 郑清之《安晚堂诗集》卷八，汲古阁景宋《南宋六十家小集》本。
⑤ 吕本中《探梅呈汪信民》，《东莱先生诗集》卷二，咸丰八年二十四世孙校刊本。

苦如灵均佩兰芷，远如元亮当醉眠。①

灵均清劲余骚雅，夷甫风姿堕寂寥。②

瘦成唐杜甫，高抵汉袁安。③

苦节雪中逢汉使，高标泽畔见湘累。④

瘦如颗饭逢工部，老似磻溪卧子牙。⑤

饭颗一时工部瘦，首阳千古伯夷清……违物行归廉士洁，

傲时身中圣人清。⑥

白头朔漠穷苏武，瘦骨西山饿伯夷。⑦

风流晋宋之间客，清旷羲皇以上人。⑧

　　风神清逸的高人、枕流漱石的隐者、苦节忠国的志士、行吟骨立的骚客，不同的拟象体现着不同的感受，包含着不同的隐喻，反映出具体审美认识的多样性、复杂性，同时也从一个侧面反映了"丈夫"拟象的充分普及。

　　不仅诗中情景如此，散文与词中也复如此。楼钥《跋陈其年〈梅花赋〉》介绍道："皮日休赋桃花，欲状其夭冶，专取古之美女以为况。此赋形容清致，故又多取名胜高人，以极其变。"⑨辛弃疾情知咏梅非

① 张九成《十二月二十四日夜赋梅花》，《横浦集》卷二，《影印文渊阁四库全书》本。

② 张九成《咏梅》，《横浦集》卷四。

③ 李龏《早梅》，方回选评，李庆甲集评校点《瀛奎律髓汇评》卷二〇。

④ 陆游《涟漪亭赏梅》，钱仲联校注《剑南诗稿校注》卷九。

⑤ 戴燧《次韵东渠兄观梅》，《东野农歌》卷四，《影印文渊阁四库全书》本。

⑥ 曾丰《赋梅三首》，《缘督集》卷六，《影印文渊阁四库全书》本。

⑦ 蒲寿宬《回谒蓝主簿道傍见梅偶成》，《心泉学诗稿》卷五，《影印文渊阁四库全书》本。

⑧ 张道洽《梅花》，方回选评，李庆甲集评校点《瀛奎律髓汇评》卷二〇。

⑨ 楼钥《攻媿集》卷七一，四部丛刊本。

同小可，"未须草草"，不可写成"花花"文字，因而词中常"将花品，细参今古人物"①，多以古今高人逸客拟喻梅花，参比花品。其《念奴娇》写傅家四古梅②，用商山四皓事、"何刘沈谢"南朝四名士事，又《满江红·和傅岩叟香月韵》，写古梅"似神清骨冷住西湖，何由俗"③，均以高士隐者喻梅。正是由于这一方式高度普及，宋末方回概括出这样的艺术准则："咏梅当以神仙、隐逸、古贤士君子比之，不然则以自况。若专以指妇人，过矣。"④

不难看出，上述诸多人格拟喻中，使用最为频繁的是隐者、高士形象，情志的清贞与高超是其主要精神特征，梅花形象也以这一人格精神的象征为其基本审美特征。这正应合了王国维《此君轩记》一文中所概括的士人文化心理："古之君子，为道者也盖不同，而其所以同者，则在超世之志，与不屈之节而已。其观物也，见夫类是者而乐焉；其创物也，达夫如是者而后慊焉。"⑤陆游的一句评论最能代表宋人这方面的主观认识。高宗绍兴中，陆游与前辈诗人曾几讨论"梅与牡丹孰胜"，陆游提出，梅花"一丘一

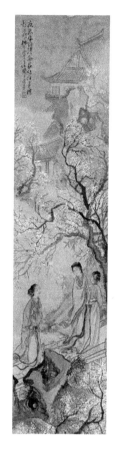

图 56 [清] 包栋《寻梅图》。南京博物院藏。

① 辛弃疾《念奴娇·赋傅岩叟香月堂两梅》，辛弃疾撰，邓广铭笺注《稼轩词编年笺注》，上海古籍出版社 1978 年版，第 363 页。
② 辛弃疾撰，邓广铭笺注《稼轩词编年笺注》第 364 页。
③ 辛弃疾撰，邓广铭笺注《稼轩词编年笺注》第 365 页。
④ 方回选评，李庆甲集评校点《瀛奎律髓汇评》卷二〇，上海古籍出版社 1986 年版。
⑤ 姚淦铭、王燕编《王国维文集》第一卷，中国文史出版社 1997 年版，第 132 页。

壑过姚黄"①。"一丘一壑"是著名隐士语典，与"庙堂百官"相对立②。在陆游看来，梅花是隐者之"象"，美在世俗功利的超越、高风亮节的持守。陆游诗中反复就此陈词："逢时决非桃李辈，得道自保冰雪颜……人中商略谁堪比，千载夷齐伯仲间。"③"幽香淡淡影疏疏，雪虐风饕亦自如。正是花中巢许辈，人间富贵不关渠。""骑龙古仙绝火食，惯住空山啮冰雪。东皇高之置度外，正似人中巢许辈。"④当时人们也几乎众口一词，梅花是高人，梅与高士宜一类的话成了最流行的话头：

> 古来寒士每如此，一世埋没随蒿莱……遁光藏德老不耀，
>
> 肯与世俗相追陪。⑤
>
> 林中梅花如隐士，只多野气无尘泥。⑥
>
> 绝似人间隐君子，自从幽处作生涯。⑦
>
> 颇似古君子，无人自不谐。⑧

就南宋的时代精神而言，隐士高人拟喻的流行、"一丘一壑"理想的高涨根源于南宋偏安形势下士大夫追求闲雅自适、情趣萧散的普遍心理。我们发现，至南宋末期，尤其是宋元之交，用以拟梅的"高士"，又越来越倾向于苦节遁形的民族贞士。引两首作品为例：黎廷瑞（？—

---

① 陆游《梅花绝句》其二及作者自注，钱仲联校注《剑南诗稿校注》卷一〇。
② 徐震堮校笺《世说新语校笺》品藻第九，中华书局 1984 年版。
③ 陆游《梅》，钱仲联校注《剑南诗稿校注》卷五六。
④ 陆游《雪中寻梅》，钱仲联校注《剑南诗稿校注》卷一一；《湖山寻梅》其一，钱仲联校注《剑南诗稿校注》卷八〇。
⑤ 吕本中《墨梅》，《东莱先生诗集》卷一二。
⑥ 杨万里《郡治燕堂庭中梅花》，《诚斋集》卷一二。
⑦ 戴复古《梅》，方回选评，李庆甲集评校点《瀛奎律髓汇评》卷二〇。
⑧ 林宪《梅花》，厉鹗《宋诗纪事》卷五四，上海古籍出版社 1983 年版。

1298)，字祥仲，鄱阳人，入元隐居不仕，其《秦楼月·梅花十阕》其一："云根屋，东罗四壁花如玉。花如玉。水仙伤婉，山矾伤俗。高标懒趁时妆束。一丘一壑便幽独。便幽独。商山四皓，首阳孤竹。"①陈纪，字景元，东莞人，咸淳十年进士，官通直郎，宋亡隐居不仕。其《念奴娇·梅花》云："断桥流水，见横斜清浅，一枝孤裊。清气乾坤能有几，都被梅花占了。玉质生香，冰肌不粟，韵在霜天晓。林间姑射，高情迥出尘表。除是孤竹夷齐，商山四皓，与尔方同调。世上纷纷巡檐者，尔辈何堪一笑。风雨忧愁，年来何逊，孤负渠多少。参横月落，有怀付与青鸟。"②"一丘一壑"已不是和平岁月的湖山逍遥、处士风流，而是商山四皓、首阳孤节那样的忠国持节。从这样的拟喻中不难读到一个个亡国之士心理上的落寞与自勉，梅花形象因之在一般道德人格意义之外注入了民族气节意识，象征意义得到了进一步的丰富。

"高士"拟喻比"美人"拟喻更鲜明集中地指向道德人格象征之义。与早期咏梅只正面摹写色、香相比，艺术上已有了很大的变化，而体现的梅花审美认识也有了很大的发展。陆游《开岁半月湖村梅开无余偶得五诗以烟湿落梅村为韵》（其三）中写道："梅花如高人，妙在一丘壑。林逋语虽工，竟未脱缠缚。乃知尤物侧，天下无杰作。"③不只陆游，郑清之《冬节忤寒约客默坐……》写道："月香水影儿女语，千古诗肠描不得。"④方岳《雪后梅边》其八说："高人风味天然别，不在横斜不在香。"⑤在他们看来，林逋"疏影"云云，也只是"摹写香

---

① 唐圭璋编《全宋词》，第 5 册，第 3390 页。
② 唐圭璋编《全宋词》，第 5 册，第 3392 页。
③ 钱仲联校注《剑南诗稿校注》卷四二。
④ 郑清之《安晚堂诗集》卷八。
⑤ 方岳《秋崖集》卷一，《影印文渊阁四库全书》本。

与影"①,而梅花那"高人"境界是"色香"一类描写无法追摩的。当然，这种抑扬也许只是一种标新立异的言语伎俩，事实上宋人也多受林逋启发，林逋在香、影的正面描写之外发明了"水月"的渲染烘托、"传神写照"，但南宋出现的这些訾议不满也清楚地反映了有关审美认识的提高以及艺术表现方式的推移更新。从林逋以来，人们不断发现梅花的"比德"之义，现在干脆用现实的和理想的士人阶层道德典范来拟喻梅花，使两者间建立起简明直通的指称关系。梅花的道德象征意义因之得到了最明确、最充分的揭示，赋予了最崇高的精神内涵。可以说，高士拟喻是宋人咏梅描写中最简明，也是"最高级"的方式。

不仅是梅花，宋代其他用以"比德"象征的花木的描写，最终也都以高士拟喻的方式为至高归宿。如咏白菊："也不似贵妃醉脸，也不似孙寿愁眉。韩令偷香、徐娘傅粉，莫将比拟未新奇。细看取，屈平陶令，风韵正相宜。"②咏桂："风度精神如彦辅，大鲜明。"③咏荷："暴之烈日无改色，生于浊水不爱污。疑如娇媚弱女子，乃似刚正奇丈夫。"④"可惜亭亭姿，误以脂粉加。"⑤以高人雅士相拟是咏花诗中顶级的描写，花品与人格间了无变损与妨碍，它能揭美士人人格的端毅，坚守道德境界的严肃性、纯粹性。黄庭坚咏水仙以洛神为比拟，人叹比拟得宜，后世因别号水仙花为"凌波仙子"。但至南宋朱熹提出异议：

① 陆游《宿龙华山中寂然无一人方丈前梅花盛开月下独观至中夜》，钱仲联校注《剑南诗稿校注》卷九。
② 李清照《多丽》，王仲闻校注《李清照集校注》，人民文学出版社 1979 年版，第 11 页。
③ 李清照《摊破浣溪沙》，王仲闻校注《李清照集校注》，第 72 页。
④ 包恢《莲花》，《敝帚稿略》卷七，《影印文渊阁四库全书》本。
⑤ 杜范《再和韵（咏芙蓉与菊花）》，《清献集》卷一，《影印文渊阁四库全书》本。

"嗟彼世俗人，欲火焚衷肠。徒知慕佳冶，讵识怀贞刚。"①，认为湘君洛神固可为喻，但关键要着眼其"贞刚"气节，不能为妖容"佳冶"所惑。同时胡宏、陈傅良也深有同感②。也许正是出于这一要求，稍后刘克庄即主张弃女用男，以屈原、李白比水仙，其《水仙花》诗云："岁华摇落物肃然，一种清风绝可怜。不许淤泥侵皓素，全凭风露发幽妍。骚魂洒落沉湘客，玉色依稀捉月仙。却笑涪翁太脂粉，误将高雅匹婵娟。"③其实以"凌波仙子"称喻水仙花于名于实都极其贴切，不过从君子"比德"的立场看，却不够高雅，不够严格，"暗处寻香疏认影，可容冶思羡凌波"④。当然其中不无诗人标奇立异之习祟，但主要是出于维护道德人格的严肃与高雅，适应不断强化的道德人格意识对文学的要求。

高士拟喻的强化，并没有使美女拟象退出历史舞台。受其影响，美人拟喻也在微妙地提升变化之中。拟象进一步简择，脂粉进一步淡褪，标格神韵则进一步强化。许多情况下，诗人们还在利用美人拟象幽婉、静娴、凄美等优势，把"高士"与"美人"相组合，共同服务于梅花形象的描写与演义。这在诗歌中几乎也形成了一种模式，尤其是格律

---

① 朱熹《赋水仙花》，《朱文公文集》卷五，四部丛刊本.

② 胡宏《双井（黄）咏水仙，有妃子尘袜盈盈、体素倾城之文，予作台种此花，当天寒风冽、草木萎尽，而孤根独秀不畏霜雪，时有异香来袭襟袖，超然意适，若与善人君子处而与之俱化，乃知双井未尝得水仙真趣也，辄成四十字，为之刷耻，所病词不能达，诸君一笑》："高并青松操，坚逾翠竹真。挺然凝大节，谁说貌盈盈。"见胡宏《五峰集》卷一，《影印文渊阁四库全书》本。陈傅良《水仙花》："水仙谁强名，相宜示相知。刻画近脂粉，而况山谷诗。吾闻抱太和，未易形似窥。"见《止斋集》卷四，《影印文渊阁四库全书》本。）

③ 刘克庄《后村先生大全集》卷一〇，《四部丛刊》本。

④ 方回《梅》，《桐江续集》卷一七。苏轼"月夜缟衣"之喻，清人即有嫌其"绮思妨正骨"的，见潘德舆《养一斋诗话》卷五。

诗中，以"美人"与"高士"相对偶，表现出梅花形象美和主体情志的不同方面，如：

冰肤宛是姑仙女，粉面端疑骑省郎。[1]

幽闲合出昭君村，芳洁恐是三闾魂。[2]

神情萧散林下气，玉雪清映闺中姿。[3]

春风自识明妃面，夜雨能清吏部魂。[4]

越女信知天下白，屈平那是泽边穷。[5]

天下断无西子白，古来惟有伯夷清。[6]

首阳清骨骼，姑射静丰姿。[7]

洁白天然贞女操，清癯独立古人风。[8]

广平心肠铁石，姑射肌肤冰雪。[9]

肌肤姑射白，风骨伯夷清……韵士不随今世态，仙姝犹作古时妆。[10]

或强化表现梅花的神韵格调，如：

---

[1] 田元邈《江梅》，方回选评，李庆甲集评校点《瀛奎律髓汇评》卷二○。

[2] 晁补之《和东坡先生梅花三首》，《全宋诗》，第 19 册，第 12827 页。

[3] 曾几《瓶中梅》，《茶山集》卷六，丛书集成本。

[4] 胡铨《和林和靖先生梅韵》其三，《澹庵文集》卷三，《影印文渊阁四库全书》本。

[5] 张镃《玉照堂观梅二首》七律之二，《南湖集》卷五，光绪乙丑杭州广寿慧云禅寺重雕本。

[6] 刘克庄《梅花十绝》，《后村先生大全集》卷一七。

[7] 文珦《咏梅》其三，《潜山集》卷八，《影印文渊阁四库全书》本。

[8] 王炎《廨舍梅花欲开三绝》，《双溪类稿》卷三，《影印文渊阁四库全书》本。

[9] 许纶《次韵周畏知用南轩"闻说城东梅十里"句为韵六言七首》其二，《涉斋集》卷一八，《影印文渊阁四库全书》本。

[10] 张道洽《梅花》，方回选评，李庆甲集评校点《瀛奎律髓汇评》卷二○。

古意高风，幽人空谷，静女深帏。[1]

天造梅花，有许孤高，有许芬芳。似湘娥凝望，敛君山黛，明妃远嫁，作汉宫妆。冷艳谁知，素标难褒，又似夷齐首阳。[2]

清标骚客风前立，素面仙姝月下逢。[3]

乘云而下惟姑射，得圣之清者伯夷。[4]

在这种情况下，神女仙姝与隐士高人联袂拟喻，使梅花清远、雅逸、孤峭的审美特征、精神象征更为鲜明、强烈。本文开头所引高启"山中""林下"一联及同组诗中的"翠袖佳人依竹下，白衣宰相住山中"一联即属此类成功的例子。

（原载《南京师大学报》1999 年第 6 期，又载程杰《宋代咏梅文学研究》第 296～321 页，安徽文艺出版社 2002 年版。）

---

① 周密《柳梢青》，唐圭璋编《全宋词》，第 5 册，第 3283 页。
② 刘克庄《沁园春·梦中作梅词》，唐圭璋编《全宋词》，第 4 册，第 2597 页。
③ 刘清叟《梅四首》，《元诗选》二集，中华书局 1987 年版，第 4 册，92 页。
④ 方岳《乞梅花》，《秋崖集》卷八。

江梅、红梅、蜡梅、古梅和墨梅

——咏梅模式之六

梅以花闻自六朝始，唐宋以来尤其是入宋后，诗人咏梅日益滋繁，诗赋歌词，连篇累牍，唱和赓续，推为群芳之首。人情竞逐，物色无隐，梅之新品异类不断发现，两宋时已有一定数量，正如南宋刘学箕所说："世之诗愈多，而和亦多，情益多而梅亦益多也，曰红，曰白，曰蜡，曰香，曰桃，曰绿萼，曰鹅黄，曰纷红，曰雪颊，曰千叶，曰照水，曰鸳鸯者，凡数十品。"①梅花品种的培育发现，反映到文学便是咏梅题材的不断丰富拓新，构成了咏梅文学繁荣的一个重要方面。这里介绍五个主要咏梅品类，或者说是五种咏梅题材，在咏梅文学中，它们有着各自不同的内容特色和审美意义。它们在文学殿堂的出现也是逐步的，从一个侧面反映了咏梅文学不断发展，梅花审美认识多向拓展、不断丰富和深化的历史进程。

一、江 梅

虽然《西京杂记》《尔雅》等书已经记有多种梅花品种，但或出于职方朝贡，或见于名物知求，远出常人见闻之外。魏晋以来，梅花渐

---

① 刘学箕《梅说》，《方是闲居士小稿》卷下，《影印文渊阁四库全书》本。

为世闻，诗人歌者之目睹情感，当是山间湖滨、郊原村野随处可见的野生树种。虽然一般私家园林、庭院已见引种，但远未普及，也无品种选育方面的迹象与记载。那么诗人所咏又是一种什么样的梅树呢？南宋的刘学箕就问过这样的问题："不知参军（鲍照）、处士（林逋）之所咏，果何品耶？"①可以说，直到林逋的时代，诗人咏梅都笼统而言，花品意识尚未明确。披流溯源，根据南宋人对梅花品种的分类，魏晋至隋唐时期所咏梅品当属"江梅"和"早梅"之类。范成大《梅谱》："江梅，遗核野生，不经栽接者。又名直脚梅，或谓之野梅。凡山间水滨，荒寒清绝之趣，皆此本也。花稍小而疏瘦有韵，香最清，实小而硬。""早梅，花胜直脚梅。吴中春晚，二月始烂漫，独此品于冬至前已开，故得早名……杜子美诗云：'梅蕊腊前破，梅花年后多。'惟冬春之交，正是花时耳。"这些应该是梅树的野生原种，其特点主要是：一、野生易长；二、花小而疏，色白；三、清香显著；四、其开较早，"早梅"尤是；五是果实小而硬。从魏晋以来的咏梅作品看，诗人所写客观上也多符合这些特征，主观上也多着意抓揭、描写这些特征。

如野生。魏晋至唐五代，除少量闺怨、宦情色彩较浓的诗取景于庭院、官舍窗前砌下梅树外，大多数咏梅作品所写多为山间水滨、村野郊原所见之梅。尤其是入唐以来，如杜甫《西郊》"市桥官柳细，江路野梅香"，《送王侍御往东川放生池祖席》"梅花交近野，草色向平地"。另如钱起《山路见梅感而有作》"莫言山路僻……村篱冷落开"，顾况《梅湾》"白石盘盘磴，清香树树梅"，张谓（一作戎昱）《早梅》"一树寒梅白玉条，迥临村路傍溪桥"，白居易《与诸客携酒寻去年梅花有感》"马上同携今日杯，湖边共觅去春梅"，崔橹《岸梅》"含情含怨一枝枝，

① 刘学箕《梅说》，《方是闲居士小稿》卷下。

斜压渔家短短篱"，所写都是野外行旅所遇梅景，与后来咏梅尤其是南宋以来所咏多为园林宅院所植不同。

图 57　江梅是梅树的野生原种，花小疏瘦，质洁香清，花期较早，果实小而硬。此图网友提供。

如花期之早。这是梅树的基本特性，尤其是在三春芳景中，最为醒目。魏晋以来诗人咏梅感怀少有不着意这一点的，许多诗径以"早梅"命题，与后世品种之意不同，是对梅树早春独步之特性的共识。

如花之色、香。魏晋以来，咏梅中的细节描写以色、香两方面最为常见。从陈叔宝《梅花落二首》"映日花光动，迎风香气来"，苏子卿《梅花落》"只言花是雪，不悟有香来"，到李峤《梅》"雪含朝暝色，风引去来香"，柳宗元《早梅》"朔吹飘夜香，繁霜滋晓白"，李商隐《酬崔八早梅有赠兼示之作》"谢郎衣袖初翻雪,荀令熏炉更换香",韩偓《早玩雪梅有怀亲属》"冻白雪为伴,寒香风是媒",素色与清香构成了梅花形象的两个基本特点。

果实之小。魏晋以来人们发展起对梅之"花"的审美兴趣,文学中对果实的注意相对较少,但也有少许迹象,如冯延巳《醉桃源》:"青梅如豆柳如眉,日长蝴蝶飞。"这一比喻也许只是表示梅未成熟的季节概念,但也提供了梅实"小而硬"的印证。

"江梅"之名始见于唐代。现存咏梅诗最早出现"江梅"二字的当属杜甫《江梅》一诗,诗歌写道:"梅蕊腊前破,梅花年后多。绝知春意好,最奈客愁何。雪树元同色,江风亦自波。故园不可见,巫岫郁嵯峨。"杜甫此诗作于飘泊三峡时,所谓"江梅"当指所见江边之梅,与后来之作为梅花品名不同。唐人咏梅尚未形成品种意识,也极少使用"江梅"一词,杜甫之后唯晚唐郑谷有《江梅》诗[1]。进入宋代,情况有所明显变化,林逋之后诗人咏梅渐盛,专称"江梅"者随之增多,江梅作为一个梅花品种的名称逐渐明确起来。梅尧臣《初见杏花》:"不待春风遍,烟林独开早。浅红欺醉粉,肯信有江梅。"[2]郑獬《江梅》:"杭州别驾有余才,戏作佳篇寄我来。已教吴娘学新曲,凤山亭下赏江梅。"[3]道潜《过玉师室观雪川范生梅花》:"桃李韵粗俗,江梅独清妍。幽姿有时睹,如揖姑射枝。从来丹青手,默数三四贤。徐熙擅江左,赵子名西川。中间复谁何,绝物推老边。风流迨兹泯,范子俄超然。乃知莟雪胜,秀气常回旋。期人非画师,势利不可镌。兴来即挥毫,游戏三

---

① 《全唐诗》,第 1696 页。
② 《全宋诗》,第 5 册,第 2722 页。
③ 《全宋诗》,第 10 册,第 6890 页。

昧前。一枝岂易得，咎子能拳拳。横斜有余态，肌粉含霏烟。我来玩几席，叹赏徒流连。恨无处士诗，二妙相并传。"①张耒《所居有梅一株在堂东荒秽中正月二十六日已谢矣二首》："平生常恨逢梅少，及对江梅无好诗。寂寞荒山少风味，直须云鬟插斜枝。"②李复《雪中观梅花》："破萼江梅争初吐，汉宫妙香闻百步。耐寒蛱蝶何自来，绕花翩翩那忍去。幽芳不载蔚宗谱，绝俗韵高吾最许。直疑滕王百幅图，淡墨濡毫添老树。冷蕊疏枝整复斜，倚香时时暗香度。惜无璧月悬中天，令渠交光映当户。莫作桓伊一笛风，要看冰姿娇挟曙。"③这些诗中的"江梅"显然都不是指江边之梅，而是指当时梅树中最为普遍、最为常见的一种。此间诗人咏梅，除言明品类外即指此种：多见于山壑水滨，先春独放，素色幽香，还有疏枝横斜，洋溢着高洁清雅的风韵，这是魏晋以来为人们所习识、一以贯之的物种特征，现在逐步明确了一个专用名称：江梅。

北宋后期以来，随着红梅、蜡梅等梅花新品的发现，江梅之作为梅品专称的意识进一步强化，而对其形象特征、美感风韵的把握也更为具体。如毛滂《踏莎行·蜡梅》："鹅黄衫子茜罗裙，风流不与江梅共。"④刘一止《道中杂兴五首》其二："姚黄花中君，芍药乃近侍。我尝品江梅，真是花御史。不见雪霜中，炯炯但孤峙。"⑤曾几《独步小园四首》："江梅落尽红梅在，百叶缃梅剩欲开。园里无人园外静，暗香引得数蜂来。""只道江梅发不迟，最先零落使人悲。从今秾李花千树，未抵前村雪一枝。""谁将山杏胭脂色，来作江梅玉颊红。但得暗香疏影在，

---

① 《全宋诗》，第 16 册，第 10812 页。
② 张耒《张耒集》卷三一，中华书局排印本。
③ 《全宋诗》，第 19 册，第 12428 页。
④ 唐圭璋编《全宋词》，第 2 册，第 669 页。
⑤ 《全宋诗》，第 25 册，第 16670 页。

不妨妆面对春风。"①吴咏《蜡梅》："若得西湖处士疑,如何颜色到鹅儿。
清得全与江梅似,只欠横斜照水枝。"②许棐《蜡梅江梅同赋》："苗裔
元从庾岭分,两般标致一般春。淡妆西子呈娇态,黄面瞿昙现小身。"③
有比较才有鉴别,通过与牡丹、芍药、杏花尤其是与红梅、蜡梅、多
叶缃梅的比较,对江梅冷蕊、素妆、幽香、疏枝等形象因素都有了更
准确、具体的认识。

图 58 [明]文征明《梅竹图扇面》。梅与竹是文学与花
鸟画中最常见的题材之一。苏轼《和秦太虚梅花》"江头千树
春欲暗,竹外一枝斜更好"句最为警策。

正是从魏晋以来对"江梅"这种普遍的原生物种的形象认识,尤
其是对其花期、色香、习性等特征的审美把握,奠定了梅花形象的审
美"本质",即作为梅花种属的基本审美特征。后世关于梅花神韵、

① 曾几《东莱先生诗集》卷八,咸丰八年刊本。
② 吴咏《鹤林集》卷四,《影印文渊阁四库全书》本。
③ 许棐《梅屋诗稿》,《宋棨南宋群贤小集》本。

图 59　红梅是出现较早的梅花品种，宋代盛于吴中。
此图网友提供。

品格的认识也都建立在这一物种的客观形象基础之上。花开之早被视为"岁寒之心"、松柏之操；色素香清枝疏被演绎为幽雅之姿、淡泊之趣、高人之致。至于其野生易种，环境和技术要求不高，多见于山间水滨、竹篱茅舍，与牡丹一类奢玩贵赏，桃杏一类货殖实用大为不同，适宜贫士山家、幽人逸客之平居闲植，认"友"结"盟"，抒写闲情逸致，寄托清志贞节，等等。这些思想价值和审美意义都以"江梅"为标本。可以说正是"江梅""早梅"等原生、野生品系，奠定了梅花审美形象的本质，构成了梅花审美象征的基本意义。

二、红 梅

红梅在梅花中可能是出现较早的一个品种，如《西京杂记》即提到朱梅、胭脂梅，当是两种不同的红梅品种。文学作品中，杜甫《留别公安太易沙门》可能是最早提到"红梅"的："沙村白雪仍含冻，江县红梅已放春。"[①]但不知所写是红梅之品，还是指江梅欲放未放时花蒂所呈之红色。五代阎选《八拍蛮》词："云锁嫩黄烟柳细，风吹红蒂雪梅香。"[②]孙光宪《望梅花》："数枝开与短墙平。见雪萼，红跗相映。"[③]宋初田锡《对酒》诗："江南梅早多红蒂，渭北山寒少翠微。"[④]杜甫所说"红梅"，也可能就是这些诗人所写江梅之蒂色。晚唐罗隐《梅》："天赐胭脂一抹腮，盘中磊落笛中哀。虽然未得和羹便，曾与将军止渴来。"[⑤]

① 钱谦益笺注《钱注杜诗》，第 611 页。
② 张璋、黄畲编《全唐五代词》，第 737 页。
③ 张璋、黄畲编《全唐五代词》第 829 页。
④ 《全宋诗》，第 1 册，第 459 页。
⑤ 《全唐诗》，第 1658 页。

后来有视为咏红梅的①,诗题一作《红梅》,但所咏似指果而非花。宋《江邻几杂志》:"李煜作红罗亭,四面栽红梅花,作艳曲歌之。韩熙载和云:'桃李不须夸烂漫,已输了风吹一半。'时淮南已归周。"②这里所说明确是红梅。上述是宋以前有关零星材料。

红梅作为梅花新品广为人们注意是入宋后的事。红梅最初盛于吴中,即今苏州一带。宋太宗雍熙元年(984)至三年,王禹偁在苏州长洲知县任,冬十二月,作《红梅花赋》,序称:"凡物异于常者,非祥即怪也。夫梅花之白,犹乌羽之黑,人首其黔矣。吴苑有梅,亦红其色。余未知其祥邪怪邪,姑异而赋之。"③序中"吴苑"指长洲境西南吴王旧囿④。从序中可见当时人们视红梅如同"异物",一副"少见多怪"的反应。至仁宗庆历前后,吴中红梅已负盛名。龚明之《中吴纪闻》卷一记载:"红梅阁,吴感,字应之,以文章知名。天圣二年,省试为第五。又中天圣九年书判拔萃科,仕至殿中丞,居小市桥,有侍姬曰红梅,因以名其阁,尝作《折红梅》词曰……其词传播人口,春日郡宴,必使倡人歌之。"阁虽因人命名,而所作《折红梅》词却纯然咏花惜花之意,赞美红梅"不是个寻常标格。化工别与,一种风情""比繁杏夭桃,品流真别"这首词为咏红梅而创调,后来又出现了《折红梅》舞蹈⑤,文人艳事、词林风流大大提高了红梅的知名度。

在南方,不仅是吴中,其他地区也不乏发现红梅栽培接种的记载。

① 杨慎《升庵诗话》卷一四。
② 王士禛原编,郑方坤删补,戴鸿森校点《五代诗话》卷一引。
③ 解缙等《永乐大典》卷二八〇九页1引《小畜外集》。
④ 孙逖《长洲苑吴苑校猎》注,《吴都文粹》卷三。
⑤ 辛弃疾《八声甘州》词序:"时方阅《折红梅》之舞。"辛弃疾撰,邓广铭笺注《稼轩词编年笺注》,上海古籍出版社1978年版,第33页。

如梅尧臣，宣州宣城人。仁宗皇祐、至和间闲居故乡时多艺梅赏梅之事，与友人曾发现重叶梅、红梅等梅品[1]。梅尧臣称红梅是"吾家物"[2]，友人多求取嫁接[3]，可见其栽植已有些经验。

红梅之北传中原，为士大夫所知赏，据载主要得力于晏殊。《西清诗话》："红梅清艳两绝，昔独盛于姑苏，晏元献始移植西冈第中，特称赏之。一日，贵游赂园吏，得一枝分接，由是都下有二本。公尝与客饮花下，赋诗曰：'若更迟开三二月，北人应作杏花看。'客曰：'公诗固佳，待北客何浅也。'公笑曰：'顾伧父安得不然。'一坐绝倒。王君玉闻盗花事，以诗遗公曰：'馆娃宫北旧精神，粉瘦琼寒露蕊新。园吏无端偷折去，凤城从此有双身。'自尔名园争培接，遍都城矣。"[4]这大约是庆历年间的事。宋人另有记载，时有近臣（或即晏殊）"召士大夫燕赏，皆有诗，号《红梅集》，传于世。"[5]到了北宋中后期，作为政治文化中心的汴洛地区士大夫名园已普遍地接种红梅，红梅成了当地四大梅品之一。邵雍《和宋都官乞梅》："小园虽有四般梅，不似江南迎腊开。"[6]《同诸友城南张园赏梅十首》："台边况有数十株，仍在名园最深处。""梅花四种或黄红，颜色不同香颇同。"[7]饶节《赋王

---

① 梅尧臣《万表臣报山傍有重梅花，叶又繁，诸君往观之》，《全宋诗》，第 5 册，第 3124 页；梅尧臣《红梅》，《全宋诗》，第 5 册，第 2992 页。

② 梅尧臣《尝正仲所遗拨醅》，《全宋诗》，第 5 册，第 3100 页。

③ 梅尧臣《吴正仲求红梅接头》，《全宋诗》，第 5 册，第 3123 页。

④ 胡仔《苕溪渔隐丛话》前集卷二五，人民文学出版社 1981 年版。

⑤ 吴聿《观林诗话》，《历代诗话续编》，上册，第 120 页。晏殊现存两首《瑞鹧鸪》红梅词，同时柳永也有一首同调咏红梅，分别见唐圭璋编《全宋词》，第 1 册，第 102、49 页。

⑥ 《全宋诗》，第 7 册，第 4529 页。

⑦ 《全宋诗》，第 7 册，第 4585 页。

图 60 [清]吴昌硕《红梅顽石图》。

立之家四梅》记王氏园亭有四个梅品：蜡梅、多叶、单白、红梅①，红梅均居其一。到了南宋，红梅进入了园艺普及阶段，各种品色纷呈，著名者有"福州红""潭州红""邵武红"等号②，如姜夔有《小重山令·赋潭州红梅》，文学题材进一步丰富多样。

从宋初以至于北宋中期的这段时间，可以说是红梅声名初起的时代。人们对这一梅花新品表现出越来越浓厚的兴趣，引为审美对象，发为诗词歌赋。当然，由于题材新起，人们的认识和描写大都比较肤浅，以外在的认似较异、摹色拟形为主。如吴感《折红梅》"匀点胭脂，染成香雪"，晏殊《红梅花》"巧缀雕琼绽色丝，三千宫面宿胭脂"③，均重点写其颜色。红梅比江梅开稍迟，与杏花略近，形貌也极其相似，"繁密则如杏，香亦类杏"④，于是最初也多以杏花来比说梅花，如梅尧臣《红梅篇》："南庭梅花如杏花。"《红梅》："野杏堪同舍。"⑤

① 《全宋诗》，第22册，第14544页。另《王直方诗话》也提到曾作"四梅诗"，郭绍虞辑《宋诗话辑佚》，中华书局1980年版，上册，第40页。
② 范成大《梅谱》，程杰校注《梅谱》，中州古籍出版社2016年版。
③ 《全宋诗》，第3册，第1965页。
④ 范成大《梅谱》，程杰校注《梅谱》，中州古籍出版社2016年版。
⑤ 《全宋诗》，第5册，第3123页；第5册，第2993页。

对于北方人来说，他们对红梅乃至于整个梅花所知不多，因而易把红梅与杏花混作一物。晏殊就有"北人应作杏花看"的戏谑（晏殊的时代，南方人与北方人在朝中仍时有派性对立、相互攻讦的现象）。无独有偶，同出江西的王安石的红梅诗也云，"'春半花才发，多应不奈寒。北人初未识，浑作杏花看。'与元献（晏殊）之诗暗合"①。"北人不识""认梅为杏"，这一谈资后来成了咏红梅诗中常用的故事。与晏殊同时的北方诗人石延年，《红梅》诗写道："梅好唯伤白，今红是绝奇。认桃无绿叶，辨杏有青枝。"②通过与桃、杏的比较来把握红梅特征，辨枝较叶，一副本草学的比认态度，典型地反映了红梅题材发生初期诗歌描写上的稚拙。

扭转这种状况的是苏轼。苏轼力倡写物当传神，对石延年这种认枝辨叶的方式深表不满，认为这无异于"村学"童言，无与梅花的品格神韵。元丰五年（1082），苏轼在黄州写下了自己著名的《红梅三首》，其中第一首最具代表性："怕愁贪睡独开迟，自恐冰容不入时。故作小红桃杏色，尚余孤瘦雪霜姿。寒心未肯随春态，酒晕无端上玉肌。诗老不知梅格在,更看绿叶与青枝。"他用拟人的手法，把梅花比拟为美人，其面呈红色，是因为她担心自己那凌寒犯霜的样子可能不为世人喜欢，所以竭力作出桃杏那样的艳容，但这终究不能掩盖其高洁孤瘦的本色，也许这其中还有一份掩抑不住的率性恣意。苏轼对前人津津乐道而恰恰极易湮没红梅品格的颜色进行了巧妙的回护，维护了红梅之作为梅花的本质。石延年诗中也用拟人法，也把梅红拟为"酡颜"，拟为美人的"娇意"急切，"发赤怒春"，同时柳永《瑞鹧鸪》红梅词中也有"酒

---

① 胡仔《苕溪渔隐丛话》前集卷二五。

② 《全宋诗》，第 3 册，第 2005 页。

入香腮"的比拟①，但都只是对红颜形相的诠释，没有透过色相见其品格。苏轼坚持把红梅作为梅花来认识，竭力挖掘其作为梅花的审美"类本质"（"梅格"），可以说避免了红梅混沦于桃杏之流的危机，奠定了后世关于红梅的基本审美认识。苏轼的这一贡献是建立在北宋中期以来整个梅花审美认识发展基础上的，同时也以这一遗貌取神的实践进一步坚定了梅花品格神韵美的信念。

苏轼之后，对红梅的描写基本上摈弃了见"色"不见"格"的现象，大多注意从红梅独具的形似特征和形神关系来揭示红梅的特殊审美品位。综观后来对红梅的描写，大致有如下路数：

一、拟人之法。这即缘苏轼而来。方惟深（本莆田人，后家长洲，受知王安石）《红梅》："清香浩质世称奇，谩作轻红也自宜。紫府与丹来换骨，春风吹酒上凝脂。"②张耒《同仲达雪后逾小山游蔡氏园得红梅数枝奇绝因赋二首》："与君陟巘踏春泥，邂逅红梅得一枝。失却孤山风露格，恰成卯酒醉冰肌。"③毛滂《红梅》："东墙羞颊逢人笑，南国酡颜强自持。"④楼钥《谢潘端叔惠红梅》："为君手种向南窗，误认昌州移海棠。元是玉妃生酒晕，帐中仍带返魂香。""岁晚红英绕冻柯，玉人无那醉颜酡。广平赋就如逢汝，铁石心肠可奈何。"⑤葛长庚《红梅》：

---

① 苏轼《红梅三首》，王文诰辑注，孔凡礼点校《苏轼诗集》卷二一。柳永《瑞鹧鸪》，唐圭璋编《全宋词》，第1册，第49页。

② 《全宋诗》，第15册，第10186页。此诗曾季貍《艇斋诗话》以为徐俯年少时作，丁福保辑《历代诗话续编》上册，第306页。《中吴纪闻》卷五作方惟深诗。方回《瀛奎律髓》卷二〇辨《艇斋诗话》之误，见中册，第825页，诗题作《和周楚望红梅用韵》。

③ 张耒《张耒集》卷二九。

④ 汪灏等《广群芳谱》卷二四，上海书店影印国学基本丛书本，1985年版。

⑤ 楼钥《攻媿集》卷九。

"霞融姑射面，酒沁寿阳肌。"①把红梅比作醉酒的宫人、赧颜的佳丽、服丹的仙姝等，都明显受到苏诗启发。

二、与桃杏的比较。红梅与桃杏形近，近中求异就是最切实的表现手法。与早期只知形色上比似较异不同，开始注意神韵格调的品鉴扬抑，如程公许《红梅》："休遣北人轻辨认，杏繁较似乏清姿。"红梅色相似桃杏，而清姿雅格却远非桃杏可比。容或类比，也只有桃源玄观一类风景差可拟似。如张镃《书苍壁堂壁二首》之一："隔竹红梅酷似桃，政宜修涧绿周遭。武陵风景何时别，不绝人来意更高。"②真德秀《蝶恋花》："两岸月桥花半吐，红透肌香，暗把游人误。尽道武陵溪上路，不知迷入江南去。"③

三、与江梅的比较。陆佃《埤雅》："天下之美有不得而兼者，梅花优于香，桃花优于色。梅花早而白，杏花晚而红。"一般而言，红梅清香略逊于江梅④，许棐《红梅》："不堪冷照黄昏月，强倚春风作杏妆。虽得容颜暂时好，欠他肌骨旧来香。"⑤蔡沈《红梅》："一树芳菲露短墙，彩霞千缕带斜阳。东君赋予知何意，剩与胭脂便啬香。"⑥但枝色性习庶几能兼有梅与桃杏之优。有关赋咏也便着意此于此，标举"红梅清、艳两绝"⑦的审美特点。如曹冠《水调歌头·红梅》："江梅清瘦，

① 汪灏等《广群芳谱》卷二四。
② 程公许《红梅》，《沧洲尘缶编》卷一一，《影印文渊阁四库全书》本；张镃《书苍壁堂壁二首》，《南湖集》卷九。
③ 唐圭璋编《全宋词》，第 4 册，第 2423 页。
④ 当然也有例外，南宋湖湘所产有惟色红外与江梅全然不差者，见楼钥《谢潘端叔惠红梅序》，《攻媿集》卷九。
⑤ 许棐《梅屋诗稿》，《宋椠南宋群贤小集》本。
⑥ 《全宋诗》，第 54 册，第 33650 页。
⑦ 蔡絛《西清诗话》，《苕溪渔隐丛话》前集卷二五引。

只是洁白逞芳姿。我欲超群绝类，故学仙家繁杏，秾艳映樱花枝。朱粉腻香脸，酒晕着冰姿。"①楼钥《谢潘端叔惠红梅》："自昔梅花雪作团，红梅晚出可人看。江梅不解追时好，只守冰姿度岁寒。"②

图 61　蜡梅（网友提供）。

四、表里形神的对比。红梅既具桃之色，又不失梅之格，这种表里殊致是诗人们乐于概括称美的特征。如王十朋《元宾赠红梅数枝》："江梅孤洁太绝俗，红杏酣酣风味薄。梅花精神杏花色，春入莲洲初破萼。"③汪莘《西江月·赋红梅》："状貌妇人孺子，性情烈士奇才。"④史达祖《瑞

---

① 唐圭璋编《全宋词》，第3册，第1536页。
② 楼钥《攻媿集》卷九。
③ 王十朋《梅溪王先生文集》后集卷二。
④ 唐圭璋编《全宋词》，第3册，第2198页。

鹤仙·赋红梅》:"娇媚,春风模样,霜月心肠。"①

上述四种方式,实质为一,既不遗其"色",又坚持其"格",总在揭美其"标格是梅","繁密则如杏","梅花精神杏花色"②,"清艳两绝"的奇异风采。

三、蜡 梅

蜡梅引起人们注意,引为文学题材比红梅稍迟,是北宋中后期的事。王安国有诗《黄梅花》:"庾岭开时媚雪霜,梁园春色占中央。未容莺过毛先类,已觉蜂归蜡有香。弄月似浮金屑水,飘风如舞曲尘场。何人剩着栽培力,太液池边想菊裳。"所咏显系蜡梅,据宋人记载,这首诗"熙宁五年壬子馆中作。是时但题曰黄梅花,未有蜡梅之号。至元祐苏、黄在朝,始定曰蜡梅。"王安国这首诗可以说是较早明确的蜡梅之作,因有"蜡梅诗开山祖"③之称。比王安国稍早的张先(卒于元丰元年)现存《汉宫春·蜡梅》④,从内容看,对蜡梅的认识和表现已极成熟,不似此间描写声吻。另张先同时吴师孟有词《蜡梅香》⑤,所咏是江梅非蜡梅,词牌原本也许作《腊梅香》。

宋哲宗元祐年间,黄庭坚、苏轼、陈师道等人开始注意蜡梅,以诗相与唱和,对此宋人有关记载颇多:

---

① 唐圭璋编《全宋词》,第4册,第2337页。
② 范成大《梅谱》;王十朋《元宾赠红梅数枝》,《梅溪王先生文集》后集卷二。
③ 方回《瀛奎律髓》卷二〇。
④ 唐圭璋编《全宋词》,第1册,第83页。此词不见于侯文灿《名家词集》本《子野词》,由《梅苑》卷一补得。
⑤ 吴师孟《蜡梅香》,唐圭璋编《全宋词》,第1册,第209页。

蜡梅，山谷初见之，作二绝，一云："金蓓锁春寒，恼人香未展。虽无桃李颜，风味极不浅。"一云："体熏山麝脐，色染蔷薇露。披拂不满襟，时有暗香度。"缘此蜡梅盛于京师，然交游间亦有不喜之者。余尝为作解嘲云："纷纷红紫虽无韵，映带园林正要渠。谁遣一枝香最胜，故应有客问何如。"[①]

山谷书此诗后云："京洛间有一种花，香气似梅花，亦五出，而不能晶明，类女功撚蜡所成，京洛人因谓蜡梅，木身与叶乃类蒴藋。窦高州家有灌丛，能香一园也。"[②]

东南之有腊梅，盖自近时始。余为儿童时，犹未之见。元祐间，鲁直诸公方有诗，前此未尝有赋此诗者。政和间，李端叔在姑溪，元夕见之僧舍中，尝作两绝，其后篇去："程氏园当尽五天，千金争赏凭朱栏。莫因今日家家有，便作寻常两等看。"观端叔此诗，可以知前日之未尝有也。[③]

从《王直方诗话》可知，蜡梅的首发者是黄庭坚，元丰八年（1085）黄应召入京任秘书省校书郎，此后两三年间作有《戏咏蜡梅二绝》（《王直方诗话》所引五言二绝）、《蜡梅》《从张仲谋（询）乞蜡梅》四首绝句[④]。孔武仲曾应邀同赋[⑤]，据孔武仲诗，当时附马都尉、画家王诜种有蜡梅。黄现存还有《短韵奉乞蜡梅》七绝一首[⑥]，作于崇宁元年。

---

① 王直方《王直方诗话》，郭绍虞辑《宋诗话辑佚》，上册，第 95 页。
② 黄庭坚《戏咏蜡梅二首》原注，《全宋诗》，第 17 册，第 11354 页。
③ 周紫芝《竹坡诗话》，何文焕辑《历代诗话》，中华书局 1981 年版，上册，345 页
④ 《全宋诗》，第 17 册，第 11354 页。
⑤ 孔武仲《蜡梅二绝黄鲁直云王都尉有之邀同赋》，《全宋诗》，第 15 册，第 10272 页。
⑥ 《全宋诗》，第 17 册，第 11436 页。

苏轼、陈师道元祐六年在颍州有蜡梅唱和诗①。由于苏、黄在当时文坛的影响,蜡梅声名大振,公私园林竞行艺植,如王直方城南私园"四梅"中蜡梅居其一, 徽宗朝艮岳有蜡梅屏②。文人体咏蜡梅作品随之激增。苏、黄、陈外, 王诜词一首, 孔武仲诗二首, 李之仪诗二首、词一首,喻陟《蜡梅香》词一首, 晁补之诗十首, 晁冲之诗四首, 李鹰诗一首,毛滂词一首。编于南宋初的《梅苑》, 现存词四百余首, 标题蜡梅的即有二十二首, 当是苏、黄以来作品, 可见这一题材已广为注意, 成了咏梅的一个重要分支。

值得一提的是, 与红梅兴于南方, 由南入北刚好相反, 蜡梅最早发现于京洛间, 吴蜀等地知赏在后。徐俯《蜡梅》:"江南旧时无腊梅,只是梅花对月开。"③晁冲之《次韵江子我蜡梅二首》自注:"此花吴蜀所无。"④。刘才邵《咏蜡梅呈李仲孙》也说:"赏奇自昔属多情,况复南人多未识。"⑤红梅最初是"北人不识", 现在蜡梅是"南人未识",两相适成对照。也许汴洛之外的其他地区野生蜡梅本不缺乏, 只是未及注意。南宋的郑刚中等人就曾深为金、房 (今陕西安康、湖北房县)之地多蜡梅, 居人不知爱赏取以为薪作诗感慨⑥, 类似的情况谅不止一处。随着蜡梅知名度的提高, 北宋末以来, 蜡梅在南方渐渐普及开来。

---

① 苏轼《蜡梅一首赠赵景贶》, 王文诰辑注, 孔凡礼点校《苏轼诗集》卷三四。陈师道《次韵苏公蜡梅》,《全宋诗》, 第 19 册, 第 12696 页。
② 李质《艮岳百咏·蜡梅屏》, 厉鹗《宋诗纪事》卷四〇。
③ 《全宋诗》, 第 24 册, 第 15839 页。
④ 《全宋诗》, 第 21 册, 第 12885 页。
⑤ 刘子邵《樵溪居士集》卷二,《影印文渊阁四库全书》本。
⑥ 郑刚中《金房道间皆蜡梅, 居人取以为薪, 周务本戏为蜡梅叹, 予用其韵,是花在东南每见一枝,无不眼明者》,《北山集》卷一二,《影印文渊阁四库全书》本。

蜡梅与江梅形态差异较大。范成大《梅谱》："蜡梅，本非梅类，以其与梅同时，香又相近，色酷似蜜脾，故名蜡梅……蜡梅香极清芳，殆过梅香，初不以形状贵也，故难题咏，山谷、简斋但作五言小诗而已。"据现代植物学分类，梅花属蔷薇科，而蜡梅属蜡梅科。落叶大灌木，丛生，高不过四五米。花形花色与梅也有分别，花径较小，花瓣黄色，稍有光泽，似蜡质，花期比江梅稍早，芳香近梅而稍烈。作为"梅花"一品，蜡梅最主要的特征在黄色与浓香，宋末方回概括宋人咏蜡梅"大率不过言黄言香而已"[1]。质之诸家作品，确实如此。如黄庭坚《蜡梅二绝》："体熏山麝脐，色染蔷薇露。"孔武仲《蜡梅二绝黄鲁直云王都尉有之邀同赋》："清嫌冰麝俗，淡学池鹅黄。"陈与义《同家弟赋蜡梅诗得四绝句》："黄罗作广袂，绛纱作中单。""承恩不在貌，谁敢斗香来。"[2]晁补之《谢王立之送蜡梅十首》："恐是凝酥染得黄，月中清露滴来香。"[3]吕本中《蜡梅》："学得汉宫妆，偷传半额黄。不将供俗鼻，愈更愈觉香。"[4]袁燮《腊梅》："金相玉质旧同科，暗里清香万斛多。"[5]用蔷薇露、池鹅衣、绛纱罗袂、黄额金相来形容蜡梅花色。香味较色彩、形态难于模拟，除用麝脐、蜜脾比喻外，多直接夸言其万斛、无比。

蜡梅花黄、香之外，花径圆小如珠而富于光泽，有一种蜜蜡般的特殊质感。蜡梅之得名即由此。这一特征也为诗人们所着意取径。最早如此构思的是王安国《黄梅花》："庾岭开时媚雪霜，梁园春色占中

① 方回《瀛奎律髓》卷二〇杨万里《蜡梅》诗下。
② 白敦仁校笺《陈与义集校笺》卷七，上海古籍出版社 1990 年。
③ 《全宋诗》，第 24 册，第 15839 页。
④ 曾几《东莱先生诗集》卷九。
⑤ 袁燮《絜斋集》卷二四，《影印文渊阁四库全书》本。

央。未容莺过毛先类，已觉蜂归蜡有香。"①把蜡梅比作蜜脾，既得其色，又写出光泽和芳香，可谓一箭三雕。王诜《花心动·蜡梅》："新梅品流珍绝。气韵楚江，颜色中央，数朵巧镕香蜡。"②则是说蜡梅花由蜡制得，即京洛民间命名的思路。苏轼与陈师道著名的唱和七古也明确抓揭这一特点，苏诗道："天工点酥作梅花，此有蜡梅禅老家。蜜蜂采花作黄蜡，取蜡为花亦其物。"陈师道和诗："化人巧作襄样花，何年落子空王家。羽衣霓裳浣香蜡，从此人间识尤物。青琐诸郎却未知，天公下取仙翁诗。"蜡梅被想象为天工仙人取材蜂蜡作成的奇葩。此后花如蜡制、如蜜脾的形容是蜡梅诗中最常见的说法。而构思机巧首推南北宋之交高荷的《蜡梅》："少熔蜡泪装应似，多撚龙涎自不如。只恐春风有机事，夜来开破几丸书。"③古人用蜡封书信作丸状以传递机密，诗人把蜡梅花想象为密封的蜡丸，一夜春风过后花开了几朵，就好像春风急于探究什么机密，夜间吹开了几丸。一般蜜蜡之喻只是静态地描写花之苞蕾光泽，这里同时展示出春风化物的动态生机，可谓新颖奇特，出人意表，被方回称为蜡梅诗中"至佳"④之作。

花瓣光泽如蜡丸是蜡梅最为特别之处，其他黄梅品类无此特色。梅花中有所谓百叶缃梅、千叶香梅，"花叶至二十余瓣，心色微黄，花头差小而繁琐密，别有一种芳香，比常梅尤秾美，不结实"⑤。花色黄香与蜡梅相近，其为世所知也与蜡梅大致同时或略早。邵雍《同诸友城南张园赏梅十首》："台边况有数十株，仍在名园最深处。""梅花四种

---

① 《全宋诗》，第 11 册，第 7533 页。

② 唐圭璋编《全宋词》，第 1 册，第 272 页。

③ 《全宋诗》，第 21 册，第 14243 页。

④ 方回《瀛奎律髓》卷二〇杨万里《蜡梅》诗下。

⑤ 范成大《梅谱》程杰校注《梅谱》，中州古籍出版社 2016 年版。

或黄红，颜色不同香颇同。"[1]韩维《千叶梅》："不为雪摧缘正色，忽随风至是真香。"[2]所言黄梅即此种。黄庭坚、范祖禹、李廌、谢逸等也有诗吟咏[3]。由于咏黄香梅也多"言黄言香"，加之蜡梅也有黄梅之称，两者极易混为一谈，如陈师道《黄梅五首》五绝[4]，《全芳备祖》就把它与黄庭坚、陈与义的蜡梅五言绝句视为同题[5]，其实陈师道所咏是黄缃梅，诗中"新梅百叶黄"，"花里重重叶"等稠姿繁态都显非蜡梅。咏蜡梅与黄香梅的一个显著区别，就在蜡梅诗不只泛言其黄色，而重在写其光晶如蜡的质感。

另一描写思路是把蜡梅与江梅进行比较。张先《汉宫春·蜡梅》："红粉苔墙，透新春消息，梅粉先芳。奇葩异卉，汉家宫额涂黄。何人斗巧，运紫檀，剪出蜂房。应为是中央正色，东君别与清香。"[6]从江梅写起，以江梅为背景，托出蜡梅"中央正色"等特点。毛滂《踏莎行·蜡梅》："鹅黄衫子茜罗裙，风流不与江梅共。"[7]张扩《蜡梅近出，或谓药中一种，不结子，非梅类，戏作数语，为解嘲云》："梅花孤高少行辈，蜡梅晚出辄争长。素妆落额岂不好，浅黄拂杀更官样。檀心半迎寒日吐，暗

---

① 《全宋诗》，第 7 册，第 4585 页。

② 《全宋诗》，第 8 册，第 5225 页。

③ 黄庭坚《出礼部试院王才元惠梅花三种皆妙绝戏答三首》，《全宋诗》，第 17 册，第 11377 页；范祖禹《黄鲁直示千叶黄梅，余因忆蜀中冬月山行江上闻香而不见花，此真梅也，鲁直然余言，曰不得此乐久矣，感而赋小诗》，《全宋诗》，第 15 册，第 10370 页；李廌《百叶梅》，《全宋诗》，第 20 册，第 13572 页；谢逸《戏题百叶梅花》，《全宋诗》，第 22 册，第 14850 页。

④ 《全宋诗》，第 19 册，第 11641 页。

⑤ 陈景沂编，程杰、王三毛点校《全芳备祖》前集卷四。陈师道《和豫章公黄梅二首》所咏又是蜡梅。浙江古籍出版社 2014 年版。

⑥ 唐圭璋编《全宋词》，第 1 册，第 83 页。

⑦ 唐圭璋编《全宋词》，第 2 册，第 669。

香坐待初月上。春风不是苦靳惜，未办开花大如掌。君不见桃李开花到结果，削梗钻核终奇祸。蜡梅沾蜡如幻成，渠要调羹身后名。"①张镃《蜡梅二首》："金谷园中夜罢炊，照花滴蜡上林枝。清芬更比寒梅耐，不是蜂花借蜜脾。""家世凌风却月旁，别来衣变郁金光。神仙定遇容成子，教服三黄遍体香。"②李邦献《菩萨蛮·蜡梅》："别是一般香，解教人断肠。冰霜相与瘦，清在江梅右。"③邵叔齐《鹧鸪天·蜡梅》："不比江梅粉作华。天香肯作俗香夸……中央颜色自仙家。"④王之道《追和鲁直蜡梅二首》其一："一种幽素姿，凌寒为谁展。似嫌冰雪清，故作黄金浅。"⑤吴咏《蜡梅》："若得西湖处士疑，如何颜色到鹅儿。清得全与江梅似，只欠横斜照水枝。"⑥或称蜡梅黄为正色、格如江梅之高而不一味求淡；或说其神似江梅之清而独欠疏影横斜之姿；或说蜡梅素淡逊于江梅而清香过之，在比较中把握蜡梅作为梅花别品的独特风姿与神韵。

　　总之，蜡梅枝茎丛杂，腊花开早、黄色浓香，花形蜡泽珠圆，在梅花中实属另类，堪称奇品，放在整个花卉世界，更是"芳菲意浅姿容淡"（晁补之《谢王立之送蜡梅十首》），因此宋人即有花中"奇友""寒客"⑦的说法。尤其是其清香强烈魅力无比，倍显清雅，最得人们称赏。苏、黄诸家于此都浓笔重彩特别致意，苏轼乃至以"禅老"为喻，揭示了一种玄妙莫名的独特美感。

---

① 《全宋诗》，第 24 册，第 16094 页。卷一三九九。
② 张镃《南湖集》卷九，光绪乙丑杭州广寿慧云禅寺依知不足斋本重雕。
③ 唐圭璋编《全宋词》，第 2 册，第 985 页。
④ 唐圭璋编《全宋词》，第 2 册，第 995 页。
⑤ 王之道《相山集》卷一二，《影印文渊阁四库全书》本。
⑥ 吴咏《鹤林集》卷四，《影印文渊阁四库全书》本。
⑦ 《锦绣万花谷》后集卷三七，姚宽《西溪丛语》卷上。

图62 [宋]赵佶《腊梅山禽图》。绢本设色，纵82.8厘米，横52.8厘米，台北故宫博物院藏。左下有作者以瘦金体题诗："山禽矜逸态，梅粉弄轻柔。已有丹青约，千秋指白头。"

四、古梅、苔梅

古梅，不是一种梅花品种，而是指梅中的高龄老树。由于树龄较长，形态也就特别，范成大《梅谱》描述道："其枝樛曲万状，苍藓鳞皴，封满花身。又有苔须垂于枝间，或长数寸，风至，绿丝飘飘可玩。""凡古梅多苔"，而在江浙暖湿之地，一些小枝新树也多缀生苔痕，状类古木，因而又有"苔梅"之称①。

古梅是随着人们对梅花的日益重视被逐步注意的。宋人最早在作品中写到古梅的当属与林逋大致同时的天台宗高僧释智圆，其《砌下老梅》诗云："傍砌根全露，凝烟竹半遮。腊深空冒雪，春老始开花。止渴功应少，和羹味亦嘉。行人怜怪状，上汉采为槎。"②描写的可能就是所居西湖孤山玛瑙院的古梅，花迟果稀，树下老根裸露，树干扭曲古怪，据现代花卉学家对梅树树龄的评估标准，此树约有二百年上下的树龄③。据分析，栽种之梅长寿者多见于寺院道观，因其环境优良而稳固。仁宗朝陈舜俞嘉祐年间有《种梅》诗道："始我窥山中，早于梅花期。低回遂四十，种树计已迟。""绕径一百树，抚视如婴儿。""古来横斜影，老去乃崛奇。"④对老梅"崛奇"已有了进一步的认识。南

---

① 关于古梅之称苔梅，陆游《梅花绝句》十首其七道："吾州古梅旧得名，云蒸雨渍绿苔生。"自注："山阴古梅，枝干皆苔藓，都下甚贵重之。"钱仲联校注《剑南诗稿校注》卷一〇。

② 释智圆《砌下老梅》，《全宋诗》，第 3 册，第 1551 页。

③ 参见王其超等编著《梅花》，上海科学技术出版社 1998 年版，第 35 ～ 36 页。

④ 陈舜俞《种梅》，《全宋诗》，第 8 册，第 4947 页。

北宋之交的晏敦复（晏殊曾孙）《题梵隐院方丈梅》所写古梅也是寺院所见。整个北宋时期，有关古梅只有这些零星的描写，尚未引起人们特别的兴趣。

进入南宋，尤其是至南宋中期，梅花之为人们日见推重，宋人爱梅艺梅也已有一个多世纪的历程，不仅园树亭林老大渐多，而且人口滋繁，土地开发，一些野生古梅老林也渐被世人发现。如周密《癸辛杂识》续集卷下所载："宜兴县之西，地名石庭，其地十余里皆古梅，苔藓苍翠，宛如虬龙，皆数百年物也。"[①]如此大片老林，南宋以前未见记载。范成大《梅谱》所说会稽、四明、吴兴间古梅大致也是如此。随着见遇之频、知闻之广，古梅也就成了赏梅艺梅中的重要品类，范成大《梅谱》把它与江梅、消梅、绯梅、红梅、蜡梅等并列一品（当然所谓苔梅、古梅不尽是高龄老树）。并且还形成了独特的审美兴趣。范成大《梅谱·后序》说："梅以韵胜，以格高，故以横斜疏瘦与老枝怪奇者为贵。"所谓"横斜疏瘦"，是林逋的一大发现，林逋以来梅花的审美重点即在这枝影茎干之美。而"老枝怪奇"则是古梅独具的特征，表现出枯、苍、古、老、怪等风姿神韵，包含了一些"以丑为美"的因素。"古梅"的欣赏，可以说是把梅花枝干形态的审美认识推进到一个新阶段，进一步深化了对梅花神韵内涵的认识。

据范成大《梅谱·后序》，南北宋之交的画家、园工仍偏好新枝嫩条，"以老枝怪奇者为贵"的美感认识是到南宋中期才真正普及起来的。下面我们来看看南宋中期以来有关古梅形象的描写与表现。

首先是丑异怪奇、老健苍劲之美。萧德藻《古梅二首》："湘妃危立冻蛟脊，海月冷挂珊瑚枝。丑怪惊人能妩媚，断魂只有晓寒知。""百千

---

① 周密《癸辛杂识》，中华书局1988年版，第204页。

年藓著枯树，三两点春供老枝。绝壁笛声那得到，只愁斜日冻蜂知。"①以湘神、海贝形容花蕊，蛟脊、珊瑚比喻梅枝，以"丑怪"为"妩媚"，写出了枯瘠槎牙、幽寂冷峭的形象。其他如文珦《咏梅》其一："野叟心偏爱，莓苔古怪枝。"其三："怪怪复奇奇，照溪三两枝。首阳清骨骼，姑射静丰姿。"②戴复古《得古梅两枝》："老干百年久，从教花事迟。似枯元不死，因病反成奇。玉破稀疏蕊，苔封古怪枝。谁能知我意，相对岁寒时。"③吴龙翰《古梅赋》写古梅"鹤膝峥嵘"，"茹血筋骨，镂冰肠胃"④，等等，都重在揭示其古怪丑陋之美。后来明人范象先有更明确的比较："季迪（高启）诗，不过得花之幽韵闲淡而已，吾家老梅，政如碧眼西僧，修眉露额，又若毒龙怒虬，纷拿构斗于广莫之野，攫爪迸鳞，鬼怪万状，度他木讵足与此君争胜。"⑤古梅老干虬枝偃蹇蟠屈的形态，并非一般的"幽韵闲淡"美可以了得，有着苍劲老健、奇崛挺突的骨格形象（借用时语是"酷"，是"骨感"）和品格意味。吴龙翰《古梅赋》即把古梅想象为苏武、

图 63 ［清］罗聘《梅花图》。故宫博物院藏。

① 《全宋诗》，第 38 册，第 23796 页。
② 文珦《潜山集》卷八，《影印文渊阁四库全书》本。
③ 戴复古《石屏诗集》卷四，《影印文渊阁四库全书》本。
④ 吴龙翰《古梅遗稿》卷六，《影印文渊阁四库全书》本。
⑤ 陈继儒《梅花楼记》，汪灏等《广群芳谱》卷二二。

伯夷的"茹血筋骨，镂冰肠胃"①。虞俦《次韵古梅》"伶俜鹤膝翻嫌瘦，皴皵龙鳞不受摧"，"广平铁石心犹在，宁有诗情似玉台"②，则进一步揭示了古梅浮华落尽、刚毅古峭的气格之美。

其次是老枝疏花更见一种古淡老成的意味。"根老香全古，花疏格转清。"③"树百千年枯更好，花三两点少为奇。"④古梅是梅花清雅高格最典型、最纯粹、最深厚的形态。古梅枝老花疏，不似新梅生机茁壮，枝秀花繁。方岳《观梅》其七："老树槎牙只一花，气条亦不放横斜。"范成大《古梅二首》其一："孤标元不斗芳菲，雨瘦风皴老更奇。压倒嫩条千万蕊，只消疏影两三枝。"⑤如此删繁就简，体现着气韵的古淡、人格的老成。楼钥《古梅遗张时可》即言："枝封苔藓澹花疏，一种风流高更孤。试问约斋三百树，林中还有此枝无。"⑥张侃《野航池边古梅二首》"景象森然最难状"，"梅花带清清入骨"⑦。与"疏影横斜"相比，古梅的"清"全在老干骨相，是一种更彻底的疏癯标格、简约形象。有时古梅老态龙钟的样子还被联想为修炼精深、潇洒日月的老仙大德。孙应时《石龟古梅》："亭亭玉骨冰肌子，栉栉苍髯绿发翁。偃蹇生怀知古意，萧疏元是一家风。"⑧曾丰《梅三首》其二："万物无先我得春，谁言骨立相之屯。御风栩栩臞仙骨，立雪亭亭苦佛身。"⑨这些形象，

---

① 吴龙翰《古梅遗稿》卷六，《影印文渊阁四库全书》本。

② 虞俦《尊白堂集》卷三，《影印文渊阁四库全书》本。

③ 张道洽《梅花》，《瀛奎律髓》卷二〇。

④ 杨公远《梅花》，《野趣有声画》，曹庭栋编《宋百家诗存》卷三七。

⑤ 方岳《观梅》其七，《秋崖集》卷一，《影印文渊阁四库全书》本；范成大《古梅二首》其一，《范石湖集》卷二三。

⑥ 楼钥《攻媿集》卷九。

⑦ 张侃《张氏拙轩集》卷二，《影印文渊阁四库全书》本。

⑧ 孙应时《烛湖集》卷一八，《影印文渊阁四库全书》本。

⑨ 曾丰《缘督集》卷七，《影印文渊阁四库全书》本。

都展示着飘然尘外、高古雅逸的意趣。

再次，苍老枯瘠的形象不只是一种历炼老苍、道高入淡的写照，同时也潜含着一种沦处落寞、幽清孤寂的意味。张道洽《梅花》："花里清含仙韵度，人中癯似我形骸。"[1]曾丰《梅三首》："馨香事业清风觉，枯淡生涯皓月知。"[2]方岳《客有致横驿苔梅者……》："酝酿春情何逊老，峻嶒诗骨孟郊寒。"[3]所谓"瘦癯""枯淡"，与丰腴、肥秾相对。诗人常以枯癯清瘦自许，也以此自慰。史景望（文卿）《枯梅》："樛枝半着古苔痕，万斛寒香一点春。总为古今吟不尽，十分清瘦是诗人。"[4]南宋中后期诗人咏梅多写古树瘦影、苍干老枝，可以说潜含渗透着中下层士人尤其是南宋后期社会衰危之下广大江湖文人生计的惨淡和心理的危苦。

总之，古梅怪奇脱俗、沧桑历炼的形象，以其老、劲、枯、淡、古与嫩、柔、腴、秾、今的对立和超越，最典型、最充分地体现了宋人高雅脱俗、历炼入骨、简淡老成的精神气格。

五、墨　梅

虽然梅花生物品类中有墨梅一种，但这里说的墨梅，是指以水墨梅花绘画为题材的题画咏画作品。琴棋书画等人文题材的吟咏创作，是中唐以来尤其是入宋以后文学题材拓展的重要方面。而梅画之咏则

---

① 方回《瀛奎律髓》卷二〇。
② 曾丰《缘督集》卷七 。
③ 方回《瀛奎律髓》卷二〇。
④ 陈起《前贤小集拾遗》卷三，《宋椠南宋群贤小集》本。

又是其中特形丰富的一类。清代《御定历代题画诗类》120卷分19大类，其中花卉画8卷，梅花画就占了4卷，都是宋以下作品，可见这一题材在宋元以来文学创作中的地位。

诗歌中的梅画题咏是随着梅花绘画，更恰切地说是随着墨梅画的兴起而兴起的。据美术史家所述，画梅大约起于五代，但当时"或俪以山茶，或杂以双禽，皆傅五采"[①]，题材未能独立，风格也以傅彩求似。如徐熙有《梅竹双禽图》[②]，黄筌《梅花山茶野禽图》[③]，惠崇《梅花雪雀》[④]，赵昌《早梅山茶图》[⑤]。这种情况一直延续到宋神宗时的画院，如元丰待诏崔白所画《竹梅鸠兔图》《梅竹雪禽图》《梅竹寒禽图》[⑥]。画梅风气之变始自与黄庭坚等同时的衡山花光寺僧仲仁，他首开水墨画梅之法，既推动了梅花题材的独立，同时又以水墨写意新画风体现了北宋中期以来对梅花品格神韵之美的新认识。南渡后扬补之、汤叔雅、赵孟坚等人承势推宕，墨画之法不断丰富，文人、画师竞相趋赴，水墨写意成了画梅的主流。相应地，从黄庭坚、邹浩、惠洪等人为仲仁题咏开始，墨梅题咏日益增多。南宋以来更是纷然杂陈，蔚成大观，诗文词赋难以数计。

梅画题咏，就题材而言既是题画之属，同时也是咏梅一类。作为咏梅创作，它以绘画作品为对象，或即画咏景，再现画意，或因画起思，借题发挥，诗、画两种创作视野相互沟通启发，促进了艺术经验的深化，

---

① 宋濂《题徐原甫墨梅》，《宋文宪公全集》卷三，四部备要本。
② 《宣和画谱》卷一七。
③ 柯九思《题黄筌〈梅花山茶野禽图〉》，《草堂雅集》卷一。
④ 贺铸《题惠崇画扇六言二首丙寅正月赋·梅花雪雀》，《全宋诗》，第19册，第12579页。
⑤ 《宣和画谱》卷一八。
⑥ 《宣和画谱》卷一八。

进一步丰富了梅花品格神韵之美的认识。下面我们主要看看北宋花光仲仁之技法意趣与有关题画诗的艺术思考。

首先，花光以水墨替丹彩，以墨色点纸，晕染成瓣，花色易白为黑，大大突破了形似的拘限。人们对花光画梅之题咏，最初多称其能不拘物色，移白为黑，如华镇《南岳僧仲仁墨画梅花，"世人画梅赋丹粉"，水墨画梅"铅华不御"，更得梅花"拔俗"之神韵。吕本中《墨梅》："古来寒士每如此，一世埋没随蒿莱。遁光藏德老不耀，肯与世俗相追陪。"①从墨梅的不着颜色，读解领会到退藏处密、韬光养晦的人格精神。后来元代画家王冕《墨梅》诗："我家洗砚池边树，朵朵花开淡墨痕。不要人夸颜色好，只留清气满乾坤。"②更是以最简洁明白的语言道出了水墨写梅遗貌取神，弃色得真、独标"清气"的艺术表现特征。

其次，花光画梅用晕染法，多画半枝数朵，又多衬以烟外远山、水边沙际，一派玄影朦胧的气氛，很能渲染梅花清幽雅逸的意韵。后人描写花光画梅，"如西湖篱落间烟重雨昏时见"③，"以墨晕作梅，如花影然"④，"以浓墨点滴成墨花，加以枝柯，俨如疏影横斜于明月之下"⑤，说的都是其雨霏朦胧、月色淡宕、疏枝横斜、如烟如影的意境效果。烟雨朦胧的气氛是花光好事晕染特有的效果，有关题咏诗也大加赞美。如黄庭坚称赞其"烟雨笔"⑥。邹浩《仁老寄墨梅》："解衣盘礴写梅真，一段风流墨外新。依约江南山谷里，溪烟疏雨见精神。"⑦

① 曾几《东莱先生诗集》卷一二。
② 陈邦彦辑《御定历代题画诗类》卷八三。
③ 惠洪《题墨梅》，《石门文字禅》卷二六。
④ 夏文彦和《图绘宝鉴》卷三。
⑤ 宋濂《题徐原甫墨梅》，《宋文宪公全集》卷三。
⑥ 黄庭坚《题华光画山水》，《豫章黄先生文集》卷一一，《四部丛刊》本。
⑦ 邹浩《道乡集》卷九。

图64 ［清］罗聘《梅花图轴》。故宫博物院藏。罗聘是"扬州八怪"中年龄最小者，擅长山水、人物、花卉各科，尤善画梅，金农对他十分赏识，《冬心画梅题记》说他"放胆作大干，极横斜之妙"。其画梅大致近金农，但用笔厚重，形象准确，较金农严谨秀雅。多作粗干淡花，或墨晕背景，或勾花敷粉，手法丰富，笔致疏放，浓淡交映，别具风貌。其妻方婉仪，其子罗允绍、罗允缵，其女罗芳淑，皆喜画梅，均得家法，工写梅，世称"罗家梅派"。

释祖可《墨梅》："不向江南冰雪底，乃于毫末发春妍。一枝无语淡相对，疑在竹桥烟雨边。"①赞扬的都是这一淡远朦胧的意境效果。

水墨梅画的水墨构图也引起了诗人的注意。人们看到，水墨所画之梅玄白二色，一如月下投影，与林逋"疏影横斜"情景最为契合，得其幽影闲静之趣。谢逸《墨梅》："毫端直似林逋鬼，千年万年作知己。孤山忆有咏残枝，洗尽铅华对寒水。"②陈与义《和张规臣水墨梅五绝》其五："自读西湖处士诗，年年临水看幽姿。晴窗画出横斜影，绝胜村夜雪时。"③都把墨梅与林诗紧密联系起来，墨梅被视作林逋"疏影横斜""暗香浮动"的绝好翻版。墨梅如月下投影、是月窗映影，成了墨梅题咏中最通行的比喻。元陶宗仪《题墨梅》："华光三昧幻冰魂，满纸春风带墨痕。好似孤山亭子上，一枝斜映月黄昏。"④傅若金《墨梅》："仿佛空山明月夜，一枝初出古墙西。"⑤明郑真《题墨梅》："梦绕西湖山月暗，漆纱窗外影参差。"⑥不仅是以月影喻画，乃至于花光之开创水墨写梅也被认为灵感来自月夜观梅：花光"爱梅，静居丈室，植梅数本……值月夜见疏影横窗，疏淡可爱，遂以笔戏摹其状，视之殊有月夜之思，由是得其三昧，名播于世"⑦。这一记载不免有几分臆想，但也道出了墨梅如月夜观梅，枝影扶疏，极其简淡玄妙、闲静幽雅的写意效果。

总之，从墨梅画问世之始，人们就建立起这样的信念，墨梅画"寓

---

① 《全宋诗》，第 24 册，第 14611 页。
② 《全宋诗》，第 22 册，第 14857 页。
③ 白敦仁校笺《陈与义集校笺》卷四。
④ 陈邦彦辑《御定历代题画诗类》卷八三。
⑤ 陈邦彦辑《御定历代题画诗类》卷八三。
⑥ 陈邦彦辑《御定历代题画诗类》卷八三。
⑦ 吴太素《松斋梅谱》卷一。

图65 ［明］佚名《春庭行乐图》。绢本设色，纵129.1厘米，横65.4厘米，南京博物馆藏。图中左侧中部的峭干白花为梅树。

素于玄""责芳于影"①的视境包含着更为虚远迈越的想象和创构，也更为典型地体现了梅花幽雅淡泊的品格神韵。大量的墨梅诗，通过这种"无声"之诗、"画中有诗"的思考和阐发，通过其诗画一律、亦真亦幻的虚拟和想象，从一个特定的角度，大大丰富和深化了对梅花审美形象、意趣的体验和认识。这种艺术创造规律的认识和把握，标志着人们对梅花审美认识的高度自觉和成熟。

（原载《江苏文史研究》2001 年第 4 期，又载程杰《宋代咏梅文学研究》第 322 ～ 350 页，安徽文艺出版社 2002 年版，此处有修订。）

---

① 释居简《书扬补之梅》，《北涧文集》卷七。

咏梅典故综述

　　作为艺术符号的典故，是历史上一个个具有哲理或情感内蕴的故事以及魅力无穷的文学创作的凝聚形态。它以原创的魅力吸引人们反复地使用、加工和转述，而在这前赴后继的使用、转述过程中，它不断地强化自己的表达意义，同时又融摄新的感觉和意趣，因此它是意蕴丰厚、很有艺术表现力的特殊符号。典故的形成，是一个个文化语符的积淀过程。任何文学主题的历史发展，都同时包含着一系列富有主题特色的艺术语符的历史积淀。咏梅文学也不例外。随着审美活动的兴起，尤其是艺术表现的需要，一些与梅有关的生产和生活知识、历史记载被引为咏梅的共同"话语"、集体记忆，梅花审美活动、咏梅创作也不断涌现一些创意非凡的成功范例，一些原本外在的美妙意象、构思和说法也不时被借鉴、吸附到梅花审美思维中，作为咏梅的材料，逐步凝结为梅花审美创造的常用语符。这些意象不断发展，意义不断增衍，典故语符不断抟合积聚，心理记忆趋于深厚，最终形成一个语符的"丛林"、意象的恢恢大网。

　　从纵向上看，这些语符的产生、"丛林"的成长，体现了梅花审美经验的不断丰富与发展。每一典故内部在其反复的使用和转述中，其意义和功能又有着各自不同的凝淀与吸附、变异与衍生，以微观的演变体现着整体积淀的有机进程。从横向上看，这种语符"丛林"是全民族梅花审美文化的集体记忆和共同"话语"，是梅花审美认识的场阈和"年轮",包含着以往审美认识的基本成就,凝结着梅花审美的一些基本感觉、印象、趣味和理念。因此,对这种语符"丛林"的认识和把握,无论是对发展过程的历史把握,还是对梅花审美意识体系的逻辑透视,都是具体有益而饶有趣味的。我们这里大致按时间顺序,一一梳理胪列。

1. 盐梅和羹

《尚书·说命》下:"若作酒醴,尔惟曲蘖;若作和羹,尔惟盐梅。"此为殷商高宗武丁任命傅说为相时的训辞,其意是说,国之大臣当如酿酒时的曲蘖,烹调中的盐梅。盐与梅是当时饮食中的主要调料。盐多则咸,梅多则酸,盐梅适当,就成和羹。后世因而常以"盐梅"指宰相或职权相当于宰相的人,用"盐梅和羹"来比喻朝廷大臣辅助君上,同心同德,和衷共济,治理国政。如《旧唐书·仪礼志》三:"今侍中,名则古官,人非昔任,掌同燮理,寄实盐梅。"在后世咏梅赋梅中,这一典故常为人们所使用。但其中也有一个变化过程。

魏晋南北朝时期,梅花始以花闻,人们目睹情感多在其花开花落,托以感时伤春,寄悲写怨,很少及于果实。即或咏及,也止于言其滋味。唐代,尤其是中唐以来,专题赋梅之作渐多,笔触趋于周致,比事用典的现象渐见频繁,商鼎调羹之事也便为咏梅诗赋所常提及。如羊士谔《东渡早梅一树岁华如雪酣赏成咏》:"晚实和商鼎,浓香拂寿杯。"[①]温庭皓《梅》:"羌吹应愁起,征徒异渴来。莫贪题咏兴,商鼎待盐梅。"[②]但这些也都是简单"编事",用意也只是说了梅花结实,可以和羹。

同时也出现了一些托物寓意之用法,如刘禹锡《咏庭梅寄人》:"早

---

① 《全唐诗》,上海古籍出版社缩印扬州诗局本1986年版,第817页。
② 《全唐诗》,第1519页。

花常犯寒，繁实常苦酸……夭桃定相笑，游妓肯回看。君问调金鼎，方知正味难。"①韩偓《湖南梅花一冬再发偶题于花援》："夭桃莫倚东风势，调鼎何曾用不材。"②徐夤《梅花》："结实和羹知有日，肯随羌笛落天涯。"③梅之调鼎和羹，被视作特有的功用材能。诗人通过对梅树华而能实的赞美，比方自己可资世用的器识才能，寄托怀才不遇的怨愤。

在梅花瘦影"幽姿"及其疏淡、高雅的品格象征意义确立之前，对梅花的"比德"赞美大多着眼于果实材用上。这种情况一直延续到宋代，尤其是北宋，人们之称美梅品或赋梅自寓，仍主要着眼于梅果实器用进行比兴寄托。如王禹偁《红梅赋》："在物犹尔，惟人是比。木之华兮人之文采，木之实兮人之措履……梅之材兮可以为画梁之用；梅之实兮可以荐金鼎之味。谅构厦以克荷，在和羹而且止。梅兮梅兮，岂限乎红白而已。"④梅之"比德"之美，不在其"华"其"采"，而在其"实"其"用"，以"实"对"华"，推阐其美。李九龄《寒梅词》："霜梅先拆岭头枝，万卉千花冻不知。留得和羹滋味在，任他风雪苦相欺。"⑤曾巩《赏南枝》："贵用在和羹，三春里，不管绿是红非。"⑥刘敞《忆梅》："岂无栋梁材，为君构明堂。岂无调羹资，为君致烹觞（shāng）。"⑦所言都在"材""用"。黄庭坚投赘苏轼的《古诗二首》："江梅有佳实，托根桃李场……古来和羹实，此物升庙廊……得升桃李盘，以远初见尝。

① 《全唐诗》，第 891 页。
② 《全唐诗》，第 1711 页。
③ 《全唐诗》，第 1789 页。
④ 解缙等《永乐大典》卷二八〇九引《小畜外集》，中华书局 1986 年版。
⑤ 《全宋诗》，第 1 册，第 267 页。
⑥ 唐圭璋编《全宋词》，第 1 册，第 199 页。
⑦ 《全宋诗》，第 9 册，第 5679 页。

终然不可口，掷置道路傍。但使本根在，弃捐果何伤。"①也是以梅实
为比，托物言志，表达自己材性自守，坚贞不移的信念。

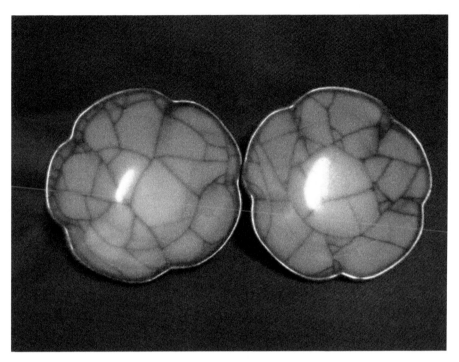

图 66　南宋官窑梅花盏一对（网友提供）。

　　但是"和羹"典故的喻义有两面性，一方面它可比方人的材干器识，
这是人之"品"；另一方面它又指材器登用所致之权位事功，具体更是
专指宰辅之位。北宋文人王曾年轻时作了一首《早梅》诗："雪压乔林
冻欲摧，始知天意欲春回。雪中未问和羹事，且向百花头上开。"②真
宗咸平五年他以进士第一及第，仁宗朝又屡践相位，刚好与诗中所说
"百花头上开""和羹"云云巧合，当时传为佳话。在这种语境里"和羹"
就被理解为做宰相。这一含义大大影响了"和羹"典故在咏梅中的地位。

①《全宋诗》，第 17 册，第 11330 页。
②　王曾《早梅》，《全宋诗》，第 3 册，第 1589 页。

因为入宋以后人们从梅花身上着力推究的是以淡泊、幽峭、贞静、疏雅为主要特征的人格理想，其中还潜含几分落寞孤清的人生感受。它代表的不是人的事功和名位，而是人的品格与德性。这些品德精神依托梅花素蕊、幽馨、疏枝、老干等"幽姿"形象以及凌寒开放的本性为载体。这些视觉内容和习性特征主要是梅花之作为"花树"(花之色香、姿态及花期)的形象因素，而"和羹"指的是其果实滋味，不仅在"花树"视觉形象中无足轻重，更重要的是其比喻的名位显达之义，与宋人所崇尚的品节德性格格不入，其代表的事功器用之义，在宋人看来，相对于道德修养来说也是形而下的方面。正如宋人所讨论的，竹之称为"君子"，"正以道德尊贵称，非以势分称也，其身虽卑贱而心之为君，有天子不得而臣者"[1]。宋人认为"道""德"为万物之"本"，为万物之"体"，材器功用只是其枝微末节，权位名利更是世俗爱欲。所以我们在南宋的咏梅作品里经常读到对"和羹"之事的卑抑乃至否定："算功高调鼎，不如竹外，一枝斜好。"[2]"之子孤高势莫攀，分甘肥遁此林间。""气质冷冷全太古，声声籍籍重孤山。时人却拟调羹手，到底调羹不似闲。"[3]"冰姿皎然玉立，笑儿曹粉面何郎。调羹鼎，只此花余事。"[4]"从来嫌用和羹字，才到诗中俗杀人。"[5]"晚作园翁自荷锄，春风那肯到吾庐。且须怜意着芳洁，才说和羹俗了渠。"[6]梅之神韵在

① 包恢《君子轩记》，《敝帚稿略》卷三，《影印文渊阁四库全书》本。
② 史浩《水龙吟·次韵弥大梅词》，唐圭璋编《全宋词》，第 2 册，第 1274 页。
③ 刘黻《梅花》，《蒙川遗稿》卷三，《影印文渊阁四库全书》本。
④ 姚勉《声声慢·和徐同年梅》，唐圭璋编《全宋词》，第 5 册，第 3096 页。
⑤ 张镃《玉照堂观梅二十首》其七，《南湖集》卷九，光绪乙丑杭州广寿慧云禅寺依知不足斋本重雕本。
⑥ 刘克庄《梅花十绝答石塘二林》二叠其一，《后村先生大全集》卷一七，《四部丛刊》本。

闲、淡、幽、静、逸、疏、瘦，用陆游的话说，梅之格调在"一丘一壑"的气节操守，是肥遁林间的逍遥幽致，而"和羹"之事只是"余事"，不免沾带着名利俗情的污染。

当然，"和羹"典故在宋元以下咏梅赋梅中不可能完全弃置不用。事实上人们在全面阐说梅花"比德"之义时仍不时地提到其材梁、果实之用，尤其是理学之士，持道德表世之精神，出于"即物究理"的目的，经常表现出独特的取裁和理解。如陈深《梅山铭》："得气之先，斯仁之萌。自华而实，斯仁之成。"[1]把梅之花比为"仁"之立，梅之实比作"仁"之成。又有以梅花有实喻言道求济世，德性尚实，反对庄禅之流一味脱迹尘埃、弃世蹈虚[2]的。尽管如此，"和羹"之事在宋元以来的品德象征中是较为边缘的，梅花形象的核心在花淡枝疏，而不是果实滋味，梅花精神的核心在德性品节，而不是事功实用。

2. 食梅言酸

梅实，即通常所说梅子，以酸味浓重著称。在食用醋正式出现之前，梅子是人们获取酸味的主要食材，《尚书》即有"盐梅和羹"的说法，西汉《淮南子》载有"百梅足以为百人酸"的谚语。在人们的生活经验中，梅子总是酸味最典型的代表。

正是由于梅酸的典型性和常识性，食梅言酸就成了人们表达悲愁之情极其简明有力的比喻。如南朝诗人鲍照《代东门行》"野风吹秋木，行子心肠断。食梅常苦酸，衣葛常苦寒。丝竹徒满坐，忧人不解颜"，即是以食梅比喻、渲染生活的悲苦与凄凉。梅酸也用以表达与恋人别离相思的酸楚悲愁之苦。如元李元珪《西湖竹枝词》："燕子来时春又去，

---

[1] 陈深《宁极斋稿》，《影印文渊阁四库全书》本。
[2] 姚勉《梅花赋》，《雪坡集》卷一〇，《影印文渊阁四库全书》本。

287

心酸不待吃青梅。"明刘琏《自君之出矣》:"自君之出矣,欢娱共谁伍。思君如梅子,青青含酸苦。"清黄图珌《闺情》:"妾心自是难相掉,一种离情梅子酸。"

3. 召南摽梅

图 67　[明]方于鲁制"摽有梅"墨,上海博物馆藏。

《诗·召南·摽有梅》:"摽有梅,其实七兮。求我庶士,迨其吉兮。有梅,其实三兮。求我庶士,迨其今兮。摽有梅,顷筐塈之。求我庶士,迨其谓之。"诗三章,以梅起兴,以树上梅子的由多趋少,表达思求及时而嫁的情感。"摽",古训作"落",动词,意思是说成熟的果实开始坠落。又有认为"摽"意即抛,"摽有梅"写的是男女间相互抛物示爱求偶的一种方式。从《诗》中"某有某"的句式类推,"摽"当作名词用,意思或是标、梢之类。如果这一推想成立,那么"摽有梅"就是"树梢有梅"的意思。不管语作何解,这都是女子以梅实起兴,希望及时婚嫁的一首民歌,风格极其质朴直率,反映了先民立足生活现实取物起兴的特点。由于出于《诗经》比兴,后世咏梅赋梅就不免引为故实,举示来头。如张正见《梅花落》:"芳树映雪野,发早觉寒侵。落远香风急,飞多花径深。周人叹初摽,魏帝指前林。边城少灌木,折此自悲吟。"①但由于此事所言是果实,诗情也是村女的质直求爱,

① 逯钦立辑校《先秦汉魏晋南北朝诗》,中华书局 1988 年版,第 2479 页。

可资文人想象发挥的余地不多，因而在后世咏梅赋梅中使用不多，作用不大。

4. 不入楚骚

《诗》《骚》并称，为中国文学之滥觞。《诗经》多处提到梅（《召南·摽有梅》《陈风·墓门》《曹风·鸤鸠》《秦风·终南》《小雅·四月》），虽然不尽是指今日所说蔷薇科属之梅（《秦风》《小雅》所言为樟科楠、枏、柟）。而《楚辞》言志舒愤多托言楚地芳草，偏偏未及号称"南国树"的梅花。随着梅花之日益见重，这一情况也便受到越来越多的注意，以至于成了咏梅的一个话题。

有表示困惑和遗憾的。南宋王之望《和钱处和梅花五绝》其四："铁心开府不妨狂，赋语轻便独擅唐。堪笑离骚穷逐客，只知兰蕙有幽香。"[①]辛弃疾《和傅岩叟梅花二首》其二："灵均恨不与同时，欲把幽香赠一枝。堪入离骚文字否，当年何事未相知。"[②]刘克庄《梅花十绝答石塘二林》九叠其七："名见商书又见诗，畹兰难拟况江蓠。灵均苦要群芳聚，却怪骚中偶见遗。"[③]也有对此反生妙解的：艾信夫《世言梅见外于离骚海棠不取于子美未有为解嘲者因作二绝》其一："不受春风半点尘，骨寒花冷雪为群。桂椒不敢攀同列，正是骚人独敬君。"[④]

后世也多有自称咏梅是为骚人拾遗补阙的。刘克庄《梅花》其三："篱边屋角立多时，试为骚人拾弃遗。不信西湖高士死，梅花寂寞便无诗。"[⑤]方逢辰《题〈梅骚〉后》："有客过予，自号'梅友'，出示一编曰《梅

---

① 王之望《汉滨集》卷二。

② 辛弃疾撰，邓广铭辑校审订，辛更儒笺注《辛稼轩诗文笺注》，第 201 页。

③ 刘克庄《后村先生大全集》卷一七。

④ 《全宋诗》，第 70 册，第 44417 页。

⑤ 刘克庄《后村先生大全集》卷七。

骚》,且以不及梅为骚之欠,不入骚为梅之耻,将以补骚缺也。"①僧渊《访姚雪篷贬所》:"十年漂泊孤篷雪,谁补梅花入楚辞。"②乐雷发《寄姚雪篷使君》:"梅花且补离骚阙,薏苡应为史笔知。"③渊、乐二人诗与姚镛有关,不约而同提到补骚,姚镛可能曾有意于此。元人韦珪有骚体赋梅《补骚》之作④。

5. 炎帝之经

《神农本草经》:"梅实,味酸平,无毒,主下气,除热烦满,安心,肢体痛,偏枯不仁,死肌,去青黑痣、恶疾。"⑤在上古神话中,炎帝号神农氏,故《神农本草经》又称炎帝之经。南宋杨万里《洮湖和梅诗序》:"梅之名肇于炎帝之经,著于《说命》之书(笔者按:即《尚书 · 说命》)、《召南》之诗(按:即《诗经 · 召南 · 摽有梅》)⑥。此后梅之名肇于炎帝之经遂成典故。姚夔《梅坡记》:"其品肇于炎帝之经,其味著于《说命》之书,其风致咏于《召南》之诗,梅之资于用也大矣。"⑦《神农本草经》实际大约出现于秦汉,是中医原典之一。

6. 禹庙梅梁

《太平御览》卷九七〇 [果部七 · 梅]:"《风俗通》曰,夏禹庙中有梅梁,忽一春生枝叶。"⑧又卷一八七 [居处部 · 梁]:"《吴越春秋》

---

① 方逢辰《蛟峰文集》卷六,《影印文渊阁四库全书》本。
② 陆心源《宋诗纪事补遗》卷九六。
③ 乐雷发《雪矶丛稿》,曹庭栋编《宋百家诗存》卷三六。
④ 韦珪《梅花百咏》附,《宛委别藏》本。
⑤ 缪希雍《神农本草经疏》卷二三,《影印文渊阁四库全书》本。
⑥ 杨万里《洮湖和梅诗序》,《诚斋集》卷七九,《四部丛刊初编》本。
⑦ 姚夔《姚文敏公遗稿》卷七,明弘治姚玺刻本。
⑧ 今本应劭《风俗通义》无此条,王利器《风俗通义校注》辑作佚文,见第570页,中华书局1981年版。吴淑《事类赋》"伯禹庙中生枝而事异",注引《风俗通》同。

曰，夏禹庙以梅木为梁。"对梅木为梁，后人曾表怀疑，清钱泳《履园丛话》[考索·梅梁]："禹庙梅梁，为词林典故，由来久矣。余甚疑之，意以为梅树屈曲，岂能为栋梁乎……偶阅《说文》梅字注，曰'楠也，莫杯切'，乃知此梁是楠木也。"尽管梅梁之事实不可靠，但不影响其用作语典，古诗中梁多称梅梁即由此而来。如李峤《二月奉教作》："柳陌莺初啭,梅梁燕始归。"① 温庭筠《春日》："柳岸杏花稀,梅梁乳燕飞。"②

梅梁之事除凝定为"梅梁""禹梁"等辞藻语汇外，也有作为专题歌咏的，如周文璞《梅梁歌》③。诗赋颂梅也经常地把梅梁之事与梅实和羹、止渴等事相提并论，作为梅花利世实用的一个方面。如王禹偁《红梅赋》："矧乎梅之材兮可以为画梁之用，梅之实兮可以荐金鼎之味。谅构厦以克荷,在和羹而且止。梅兮梅兮,岂限乎红白而已。"④ 刘敞《忆梅》："岂无栋梁材，为君构明堂。岂无调羹姿，为君致烹鬺……安得假神术，徙根俪长杨。"⑤ 李纲《梅花赋》："至于功用……傅说资之以和羹，曹公望之以止渴。用其材可以为栋梁，采为药可以蠲烦热，又非众果之所能仿佛也。"⑥

7. 越人赠梅

汉代刘向《说苑》卷一二《奉使》："越使诸发执一枝梅遗梁王，梁王之臣曰韩子，预谓左右曰：'恶有以一枝梅以遗列国之君者乎，请为二三子惭之。'出谓诸发曰：'大王有命，客冠则以礼见，不冠则否。'

① 《全唐诗》，第 170 页。

② 《全唐诗》，第 1477 页。

③ 周文璞《方泉先生诗集》卷三，《宋椠南宋群贤小集》本。

④ 解缙等《永乐大典》卷二八〇九引《小畜外集》。

⑤ 《全宋诗》，第 9 册，第 5679 页。

⑥ 李纲《梁溪全集》卷二，道光十四年刊本。

诸发曰：'彼越亦天子之封也，不得冀、兖之州，乃处海垂之际，屏外蕃以为居，而蛟龙又与我争焉，是以剪发文身，烂然成章，以像龙子者，将避水神也。今大国其命，冠则见以礼，不冠则否，假令大国之使，时过弊邑，弊邑之君，亦有命矣，曰："客必剪发文身，然后见之。"于大国何如？意而安之，愿假冠以见。意如不安，愿无变国俗。'梁王闻之，被衣出以见诸发，乃逐韩子。"①故事所说的"一枝梅"所指应是梅花，而不是果实。这条材料告诉我们，春秋末期至战国中期的越国（以今浙江绍兴为核心）已经把盛开的梅枝作为外交礼物，在越人心目中，梅花一定是一种美好甚至令人崇敬的东西。但这一故事的可靠性值得怀疑，《韩诗外传》卷八有类似的一段越使善于应对、不辱使命的记载，故事中宾主双方的对话与此基本相同，但使者的姓名变为廉稽，所使为荆（楚）而非梁（魏），出使任务是向荆王"献民"，其中没有以梅相赠的细节②。《说苑》为资料分类辑录之作，史实与传说相互参杂，不能全然据信。但这条材料至少可以用来说明西汉刘向（前77—前6）时代的情形：当时越地产梅应有一定的知名度；南方人已注意到了梅花之美，并以盛开的梅枝作礼物。东汉崔骃《七依》："齹（cuó）以大夏之彊（一作盐），酢以越裳之梅。"③也视梅为越地特产，进一步证明了这一现象。人们都知道东晋陆凯折梅赠远的佳话，江南地区这种赠梅通好的风俗可能也由来已久，至迟可追溯到西汉。江南作为产梅盛地，对梅花观赏价值的认识也应是超前的。

---

① 刘向撰，赵善诒疏证《说苑疏证》，华东师大出版社1985年版，第335～336页。
② 韩婴《韩诗外传》卷八之一，刘向撰，赵善诒疏证《说苑疏证》，第336页引。
③ 严可均校辑《全上古三代秦汉三国六朝文》全后汉文卷四四，第714页上。

8. 柏梁之咏

唐欧阳询《艺文类聚》卷五六："汉孝武帝元封三年作柏梁台，诏群臣二千石，有能为七言者，乃得上坐。皇帝曰：'日月星辰和四时。'梁王曰：'骖驾驷马从梁来。'大司马曰：'郡国士马羽林才。'丞相曰：'总领天下诚难治。'……太官令曰：'枇杷橘栗桃李梅。'上林令曰：'走狗逐兔张罘罳。'"大臣所咏每人七言一句，各就自己的执掌言之。所说是几种果贡，其中提到了梅。这里罗列的都是果树之类，从中可见梅在汉代已经成了极其普遍的栽培果树。此后柏梁之咏传为梅之佳话，萧纲《梅花赋》云："七言表柏梁之咏，三军传魏武之奇。"①

图 68　一枝梅（网友提供）。

---

① 萧纲《梅花赋》，严可均校辑《全上古三代秦汉三国六朝文》全梁文卷八，第 2997 页下。

9. 吴市梅仙

《汉书》卷六七:"梅福,字子真,九江寿春人也。少学长安,明《尚书》《谷梁春秋》,为郡文学,补南昌尉。后去官归寿春。"数上书言事。"至元始中,王莽专政,福一朝弃妻、子,去九江,至今传以为仙。其后人有见福于会稽者,为吴市门卒云。"汉唐之际江南一带有关梅福隐身成仙的传说颇多,世称梅仙。在咏梅中因其姓梅,不乏引为事料者,主要着意其高人仙格,以状梅之风神。如李纲《梅花赋》:"若夫含芳雪径,擢秀烟村,亚竹篱而绚彩,映柴扉而断魂。暗香浮动,虽远犹闻,正如梅仙,隐居吴门。"①

10. 望梅止渴

南朝宋刘义庆《世说新语·假谲》:"魏武(曹操)行役,失汲道,军皆渴,乃令曰:'前有大梅林,饶子,甘酸可以解渴。'士卒闻之,口皆出水,乘此得及前源。"这是梅之著名典故,后来形成了"望梅止渴"的成语。咏梅赋梅尤其是重在编排事类或咏果实滋味者多用此事,如唐李峤《梅》:"若能遥止渴,何暇泛琼浆。"②晚唐罗隐《梅》:"天赐胭脂一抹腮,盘中磊落笛中哀。虽然未得和羹便,曾与将军止渴来。"③宋丁谓《梅》:"和羹资倚相,止渴济全师。"④南宋刘宰《谢纪倅惠梅(子)》:"主人合试调羹手,病叟难忘止渴恩。"⑤

11. 羌笛梅落

《梅花落》,乐府曲名。属横吹曲,本军中乐。宋郭茂倩《乐府

---

① 李纲《梁溪全集》卷二,道光十四年刊本。

② 《全唐诗》,第 174 页。

③ 《全唐诗》,第 1658 页。

④ 《全宋诗》,第 2 册,第 1154 页。

⑤ 刘宰《漫塘集》卷一,《影印文渊阁四库全书》本。

诗集》卷二一："横吹曲，其始亦谓之鼓吹，马上奏之，盖军中之乐也。北狄诸国，皆马上作乐，故自汉以来，北狄乐总归鼓吹署。其后分为二部，有箫笳者为鼓吹，用之朝会、道路……有鼓角者为横吹，用之军中，马上所奏者是也。"又引《乐府解题》曰："汉横吹曲，二十八解，李延年造。魏晋已来，唯传十曲：一曰《黄鹄》，二曰《陇头》，三曰《出关》，四曰《入关》，五曰《出塞》，六曰《入塞》，七曰《折杨柳》，八曰《黄覃子》，九曰《赤之扬》，十曰《望行人》。后又有《关山月》《洛阳道》《长安道》《梅花落》《紫骝马》《骢马》《雨雪》《刘生》八曲，合十八曲。"唐吴兢《乐府古题要解》卷上："乐府横吹曲，有鼓角……其后魏武北征乌丸，越涉沙漠，军士闻之，悲而思归，于是减为中鸣（与长鸣对），尤更悲矣……东汉以给边将。又有《出关》《入关》……等十曲，皆无其词。若《关

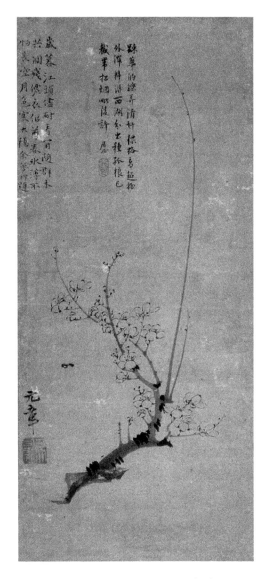

图 69 ［元］王冕《梅花图》。图片引用网络"搜艺搜"拍卖会展品。

295

山月》以下八曲，后代所加也。"①

所传十八曲其辞大多出魏晋以下。至隋代，横吹、鼓吹并为鼓吹四部，其中大、小横吹承古乐横吹之绪脉，所用乐器主要有角、笛、箫、笳、筚篥等（隋书乐志）。

《梅花落》与《折杨柳》是横吹曲中以羌笛为主要演奏乐器的曲子。《乐府诗集》卷二四："《梅花落》，本笛中曲也。"主题可能同属征人戍士苦辛怀归之调。《乐府诗集》卷二二引《宋书·五行志》："晋太康末，京洛为《折杨柳》之歌，其曲有兵革苦辛之辞。"《梅花落》大致也是表现征人因梅飘零，睹物惊时，感念边戍之久，抒发思乡怀归之情。可能也产生于京洛一带，梁去惑《塞外》："塞北长寒地，由来（少）物华。不知羌笛里，何处得梅花。"②然其苍凉之音，使人更倾向于信其为塞外之曲。惜乎《梅花落》古辞失载，现存尽为南朝宋以下文人拟作。《乐府诗集》卷二四收有鲍照、吴均、徐陵、苏子卿、张正见、江总、陈后主及唐卢照邻、沈佺期、刘方平等人作品共十三首。另尚有零星未收，如杨炯即存一首③。这些作品有托物自寓，感慨自哀的；有代言闺情，怨春叹逝的；有铺陈春游之欢，叹惜韶华易逝的；多数则承魏晋旧曲"兵革苦辛"之主题，抒发的是征人怀归、闺思伤离的悲怨之情。因梅开梅落，感韶华易逝，悲人情苦辛是《梅花落》统一的基调，洋溢着即景伤情、悲歌苍楚的意味。这一古乐府传统，构成了梅花主题、梅花审美历史发展中的重要一环。咏梅赋梅中凡着意于"梅花落"的情景意象、表达伤春怨思的都可以追溯到这一乐府传统。

---

① 丁福保辑《历代诗话续编》，中华书局1983年版，上册，第40页。
② 陈尚君《全唐诗补编》，中华书局1992年版，第42页。
③ 《全唐诗》，第153页。

除了其本身作为乐府主题外，《梅花落》还演化为咏梅赋梅的一个重要典故。它在诗赋中的使用，首先是作为笛曲的代表，诗人再以笛声、吹笛等意象来表示"梅花落"的含义。《梅花落》与《折杨柳》两首洋溢着北国边塞军旅情调的笛曲，魏晋隋唐之际极其著名，也十分流行。南北朝以来诗人咏笛赋笛多以这两首曲子作为代表，渐渐地羌笛、笛曲与杨柳、梅花尤其是梅花建立起了固定的联系。对此宋人吴曾和胡仔有一番考述。吴曾的《能改斋漫录》卷三："《乐府杂录》载：'笛者，羌乐也。'古曲有《落梅花》《折杨柳》，非谓吹之则梅落耳。故陈贺彻《长笛》诗：'柳折城边树，梅舒岭外林。'张正见《柳》诗亦云：'不分梅花落，还同横笛吹。'李峤《笛》诗：'逐吹梅化落，含春柳色惊。'意谓笛有《梅》《柳》二曲也。然后世皆以吹笛则梅花落，如戎昱《闻笛》诗云：'平明独惆怅，飞尽一庭梅。'崔橹梅诗：'初开已入雕梁画，未落先愁玉笛吹。'《青琐集》诗：'凭仗高楼莫吹笛，大家留取倚栏看。'皆不悟其失耳。惟杜子美、王之涣、李太白不然。杜云：'故园杨柳今摇落，何得愁中却尽生。'王云：'羌笛何须怨杨柳，春风不度玉门关。'李云：'黄鹤楼中吹玉笛，江城五月落梅花。'亦谓笛有二曲也。"[1]胡仔《苕溪渔隐丛话》后集卷四："《复斋漫录》(引者案：即《能改斋漫录》)云，古曲有《落梅花》，非谓吹笛则梅落，诗人用事，不悟其失。余意不然之。盖诗人因笛中有《落梅花》曲，故言吹笛则梅落，其理甚通，用事殊未为失。且如角声，有大小《梅花曲》，初不言落，诗人尚犹如此用之，故秦太虚《和黄法曹梅花》云'月落参横画角哀，暗香消尽令人老'者是也。古今诗词，用吹笛则梅落者甚众，若以为失，则《落

① 吴曾《能改斋漫录》卷三，中华书局上海编辑所 1960 年版。此条又见《优古堂诗话》。

梅花》之曲，何为笛中独有之，决不虚设也。故李谪仙吹笛诗云：'黄鹤楼中吹玉笛，江城五月落梅花。'又《观胡人吹笛》云：'胡人吹玉笛，一半是秦声。十月吴山晓，梅花落敬亭。'戎昱《闻笛》云……崔鲁《梅》诗云……黄鲁直《从王都尉觅千叶梅诗云落尽戏作嘲吹笛侍儿》云：'若为可耐昭华得，脱帽看发已微霜。催尽落梅春已半，更吹三弄乞风光。'张子野词云：'云轻柳弱，内家髻子新梳掠。天香真色人难学。横管孤吹，月淡天垂幕。朱唇浅破桃花萼，倚楼人在栏干角。夜寒指冷罗衣薄，声入霜林，簌簌惊梅落。'《摭遗》载梅诗云：'南枝向暖北枝寒，一种春风有两般。凭杖高楼莫吹笛，大家留取倚栏看。'晁次膺填入《水龙吟》词云……孙济（师）落梅词云：'一声羌管吹云笛，玉溪半夜梅翻雪。'泛观古今诗词，用事一律，可见复斋（吴曾）妄辨也。"[①]吴氏辨笛声非能落梅，追溯了这一典故的本义。胡责吴氏之拘，肯定了诗人用事造语自出意想的创作规律。吴、胡二氏罗列唐宋诗词甚多，从中不难看出，这一典故作为诗歌意象的流变情况。从最初贺彻等以《落梅》《折柳》二曲代指笛声的简单编事，到李白诗中"吹玉笛"与"梅花落"的巧妙组接、视听通感、虚实相生，再到崔橹以下"吹笛则梅落"、笛声指梅落的固定思路和语义代指，逐步形成了笛声与梅落互为喻指的特定语符。

笛声落梅之事在咏梅中的作用不是一成不变的。早期的咏梅赋梅多以落花寄情，或写至花落成实，因而多及落梅之曲。入宋后，咏梅侧重于花枝疏影、幽姿雅趣，写及落花结子、春去伤情的越来越少。尤袤《梅花》："待索巡檐笑，嫌闻出塞声。"[②]李曾伯《太府寺梅花盛

① 胡仔《苕溪渔隐丛话》后集卷四，人民文学出版社 1981 年版，第 25 页。
② 方回《瀛奎律髓》卷二〇，《影印文渊阁四库全书》本。

开和曾玉堂韵二首》其二："唱彻凉州太催逼，何如铁石广平肠。"①
人们越来越着力发挥梅花的巡檐索笑之趣、高调雅逸之美。古人水流
花落的感伤绮怨情调所在不宜，"梅花落"的形象渐失六朝隋唐时的抒
情声势。方回《瀛奎律髓》卷二〇收唐宋咏梅律诗209首，其中标题《落
梅》的仅3首，含有落梅细节的也仅33首，而且多为唐代及北宋早期
的作品。这33首中，以笛声言落梅的13首，也多属唐与北宋前期的
作品。

纵观整个文学史，"落花"意象经过六朝以来尤其是中晚唐诗人们
的持续频繁的使用与发展，逐步赋予了浓重的怨春伤逝情调。"词别是
一家"，长于绮怨柔情，写及梅花飘零之象的相对多一些。尤其是慢词
长调中，多从花盛铺叙到花衰，吹笛鸣角之事也就用得频繁些。以笛
声指喻落梅，使用成功的，多能把羌笛悠扬逗引的塞漠孤城、月夜思乡、
古调苍凉的意蕴融铸到当下诗境中，营造出一份哀怨凄凉的气氛。这
种情况在婉约词中表现尤多，如："冷烟幽艳，曾不许霜雪相欺。只恐向，
笛声怨处，吹落残枝。"②"最苦是，皎月临风，画楼一声羌管。"③

12. 雕梁画梅

南朝陈沈迥《太极殿铭》："晋朝缮造，文杏有阙。梅梁瑞至，画
以标花。"宋张敦颐《六朝事迹编类》卷一[六朝宫殿·新宫]："晋谢
安作新宫，造太极殿欠一梁，忽有梅木流至石头城下，因取为梁。殿成，
乃画梅花于其上，以表嘉瑞。"此事未见《艺文类聚》《初学记》等唐
人类书，《太平御览》《事类赋》注也未见，或出于后人虚拟附会。然

---

① 李曾伯《可斋杂稿》卷二七，《影印文渊阁四库全书》本。
② 无名氏《夏云峰》，唐圭璋编《全宋词》，第5册，第3617页。
③ 无名氏《东风第一枝》，唐圭璋编《全宋词》，第5册，第3618页。

梁陈之际诗人阴铿为陈文帝作《新成安乐宫》诗,其中即有"砌石披新锦,梁花画早梅"①的句子。李峤《梅》:"妆面回青镜,歌尘起画梁。"②崔橹《岸梅》:"初开偏称雕梁画,未落先愁玉笛吹。"③可能即祖述阴铿诗意④。

13. 驿寄梅花

《太平御览》卷九七〇〔果部·梅〕引《荆州记》:"陆凯与范晔相善,自江南寄梅花一枝,诣长安与晔,并赠花诗曰:'折花奉驿使,寄与陇头人。江南无所有,聊赠一枝春。'"⑤陆凯,"字敬风,吴郡吴人,丞相逊族子"⑥。孙皓时,曾为镇西大将军,都督巴丘,领荆州牧,进嘉义侯,迁左丞相。范晔(398—445),南朝宋人。由于范、陆不同时,南宋时即有"以为晋人,非宋文时范晔"的说法,明代以来对此事更不乏疑猜⑦,但都无从论定。《文学遗产》1987年2期发表聂世美《陆凯〈赠范晔〉诗考辨》一文,否定陆凯为北魏代人陆智君之说,认为作诗者当为江南陆凯无疑,而受赠者,当据《太平御览》卷一九时序部所引《荆州记》文字作"路晔"。此说尚待进一步商榷,《太平御览》

---

① 逯钦立辑校《先秦汉魏晋南北朝诗》,第4册,第2450页。

② 《全唐诗》,第174页。

③ 《全唐诗》,第1448页。

④ 吴曾《能改斋漫录》卷七"花梁画早梅"条:"前辈诗不苟作也,如崔橹《梅》诗云:'初开已入雕梁画,未落先愁玉笛吹。'人徒知下句取《古乐府》,有《落梅花》曲。殊不知上句亦用阴铿其《新成安乐宫》诗,云:'砌石披新锦,花梁画早梅。'"中华书局上海编辑所1960年版。

⑤ 又见《太平御览》卷四〇九〔人事五十·交友四〕。卷一九〔时序部·春中〕,文字稍异。

⑥ 陈寿《三国志》卷六一,《影印文渊阁四库全书》本。

⑦ 方回《瀛奎律髓》卷二〇梅花类序。明杨慎《升庵诗话》卷九:"晔为江南人。陆凯字智君,代北人。当是范寄陆耳,凯在长安,安得梅花寄晔乎。"

时序部、人事部、果部三处引《荆州记》所记此事，两处作范晔，或者陆凯同时本就有名范晔者，"路晔"为误书。

陆凯此事出《荆州记》，然南朝以来名《荆州记》者有盛弘之、刘澄之等多种，《太平御览》引此事文字均未署撰者。唐初《艺文类聚》《初学记》等书及《白孔六帖》"梅"及相关条目下均未见编摘。李峤作百咏诗，编事类藻，其中《梅》诗排比庾岭、南枝、梅梁、望梅止渴等典故，也未见陆凯之事。可见至少在初盛唐，此事声名未著。通览唐人咏梅，明确使用此事者均见于盛唐以下。李白《送友人游梅湖》："有使寄我来，无令红芳歇。"[1]因友人所游地有梅，希望得到友人的寄赠。戴叔伦《送僧南归》："归及梅花发，题诗寄陇头。"[2]柳宗元《早梅》："欲为万里赠，杳杳山水隔。寒英坐销落，何用慰远客。"[3]韩偓《早玩雪梅有怀亲属》："何因逢越使，肠断谪仙才。"[4]都显用陆凯之事。

到了宋代，《太平御览》和吴淑《事类赋》在有关条目下均系有陆凯折梅寄远之事，大大提高了这一故事的知名度，使其成了咏梅赋梅的常典。宋庠《梅》："一枝寄远真何益，费尽南朝陆凯才。"[5]《南方未腊，梅花已开，北土虽春，未有秀者，因怀昔时赏玩，成忆梅咏》："泪尽羌人笛，魂销越使乡。"[6]梅尧臣《京师逢卖梅花五首》："驿使前时走马回，北人初识越人梅。"[7]文彦博《梅花》："洛涘幽居植，江南驿使传。"[8]

---

① 瞿蜕园、朱金城校注《李白集校注》，上海古籍出版社 1980 年版，第 974 页。
② 《全唐诗》，第 688 页。
③ 《全唐诗》，第 875 页。
④ 《全唐诗》，第 1710 页。
⑤ 《全宋诗》，第 4 册，第 2251 页。
⑥ 《全宋诗》，第 4 册，第 2530 页。
⑦ 《全宋诗》，第 5 册，第 3067 页。
⑧ 《全宋诗》，第 6 册，第 3481 页。

刘敞《江梅》："江南谁折一枝春，玉骨冰肤画不真。撩乱清香随驿使，尘埃满眼正愁人。"[①]司马光《梅花》其三："驿使何时发，凭君寄一枝。陇头人不识，空向笛中吹。"[②]张舜民《梅花》："乱土无人逢驿使，江城有笛任君吹。"[③]韩驹《梅花八首》其七："骚人折去清诗健，驿使持归旧典存。"[④]这些诗句中的"驿使""越使""江南""一枝""寄远"等字眼都明确地指属陆凯寄梅之事。

关于折梅赠远，宋人已注意到有比陆凯之事更早的记载。吴曾《能改斋漫录》："范蔚宗（晔）与陆抗（引者案：当作"凯"）相善，自江南折梅一枝，诣长安与蔚宗，并诗曰：'折梅逢驿使，寄与陇头人。江南无所有，聊赠一枝春。'余见《说苑》记越使诸发，执一枝梅遗梁王，梁王之臣韩子谓左右曰：'恶有以一枝梅以遗列国之君者乎？'则知遣使折梅，已具刘向《说苑》矣。范（引者案：当为"陆"）诗出《荆州记》。"[⑤]越使诸发献梅梁王之事，载于刘向《说苑》卷一二［奉使］。吴淑的《事类赋》赋梅，已用到此事："越使申梁国之遗，陆凯寄江南之春。"

把陆凯与越使之事联系起来，可见折梅赠人是南方人民由来已久的习俗。尽管陆凯之事当时未必广为人知，但我们从晋宋以来的诗赋中，频频读到折梅赠人、托梅怀思的情景和意向。晋杂曲歌辞《西洲曲》："忆梅下西洲，折梅寄江北。"[⑥]梁武帝肖衍《子夜四时歌·春歌四首》："兰叶始满地，梅花已落枝。持此可怜意，摘以寄心知。""朱

---

① 《全宋诗》，第 9 册，第 5926 页。
② 《全宋诗》，第 9 册，第 6084 页。
③ 《全宋诗》，第 14 册，第 9704 页。
④ 《全宋诗》，第 25 册，第 16615 页。
⑤ 胡仔《苕溪渔隐丛话》后集卷二一引。史绳组《学斋占毕》卷二也提到这一点。
⑥ 逯钦立辑校《先秦汉魏晋南北朝诗》，第 1069 页。

日光素冰，黄花映白雪。折梅待佳人，共迎阳春月。"①何逊与刘绮《折花联句》："欲以间珠钿，非为相思折。"何逊："试采一枝归，愿持因远别。"②从诗中"日照烂成绮，风来聚疑雪"看来，所折赠的也是梅花。唐代张九龄《和王司马折梅寄京邑昆弟》："独攀南国树，遥寄北风时。林惜迎春早，花愁去日迟。"③可见折梅相赠是亲朋知己尤其是远别睽隔之时通好致意、远慰相思的一种方式。陆凯诗歌的成功之处，正在于由这日常生活情节，生发出"赠春"的妙想，大大拓展和增强了这一风习行为的情致风韵。在当时的交通状况下，花卉如何保鲜递远很成问题，此事可能只是出于人们情感无诉的美好期愿和拟想。前引柳宗元《早梅》"欲为万里赠，杳杳山水隔。寒英坐销落，何用慰远客"，可谓道出了其中隐情，而这种无望中的期想不正增添了这一故事的悲剧色彩？

由此寄梅之事蕴含着丰富的情感意味：一方面是春来花开，春去无情，目睹芳菲之易逝，倍感人情之堪怜，因而生出无限悲悯思念之意；另一方面世事乖违，天涯睽隔，思而不见，只能用此新发之芳信，传递美好之讯息，表达温馨告慰之真情。时空两个向度的煎迫无望，营造出深长缠绵的情结。在长于柔情哀思的词中，这一情节意象出现频率较高。即以《梅苑》所收无名氏词为例："立马伫，凝情久，念美人自别，鳞羽茫茫……云疏雨阔，怎知人千里思量。除是托，多情驿使，殷情折寄仙乡。"④"故园深处，想见孤根暖。千里未归人，向此际，

① 逯钦立辑校《先秦汉魏晋南北朝诗》，第 1516 页，第 2125 页载后一首，作王金珠《子夜四时歌·春歌三首》之一。
② 逯钦立辑校《先秦汉魏晋南北朝诗》，第 1713 页。
③ 《全唐诗》，第 147 页。
④ 无名氏《汉宫春》，唐圭璋编《全宋词》，第 5 册，第 3602 页。

只回泪眼。凭谁为我，折寄一枝来，凝睇久，俯层楼，忍更闻羌管。"①"山驿畔，行人立马，回首几销魂。江南远，陇使趁程，踏尽冰痕。"②"风前袅袅含情，虽不语，引长思。似怨感芳姿，山高水远，折赠何迟。"③"更胡笛羌管，塞曲争吹。陌上行人暂听，香风动，都人愁眉。音书杳，天涯望断，折寄拟凭谁。"④或表怀远之情，或申音书之盼，或因行驿念羁旅，或以折枝惜芳华，更有天涯望断无从寄，极尽凄楚迷茫之致等等情绪思致，不一而足。

另外，此事将梅花与江南相联系，后世多称梅花为江南之花，视为江南风物典型，影响也极深远。当然诗中所说"江南"是否即后世所指长江以南，值得怀疑。此事中的"江"，有可能指今湖北襄宜平原汉水或汉水某一稍大支流，所谓"江南"不出襄宜平原。此时这一带人居颇旺，一叶轻舟，南北往来谈情说爱，送花对歌，比较方便。试想如果理解为长江，以当时茫茫九派，浩荡水势，单就过江来说也绝不轻松。而由襄宜平原北上即襄阳，翻过秦岭就是长安。两地宦游的文人驿马传情，至少想象起来并不太难。但将此理解成广义的长江以南，在国人的区域概念中，又是一个更富诗意的绝大空间，梅花因此也获得了更多传统江南文化的魅力。

14. 庾岭南枝

唐白居易等《白孔六帖》卷九九［梅］"南枝"："大庾岭上梅，南枝落，北枝开。"大庾岭，五岭之一，在今江西、广东交界处，古称塞上、塞岭、台岭，相传汉武帝时，有庾姓将军筑城岭下，故名庾岭。庾岭又称梅岭。

---

① 无名氏《蓦山溪》，唐圭璋编《全宋词》，第 5 册，第 3603 页。
② 无名氏《绿头鸭》，唐圭璋编《全宋词》，第 5 册，第 3610 页。
③ 无名氏《木兰花慢》，唐圭璋编《全宋词》，第 5 册，第 3612 页。
④ 无名氏《满庭霜》，唐圭璋编《全宋词》，第 5 册，第 3615 页。

图 70　春到梅岭全景。江西大余县旅游局提供，刘照志摄。

屈大均《广东新语》卷三:"梅岭之名则以梅鋗始也。鋗本越王勾践子孙,与其君长避楚……筑城浈城上,奉其王居之,而鋗于台岭家焉。越人重鋗之贤,因称是岭曰梅岭。"

江南之地多野梅,岭南尤其如此,大庾岭也不会例外。想必是由于地名的巧合,庾岭梅花受到特别的注意,渐渐成了一道知名的风景。李峤《百咏·梅》中便提到大庾岭梅花:"大庾敛寒光,南枝犹早芳。"[①]显然与《白氏六帖》"南枝"之语同出一本。稍后宋之问神龙元年(705)被贬岭南,过大庾岭诸诗中也数度写及梅花,《题大庾岭北驿》:"明朝望乡处,应见陇头梅。"[②]《度大庾岭》:"魂飞南翥鸟,泪尽北枝花。"[③]《早发大庾岭》:"春暖阴梅花,瘴回阳鸟翼。"[④]这里不是一般山行即景,而是因着庾岭梅花的知名有感而发。另外,南朝贺彻《赋得长笛吐清气诗》有句:"柳折城边树,梅舒岭外林。"[⑤]如果这里的"岭"说的是大庾岭的话,则庾岭梅花闻名当更早。

唐以来,庾岭和岭梅就是诗歌中的一个重要意象,尤其是那些南迁岭外的诗人骚客,对庾岭、岭梅常表现出格外的忧惧感触。岭梅是悲情延伸的时空坐标,南枝花发为阳气最先,目睹芳华顿感光阴暗催;庾岭关高向迁途末程,回望故乡倍知苍茫暌隔。宋之问《题大庾岭北驿》所言望乡之处即是梅发之时,就凝缩了这种时空的双重煎迫。"迁客岭头悲袅袅"[⑥],是唐诗中常见的现象。

---

① 《全唐诗》,第 174 页。
② 《全唐诗》,第 159 页。
③ 《全唐诗》,第 159 页。
④ 《全唐诗》,第 155 页。
⑤ 逯钦立辑校《先秦汉魏晋南北朝诗》,第 2554 页。
⑥ 罗邺《早梅》,《全唐诗》,第 1651 页。

从咏梅的角度看,梅花为春色之先,而庾岭梅花又为天下梅信之先,"四时不变江头草,十月先开岭上梅"①,诗人咏梅动辄称"庾岭""南枝",意在强调得阳气之先的特性。所谓"南枝落,北枝开",说的不是同一棵树,而是指庾岭阴阳两面气温悬殊导致花期先后不同。在后世诗词中,"南枝""北枝"成了梅树梅花的代名词,而"南枝"因其有阳气先得之义,最为诗家词客所乐用。②

15. 宫额梅妆

唐白居易等《白氏六帖》卷四"人日":"梅花妆,武帝寿阳公主人日梅花落额上,成五色,后人效为梅花妆。"《太平御览》九七○〔果部·梅〕:"《宋书》曰,武帝女寿阳公主人日卧于含章檐下,梅花落公主额上,成五出之华,拂之不去,皇后留之,自后有梅花妆,后人多效之。"今本《宋书》未见此事。这则典故虽是南朝刘宋时事,但唐初《艺文类聚》《初学记》等类书均未载。南朝初盛唐之际咏梅赋梅虽也多言女"妆",如陈叔宝《梅花落二首》:"拂妆疑粉散,逐流似萍开。"③卢照邻《梅花落》:"因风入舞袖,杂粉向妆台。"④李峤《梅》:"妆面回青镜,歌尘起画梁。"⑤但都是以女色之粉面素妆比拟梅花,与寿阳之事无关。咏梅中明确使用"梅妆"当数唐五代的词。如徐昌图《木兰花》:"汉宫花面学梅妆,谢女雪诗裁柳絮。"⑥牛峤《酒泉子》:"凤钗低袅翠鬟上,

① 樊晃《南中感怀》,《全唐诗》,第 270 页。
② 关于迁客骚人置身此景之沉痛体验,请参看《中国梅花名胜考》,中华书局 2014 年版,第 27 页。
③ 逯钦立辑校《先秦汉魏晋南北朝诗》,第 2507 页。
④ 郭茂倩《乐府诗集》卷二四。
⑤ 《全唐诗》,第 174 页。
⑥ 张璋、黄畲编《全唐五代词》,第 518 页。

图71　梅花妆。唐白居易等《白氏六帖》卷四"人
日"："梅花妆，武帝寿阳公主人日梅花落额上，成五
色，后人效为梅花妆。"此图网友提供。

落梅妆。"①入宋后，此事逐渐成了咏梅的常典。

寿阳故事有两大作用，一是可用以展示梅花的美丽高雅。女色本可喻花，现在天与宫额，平添了一份华贵与奇妙："点酥点蜡，凭君尽做风流骨。汉家旧样宫妆额，流落人间，真个没人识。"②另一作用是表示梅花飘落。故事中梅妆是梅花落额所致，因而此事常含蓄、曲折地代表梅花的飘零。如姜夔《疏影》："犹记深宫旧事，那人正睡里，飞近蛾绿。莫似春风，不管盈盈，早与安排金屋。"③落花凄景的描写因为典故的使用而转化为美艳动人的形象画面。当然，在重在揭美幽雅志趣的咏梅作品中，此事便失去了作用。"冰姿皎然玉立，笑儿曹粉面何郎。调羹鼎，只此花余事，说甚宫妆。"④和羹之事都嫌俗了，还能说宫闱脂粉！

16. 何逊咏梅

由何逊《咏早梅诗》而来："兔园标物序，惊时最是梅。衔霜当路发，映雪拟寒开。枝横却月观，花绕凌风台。朝洒长门泣，夕驻临邛杯。应知早飘零，故逐上春来。"⑤

何逊（472？—519？），字仲言，原籍东海郯县（今山东剡城）。南朝梁著名文人。八岁能诗，少年时代寓居郢州，举秀才，二十岁左右入建康。梁武帝天监初，入仕为奉朝请，一度颇得梁武帝宠信。天监六年（507）前后，任建安王萧伟水曹行参军，兼记室。诗当作于任上。

此诗《艺文类聚》《初学记》均收编。杜甫首先引为咏梅故事，其

---

① 张璋、黄畲编《全唐五代词》，第 592 页。
② 冯时行《醉落魄》，唐圭璋编《全宋词》，第 2 册，第 1170 页。
③ 唐圭璋编《全宋词》，第 3 册，第 2182 页。
④ 姚勉《声声慢·和徐同年梅》，唐圭璋编《全宋词》，第 5 册，第 3096 页。
⑤ 逯钦立辑校《先秦汉魏晋南北朝诗》，第 1699 ～ 1700 页。

《和裴迪登蜀州东亭送客逢早梅相忆见寄》："东阁官梅动诗兴，还如何逊在扬州。此时对雪遥相忆，送客逢春可自由。幸不折来伤岁暮，若为看去乱乡愁。江边一树垂垂发，朝夕催人自白头。"[1]然而自晚唐以来，关于此诗创作的时间、地点、题目等，却存在不少误解。因杜诗"何逊在扬州"云云，注释者便"谓（何）逊作扬州法曹，廨舍有梅一株，逊吟咏其下"[2]。维扬地志中也有了"（逊）后居洛，思梅，因请曹职。至（扬州），适梅花方盛，逊对之彷徨终日"[3]一类的附会。诗题因此也有作《扬州法曹梅花盛开》的。然而质诸何逊生平事迹颇多费解。南宋张邦基、明杨慎及明清注杜诗者相继有所辨诘[4]。近见程章灿先生《何逊〈咏早梅〉诗考论》[5]一文对此考之更详，堪为定论。其大意是，今扬州之名始自隋，何逊无此方仕历，杜诗所言"何逊在扬州"，扬州当指建业（今江苏南京），东晋南朝以建业为扬州。何逊于梁天监六七年间任扬州刺史萧伟法曹参军[6]，《咏早梅诗》当作于天监七年正月。诗中所云"兔园"当指萧伟所居之梁武帝赐第芳林苑，"却月观""凌风台"也当是苑中景观。诗紧紧抓住梅花开放的时节特征，既精雕细琢，刻画形似，同时也表达了睹梅惊时、伤春怨逝的感受。

"梅从何逊骤知名，句入林逋价转增。"[7]何逊此诗之大受后世注意，

---

① 钱谦益笺注《钱注杜诗》，上海古籍出版社 1958 年版，下册，第 381 页。
② 葛立方《韵语阳秋》卷一六引《老杜事实》，何文焕辑《历代诗话》，中华书局 1981 年版。
③ 祝穆《方舆胜览》卷四四淮南路扬州名宦条下，《影印文渊阁四库全书》本。
④ 张邦基《墨庄漫录》卷一，《影印文渊阁四库全书》本；杨慎《升庵诗话》卷六，何文焕辑，中华书局 1981 年版。
⑤ 载《文学遗产》1995 年第 5 期。
⑥ 张邦基《墨庄漫录》卷一引王僧儒序何逊集记何逊"水部行参军事"。
⑦ 赵蕃《梅花六首》其四，《章泉稿》卷三，《影印文渊阁四库全书》本。

除其本身的成就外，不能不说得力于杜甫。杜甫《和裴迪……》诗上元元年（760）作于成都，友人裴迪有登东亭送客见早梅一诗见赠。杜甫一生服膺何逊，见到裴迪来诗，不由想起何逊当年咏早梅的作品。裴迪当时在蜀州（今四川崇庆）王侍郎幕中任职，情形仿佛何逊当年在扬州刺史幕中。想到这些，"东阁官梅动诗兴，还如何逊在扬州"的诗句就自然脱口而出。与何逊诗相比，杜甫此诗重点已不在咏物，而是抒情。诗人从对方东亭送客，睹梅"相忆"写起，表达了对故友此景此情的遥领和关念，写出两者同处异乡、心心相印的深厚友谊。大概裴迪来诗中有叹惜不得折梅相赠的意思，杜甫慰解道：幸而你未折梅寄来逗引我岁暮的伤感，我面对折梅怎能不乡愁撩乱。我草堂江边也有一株梅树，目前也正在渐渐开放，天天催我百感攒结，白发向老。诗歌笔笔不离梅花，却字字归于深情抒发，既有对友人的真情忆念、更有自己冬去春来的迟暮伤感、万里做客的离苦乡愁，因人及己，愁肠百端，感慨万千，把一首貌似和人咏梅之作写成了浓郁的抒情诗。而这些情感对于封建士大夫尤其是广大中下层官僚知识分子来说，又是最为普遍和经常的体验，很容易引起人们心灵上的共鸣。

由于杜诗的作用，使何逊之事也带上了浓重的抒情色彩，何逊咏梅成了文人睹梅兴情、感遇咏怀的代表。并且，与何逊原诗中的"兔园"之物相比[1]，杜诗所说"官梅"更切合广大中下层仕求宦游之士的生活实际。从这个角度看，后人所说"扬州廨舍""扬州法曹"等背景虽然未必无稽，但更多可能是出于杜甫那样的广大下层士人宦游羁旅、辗

---

[1] 范成大《梅谱》说："唐人所称官梅，止谓在官府园圃中。"周紫芝《移植官梅已着数花得四绝句》其一："昭文馆外无花看，吴树津头买树栽。"其四："诗翁句里无官样，只合孤山月下看。"是辨官梅不碍其清。见《太仓稊米集》卷三一。

转客寓的经验和想象。总之，何逊咏梅经杜甫之利用与发挥，便成了睹梅伤情，乡愁离思与时序迟暮之慨交掺融汇的抒情意象和情结，成了后世咏梅最常用的典故之一。杜甫"东阁官梅"与何逊"扬州官梅"一样也成了咏梅抒情的常见语符。如宋诗中："当年杜老对梅花，曾忆何郎淮海作。今日江城岁云暮，还思杜老歌东阁。"[①]"定知何逊牵诗兴，借与穿帘一点光。"[②]由于何逊之事的抒情性，词中用得更为普遍："天意若教花似雪，客情宁恨鬓如秋。趁他何逊在扬州。"[③]"何逊而今渐老，都忘却春风词笔。但怪得，竹外疏花，香冷入瑶席。"[④]"恨寄驿，音书辽邈，梦绕扬州东阁。风流旧日何郎，想依然林壑。"[⑤]"何逊扬州旧事，五更梦半醒，胡调吹彻。"[⑥]"风雨忧愁，年来何逊，孤负渠多少。参横月落，有怀付与青鸟。"[⑦]抒发的都是仕宦蹭蹬、生命漂泊的落寞与惆怅。

17. 却月凌风

由何逊《咏早梅诗》"枝横却月观，花绕凌风台"而来。却月、凌风，为梁武帝所赐扬州（建业）刺史萧伟居第芳林苑中两座建筑："却月观""凌风台"。命名不失风雅，因而咏梅多用其字面。如向子諲《虞美人》："谁将冰玉比精神，除是凌风却月，见天真。"[⑧]

---

① 华镇《梅花》，《全宋诗》，第 18 册，第 12307 页。
② 晁补之《谢王立之送蜡梅十首》，《全宋诗》，第 19 册，第 12869 页。
③ 周紫芝《浣溪纱》，唐圭璋编《全宋词》，第 2 册，第 871 页。
④ 姜夔《暗香》，唐圭璋编《全宋词》，第 3 册，第 2181 页。
⑤ 赵以夫《角招》，唐圭璋编《全宋词》，第 4 册，第 2663 页。
⑥ 吴文英《暗香疏影》，唐圭璋编《全宋词》，第 4 册，第 2902 页。
⑦ 陈纪《念奴娇·梅花》，唐圭璋编《全宋词》，第 5 册，第 3392 页。
⑧ 唐圭璋编《全宋词》，第 2 册，第 955 页。

18. 扬州法曹

因杜甫诗《和裴迪登蜀州东亭送客逢早梅相忆见寄》"还如何逊在扬州"云云，注释者便"谓（何）逊作扬州法曹，廨舍有梅一株，逊吟咏其下"。维扬地志中也有了"（逊）后居洛，思梅，因请曹职。至（扬州），适梅花方盛，逊对之彷徨终日"一类的附会。诗题因此也有作《扬州法曹梅花盛开》的。王冕《梅先生传》也称："何逊为扬州法曹掾，虚东阁待先生，先生遇之甚厚，相对移日，留数诗而归。"[①]参见"何逊咏梅"条。

19. 北人不识

梅花花期虽早，但树不耐寒，摄氏零下十五度的低温即会冻死，因而主要生长在秦岭、淮河以南，尤其是长江以南。而梅与淮河以北地区普遍栽种的另一果树——杏，无论是花期还是树形，都极其相近，对梅树不太熟悉的北方人很难把两者区分清楚。《齐民要术》"种梅杏第三十六"："梅花早而白，杏花晚而红。梅实小而酸，核有细文；杏实大而甜，核无文采。白梅任调食及齑，杏则不能任用。世人或不能辨，言梅杏为一物，失之远矣。"[②]说的就是北方地区民间梅果杏实混淆使用的情况。晋宋以来，梅之花的审美意义突过其实用价值，越来越受到广泛的注意，但从整体上看，北方人对梅花的欣赏和认识水平要落后于南方。"北人不惯种梅花，失笑南人惟看雪。"[③]这是一个客观事实。咏梅诗赋起于南朝，中唐以来咏梅渐兴，也多出现于南方地区。至于说一些梅花新品的培育与发现，更是以南方导乎先路。五代时南方始

---

① 王冕《竹斋集》续集，《影印文渊阁四库全书》本。
② 贾思勰《齐民要术》卷四，涵芬楼景印明抄本。
③ 陈泰《梅南歌》，《所安遗集》，元人文集珍本丛刊影印光绪六年武林节署刊本，台湾新文丰出版公司1985年版。

有红梅记载，至宋仁宗朝初期，南方许多地方都已栽植红梅。把红梅引入中原的是江西人晏殊。据《西清诗话》记载："红梅清艳两绝，昔独盛于姑苏，晏元献始移植西冈第中，特称赏之。一日，贵游赂园吏，得一枝分接，由是都下有二本。公尝与客饮花下，赋诗曰：'若更迟开三二月，北人应作杏花看。'客曰：'公诗固佳，待北客何浅也。'公笑曰：'顾伧父安得不然。'一坐绝倒。王君玉闻盗花事，以诗遗公曰：'馆娃宫北旧精神，粉瘦琼寒露蕊新。园吏无端偷折去，凤城从此有双身。'自尔名园争培接，遍都城矣。"[①]这大约是仁宗庆历年间的事。晏殊对北方人的讥诮，可能带有当时朝中南人北人分争对立的情绪，晏殊在真宗朝就曾受到北方人的压制。无独有偶，同出江西的王安石咏红梅诗也云："'春半花才发，多应不奈寒。北人初未识，浑作杏花看。'与元献（晏殊）之诗暗合。"[②]晏殊此事及王安石诗传为梅事佳话，"北人不识"云云也就成了咏梅诗尤其是红梅诗中常见的话头。如徐积《和吕秘校观梅二首》："江南看已厌，洛浦种还新。""北人殊未识，南国见何频。"[③]王洋《和向监庙红梅》其三："南人误种桃李栏，北人疑作杏花看。"[④]

---

① 胡仔《苕溪渔隐丛话》前集卷二五，人民文学出版社 1981 年版。
② 胡仔《苕溪渔隐丛话》前集卷二五。
③ 《全宋诗》，第 11 册，第 765 页。
④ 王洋《东牟集》卷六，《影印文渊阁四库全书》本。

图 72　梅花（左图）开花时无叶。杏花（右图）开花时有叶。

20. 霜天晓角

宋郭茂倩《乐府诗集》卷二四："《梅花落》，本笛中曲也。按唐大角曲亦有《大单于》《小单于》《大梅花》《小梅花》等曲，今其声犹有存者。"角曲《梅花》也属鼓角横吹之军乐，其声比笛曲《梅花落》更为悲怆沉咽。明谢肇淛《五杂俎》物部四："梅花角，声甚凄清，然军中之乐，世不恒用。"唐代大角横吹曲多用于"夜警晨严"，尤其是"晨严"，因而诗词中形容其调，多置于霜天戍楼、月落参横的气氛中，如秦观《桃源忆故人》："无端画角严城动，惊破一番新梦。窗外月华霜重，听彻《梅花弄》。"《董解元西厢记》卷四："钟声渐罢，又戍楼寒角奏《梅花》。"卷八："听戍楼，角奏《梅花》声呜咽。"与笛曲梅花一样，角曲《梅花》在诗词中也多用以写花落春逝之景象，如尤袤《瑞鹧鸪·落梅》："梁溪西畔小桥东，落叶纷纷水映空。五夜客愁花片里，一年春事角声中。"[①]葛长庚《酹江月·咏梅》："冷艳寒香空自惜，后夜山高月小。满地苍苔，一声哀角，疏影归幽渺。"[②]由于角声较笛曲为凄厉，用以渲染烘托的氛围又是霜天晓月苍凉之景，所表怨春伤逝之哀情也就更为强烈。

---

① 唐圭璋编《全宋词》，第 3 册，第 1632 页。
② 唐圭璋编《全宋词》，第 4 册，第 2582 页。

如秦观《和黄法曹忆建溪梅花》："月没参横画角哀，暗香销尽令人老。天分四时不相贷，孤芳转盼同衰草。"[1]与笛曲《梅花落》的情况一样，由于推求高格雅趣的审美取向，宋人对这一乐府典故的哀怨情调也时表诋议："霜天角里空哀怨，丘壑风流总不知。"[2]

21. 广平赋梅

宋璟（663—737），邢州南和（今属河北）人，祖籍广平，后世常称宋广平。弱冠举进士，累迁至御史台中丞，为武则天所重。睿宗立，入朝拜相，因奏请太平公主出居东都，被贬职。玄宗开元四年复为相，至八年罢。宋璟为人刚正不阿，与姚崇先后秉政，并为开元名臣。宋璟未显时，以《梅花赋》《长松篇》得苏味道称赏，叹为"王佐才"，由此知名[3]。

宋璟《梅花赋》原作已佚，唐人提到此赋的有皮日休，其《桃花赋序》云："余尝慕宋广平之为相，贞姿劲质，刚态毅状，疑其铁肠石心，不解吐媚婉辞。然睹其文而有《梅花赋》，清便富艳，得南朝徐庾体，殊不类其为人也。"[4]宋璟文集大概于唐末失传，宋初编《文苑英华》《唐文粹》均未收此赋。南北宋之交的李纲曾作《梅花赋》，序称："广平之赋，今阙不传……因极思以为之赋，补广平之阙。"[5]是明言宋作不传，为赋补亡。今本宋璟《梅花赋》的发现是元世祖至元间的事。最早提到此事的是周密，其《癸辛杂识》后集："《梅花赋》今不传，

---

① 《全宋诗》，第 18 册，第 11076 页。
② 张道洽《梅花》，方回《瀛奎律髓》卷二〇。
③ 颜真卿《广平文贞公宋公神道碑铭》，董诰《全唐文》卷三四三，中华书局1983 年版。
④ 皮日休《桃花赋》序，董诰《全唐文》卷七九六。
⑤ 李纲《梁溪全集》卷二。

近徐子方以江右所刊者出，观其文猥陋，非惟不类唐人，亦全不成语，不善于作伪者也。"据夏承焘《周草窗年谱》，《癸辛杂识》后集作于至元二十四五年间（1287—1288）。

同时方回对《梅花赋》的重见天日表现出更大的热情，为作《跋宋广平梅花赋》《再考宋广平梅花赋及东川从父跋》，溯宋集之不传，幸宋赋之重现，论广平之贞姿劲质，辨赋旨之文如其人。揣摩方回语意，颇以首发自许："回自志学之年，从师取友至今已七十二岁，读《唐文粹》及《文苑英华》诸前辈所选古文，未见宋广平所为梅花赋，诸类书无不读，并无此赋。自开元以后至今诸人为文为诗，亦未见有能引广平赋梅花一二句者。近人撰《全芳备祖》以梅花为第一类，自谓所引梅花事俱尽，如徐坚《初学记》梅花事，其人皆遗之，书坊刊本不足信如此。今乃于旧国子监得此赋写本。"① "世人多未见广平赋，而回幸得见之，是不可不详本末，以垂示来哲。"② "邂逅老夫传此本。"③方回两跋分别作于元成宗大德二年、三年（1298、1299），时方回归居江南杭歙之间。赵孟頫曾为其书写此赋，交游间牟巘、仇远等也为作跋④。

同时提到发现此宋赋的还有鲜于枢、王恽等。明田艺蘅《留青日札》卷一载鲜于枢《梅花赋》跋："宋广平梅花赋，世所罕传，予新得于右丞何公处，实东京旧国子监写本，蓼塘庄恭甫闻之以求，故书此以赠之。

---

① 方回《跋宋广平梅花赋》，《桐江集》卷四。
② 方回《再考宋广平梅花赋及东川从父跋》，《桐江集》卷四。
③ 方回《送林学正爱梅二首》，《桐江续集》卷二四。
④ 牟巘《跋梅花赋》，《陵阳集》卷一六，《影印文渊阁四库全书》本；陆文圭《跋赵学士书》，《墙东类稿》卷一〇，元人文集珍本丛刊影印常州先哲遗书本（光绪世德堂本），台湾新文丰出版公司1985年版。另王恽有《宋广平梅花赋后语》，《秋涧先生大全集》卷七三，元人文集珍本丛书影印元至治刊本，台湾新文丰出版公司1985年版。

渔阳困学鲜于枢，时至元廿七年（1290）中秋日。"王恽《宋广平梅花赋后语》称："广平梅花赋，予尝闻双溪耶律公（耶律铸）求斯文久矣，得之者当以马乘相觊，愿见之心与公略同，至元癸巳（1293）春，予待诏阙下，秘书郎赵天民来谒，赵之父故中书门客也。因询赋之隐见，曰已得之矣，翌日录似本来献，老眼增明。"鲜于也明言所见旧国子监写本，与方回所言当属一种。从王跋所引赋语看，与方回见本文字也相同。但他们所记的时间要比方回早了五到八年。不知可是两个不同的写本，南北异地发覆，各不相属。

此间发现的宋赋又非一种。元陆文圭《跋赵学士书》中提到，除方回等所见《梅花赋》外，还有一文字不同之别本："宋广平梅花赋，有虚谷、献之、仁近（仇远）三先生跋。公自序云……皮日休见而称之，况失其传，三百年后，复出，诸老先生考订精详，援据该博，无复加矣……余顷在吴子馀书几见公梅花赋，未识偏旁，读不成句，与今本绝异，未知孰是。"①联系周密所言徐子方江右刊出者"其文猥陋""全不成语"，陆氏所见与周密所见或即一种。刘壎《隐居通议》卷五载宋赋两本全文：

其一：

　　垂拱三年，余春秋二十有五，战艺再北，随从父之东川，授馆官舍，时病连月，顾瞻圮墙，有梅一本，敷藕于榛莽中，喟然叹曰：斯梅托非其所，出群之姿，何以别乎？若其贞心不改，是则可取也已，感而成兴，遂作赋曰：

　　"高斋寥阒，岁晏山深。景翳翳以斜度，风悄悄而龙吟。坐穷檐以无朋，命一觞而孤斟。步前除以踯躅，倚藜杖于墙阴。

---

① 陆文圭《墙东类稿》卷一〇。

蔚有寒梅，谁其封植？未绿叶而先葩，发青枝于宿枿。抶秀敷荣，冰玉一色。胡杂遝于众草，又芜没于丛棘。匪王孙之见知，羌洁白其何极？

若夫琼英缀雪，绛萼著霜，俨如傅粉，是谓何郎；清香潜袭，疏蕊暗臭，又如窃香，是谓韩寿。冻雨晚湿，凤露朝滋，又如英皇，泣于九疑。爱日烘晴，明蟾照夜，又如神人，来自姑射。烟晦晨昏，阴霾昼阒，又如通德，掩袖拥髻。狂飙卷沙，飘素摧柔，又如绿珠，轻身坠楼。半含半开，匪默非言，温伯雪子，目南道存。或俯或仰，匪笑匪怒，东郭顺子，正容物悟。或憔悴若灵均，或欹傲若曼倩。或妖媚如文君，或轻盈若飞燕。口吻雌黄，拟议难遍。

彼其艺兰兮九畹，采蕙兮五柞。缉之以芙蓉，赠之以芍药。玩小山之丛桂，掇芳洲之杜若。是皆物出于地产之奇，名著于风人之托。然而艳于春者，望秋先零，盛于夏者，未冬已萎。或朝华而速谢，或夕秀而遄衰。曷若兹卉，岁寒特妍，冰凝霜沍，擅美专权，相彼百花，谁敢争先！莺语方涩，蜂房未喧，独步早春，自全其天。

至若栖迹隐深，寓形幽绝，耻邻市廛，甘遁岩穴。江仆射之孤灯向壁，不怨凄迷；陶彭泽之三径投闲，曾无愊结。琼不移于本性，方可俪乎君子之节。聊染翰以寄怀，用垂示于来哲。从父见而勖之曰：万木僵仆，梅英再吐，玉立冰姿，不易厥素。子善体物，永保贞固。"

其二：

忆深山大川，断石长岩，兰芳幽秋，草落严霜，一气悴枯，万物闭藏。天地不色而艳，根荄逞寒而芳。霜雪之间，特然梅花，孤香高标，入眼澄俗，予因作而之曰：

> "云寒草死兮万根荄之不芳，风栗冽兮冰生水乡。山瘦兮月小，天空兮水光，落片影之冥鸿，照疏枝之夕阳。矧无人兮霜封雾琐，挺孤独兮疲节贞香。忍屈于灵均之手，沈洒于烟雨之香。实不老于鼎鼐，渴若迎于酒浆。一花一蕊，一诗一觞，泛迹迹于杳冥，餐孤芳而翱翔。吟吐字而不俗，延淡墨而意长。啐啄肺腑，剔摩胃肠。香太极而不古，名浽溪而逾扬。何石丑而与齐，何松怪而与刚。落孤景而不沉，荐清芬于冥芒。溜春水而潺潺，振深冰而浪浪。度笛声于远关，写孤梗于吟腔。幽谷兮磔磔，春风兮苍苍。蜂黄蝶粉，飞飞双双，臭发不死，寸心未荒。棘草深兮榛芜，篱落虚而凄凉。信芳杜之羞颜，委薰莸之并伤。日月渐古，人心行藏，念此幽特，情兮可忘。奏古骚于绝响，托微兴之将将。分姑山之逸游，遣回仙于吟庞。予信发于此时，将永歌而长望。"

第二赋语句多生拙处，周密、陆文圭所见或即此本。刘壎录后评道："'姑山''回仙'二语，不知何谓，若曰和靖种梅孤山，则是北宋时事，若指回仙为洞宾，则洞宾唐末人也。"[1] 又，赋中"吟吐字而不俗，延淡墨而意长"云云是说吟诗作画，而"淡墨"（水墨）写梅始于北宋后期，唐人不当言及。

第一赋通常认为宋璟原作，方回、牟巘、陆文圭、王恽等据赋中"不移于本性""俪乎君子之节""独步早春，自全其天""永保贞固"云云，认为风人托物，高志逸情，非广平贞姿劲质、铁石心肠莫属。然而此

---

① 刘壎《隐居通议》卷五，《影印文渊阁四库全书》本。

赋属于宋璟，殊多可疑：

首先，序中所叙事实与宋璟生平不符。序云"垂拱三年，余春秋二十有五，战艺再北，随从父之东川，授馆官舍"，而史载宋璟"博学，工于文翰，弱冠举进士"[1]。颜真卿《广平文贞公宋公神道碑铭》记其"七岁能属文……年十六七时，或读易旷时不精，公迟而览之，自亥至寅，精义必究。明年进士高第，补上党尉，转王屋主簿。相国苏味道为侍御史出使，精择判官，奏公为介。公作《长松篇》以自兴，《梅花赋》以激时，苏深赏叹之，曰真王佐才也。"[2]是宋璟未逾冠而及第，赋作于入仕之后。

其次，赋之主旨与唐人所言不符。前引颜真卿《神道碑》云"《长松篇》以自兴，《梅花赋》以激时"，铭辞又曰："胜冠结绶，历政洋洋。乃尉合宫，贰辑琅琅。《赋》嗟梅艳，《篇》美松长。苏公嗟称，才必佐王。"是宋璟两篇作品，一诗一赋。诗美长松，托物自喻；赋讥梅艳，借以讽俗。是非美刺，正反聘怀，表现出初仕求进，期有作为的奋发姿态。而今本赋中梅花不是流俗之比喻，而是自我之象征，全然违反了宋赋本旨。所言"出群之姿""贞心不改""栖迹隐深，寓形幽绝，耻邻市廛，甘遁岩穴"，着意于遁世之趣、忠贞之操，纯然孤山咏梅以来的声吻，与宋璟此时初仕进取之经历、心态相去悬远。

再次，风格手法之不类。皮日休得睹广平原作，称其"清便富艳，得南朝徐庾体，殊不类其为人"，当合宋赋实际。时际初唐后期，南朝诗赋清绮靡艳余风犹在。宋璟也正青春年少，虽所作美刺讽兴，有感而发，不乏超拔时流之姿，但与后来的事业成就相比，终为人生初度，

---

① 刘昫《旧唐书》卷九六，《影印文渊阁四库全书》本。
② 董诰《全唐文》卷三四三。

文章气貌当不致过于老成唐突。大表赏识的苏味道当时号为大手笔，其功夫也重在词藻偶对，风格绮艳。宋赋既然入其法眼，词气也应相若。而今本《梅花赋》托物言志，自励自勉，立意高雅，气度从容，意脉清晰，骨格刚健。方回等论其"一生刚劲之气见乎其辞"，"未尝婉媚"，"刚毅之气可掬"（方回），"岁寒之姿、调羹之事固已表表于未第之前"（王恽），无助于确认为宋之作，适足以令人生疑。至于体物手法，钱钟书先生在《谈艺录》中讨论"诗人咏花，多比美女，山谷赋酴醾，独比美丈夫"这一现象时，认为北宋后期始标举此法，"《全唐文》卷二百七宋璟《梅花赋》，乃南宋人窃取李伯纪（纲）《梁溪全集》卷二《梅花赋》，润削之而托名于广平者。广平原赋久佚，皮日休及睹原赋，仿之作《桃花赋》，见《全唐文》卷七百九十六，比花于郑姬、嫦娥、妲己、息妫、西子、骊姬、神女、韩娥、文姬、褒姒、戚姬，莫非美妇人。伪《梅花赋》中则有'是谓何郎'，'是谓韩寿'，'又如通德'，'又如绿珠'，男女当对，伯纪原赋所未及。盖作伪者已寝润于冷斋（释惠洪）之说矣"①。以美男喻花实始自李商隐《酬崔八早梅有赠兼示》"谢郎衣袖初翻雪，荀令薰炉更换香"，黄庭坚咏酴醾效之作"露湿何郎试汤饼，日烘荀令炷炉香"。宋赋中何郎、韩寿作比，一写梅色，一写梅香，即由此而来。又把梅花比作温伯雪子、东郭顺子，比作屈原、东方朔，更是进了一筹。北宋后期以来，宋人逐渐认为以美人喻梅不足以写其贞姿劲节，只有高人烈士才能比方梅之气格。赋中以温伯、东郭比梅，即属这一表现方式。

最后，《四库全书总目》卷一五六李纲《浮溪集提要》："集中有补宋《梅花赋》，自序谓赋已佚，拟而作之，其文甚明。元刘壎《隐居通议》

_____

① 钱钟书《谈艺录》补订本，中华书局 1984 年版，第 342 页。

所载赋二篇，皆属伪本……核其文句，大抵点窜纲赋，十同七八，其为依托显然。"今本宋璟赋中"未绿叶而先葩，发青枝于宿枿""半含半开，匪默非言，温伯雪子，目击道存。或俯或仰，匪笑匪怒，东郭顺子，正容物悟""相彼百花，谁敢争先！莺语方涩，蜂房未喧，独步早春，自全其天"，皆见于李纲赋，其他更不乏命意相近者。李纲自称"补广平之阙"，赋中先叙早春独步、青枝素英等"梅花之大略"，继而铺陈比喻，写梅姿态，美其标格，举其和羹入药之功用，最后表岁寒相依之愿。就文章立意而言，尚不及今本宋璟赋"贞心不改"之立意深刻。后者更能代表宋人爱梅重在幽姿逸趣的审美追求，其认识水平和表现方式都倾向于是南宋以来或即宋元之交的作品。终宋之世，正如方回所说，"未见有能引广平赋梅花一二句者"。宋末李龙高《梅百咏·宋赋》："姚子（引者案：姚铉）编文去取难，将渠例与白歌删。后人要识心如铁，欲向桃花赋里看。"[1]宋人对于宋赋的了解，仅止于皮子《桃花赋序》所述（舒邦佐，淳熙八年进士，有《读广平梅花赋》一诗，见《全宋诗》卷二五五二。味其诗意，所见或即方回等跋本，俟考）。

虽然今本宋璟《梅花赋》深可置疑，两宋三百多年间人们更是认其无传，但宋璟以一代名臣赋梅却是咏梅史上的一个亮点，尤其是皮日休关于宋公"铁肠石心"不当赋辞"婉媚"的疑议，更是引发了一个不绝的话题。开始人们只是把它作为一般的典故，用以表达因梅感春、对景能赋的诗人雅兴。廖明略取广平赋梅事为贵溪尉舍梅舍命名"能赋堂"[2]，秦观《和黄法曹建溪梅花》"谁云广平心似铁，不惜

① 《全宋诗》，第 72 册，第 45387 页。
② 韩元吉《绝尘轩》，《南涧甲乙稿》卷一六，《影印文渊阁四库全书》本。

图73 [清]金农《梅花图轴》。美国弗利尔美术馆藏。

珠玑与挥扫"①，都是简单地直用其事。到南北宋之交，随着人们对梅花的推重，尤其是对梅花傲然岁寒之精神气节美的感知赏识，对广平赋梅之事有了新的理解：宋公赋梅不是与其性格不类，恰恰相反，只有宋公那样的铁心石肠、刚姿劲质才配咏梅，才能得其精理神髓。《韵语阳秋》卷一六记载，南北宋之交的叶梦得曾"效楚人橘颂体作《梅颂》一篇，以谓梅于穷冬严凝之中，犯霜雪而不慑，毅然与松柏并配，非桃李所可比肩，不有铁肠石心，安能穷其至"。当时持同样见解的还有王铚，其《明觉山中始见梅花戏呈妙明老》写道："千古无人识岁寒，独有广平心似铁。"自注说："皮日休曰宋广平铁石心肠，乃作梅赋，有徐庾风格。予谓梅花高绝，非广平一等人物，不足以赋咏。"②人格与文风矛盾之处，现在却发现与梅格适成统一。经过这番旧事别解、故题新说，广平赋梅成了咏梅的重要事象，其意义就不只是一般的诗赋风雅，而是君子人格的比

① 《全宋诗》，第18册，第11076页。
② 王铚《雪溪集》卷二，《影印文渊阁四库全书》本。

德象征，其作用在于揭示梅花坚贞刚毅的品格。"萧萧官舍自寒芳，清梦何从至玉堂。唱彻凉州太催逼，何如铁石广平肠。"①"广平铁石心犹在，宁有诗情似玉台。"②与六朝及初盛唐诗人的睹梅惊时、感伤绮怨不同，宋璟的刚毅秉赋、名臣风范被视为梅花品格的现实典型。

落实在表现方式上，人们多以广平之"刚态毅状"来比拟梅花，用"铁心石肠"之语来描况和赞誉梅花："广平心肠铁石，姑射肌肤冰雪。"③"衣冠古岸绮季至，介胄嶙峋亚夫色。从来魏征真妩媚，要是广平终铁石。月香水影儿女语，千古诗肠描不得。"④"素心甘淡泊，秉节性贞固……孤根倚绝望，清光更回互。生平铁石肠，不受纤尘污。念结岁寒盟，相依共迟暮。"⑤"清标实用何人可，只合差肩宋广平。"⑥"梅之为物，天清月明，风度凝远，如宋广平在开元相太平。"⑦在这样的人格比拟中，尤其是"铁心石肠"的措语中，梅花的刚毅品格尤其是坚贞不屈的气节情操得到最为醒目的揭示。同样，也正是对宋璟人格深契梅格的审美理解，为宋元之际《梅花赋》的赝制提供了"贞心不改""君子之节"等比德立意的认识基础。

① 李曾伯《太府寺梅花盛开和曾玉堂韵二首》其二，《可斋杂稿》卷二七，《影印文渊阁四库全书》本。
② 虞俦《次韵古梅》，《尊白堂集》卷三，《影印文渊阁四库全书》本。
③ 许纶《次韵周畏知用南轩"闻说城东梅十里"句为韵六言七首》其二，《涉斋集》卷一八，《影印文渊阁四库全书》本。
④ 郑清之《冬节忤寒约客默坐……》，《安晚堂诗集》卷八，汲古阁景宋《南宋六十家小集》本。
⑤ 郑会《梅雪堂》：《宋诗纪事补遗》卷六四，清光绪癸巳刊本。
⑥ 曹彦约《见梅有感》，《昌谷集》卷二，《影印文渊阁四库全书》本。
⑦ 陈著《跋弟蒫（chǎi）梅轴》，《本堂集》卷四四，《影印文渊阁四库全书》本。

22. 铁心石肠

唐宋璟性格刚毅，尝作《梅花赋》。皮日休《桃花赋序》："余尝慕宋广平之为相，贞姿劲质，刚态毅状，疑其铁肠石心，不解吐媚婉辞。然睹其文而有《梅花赋》，清便富艳，得南朝徐庾体，殊不类其为人也。"此后，人们多以宋璟之"刚态毅状"来比拟梅花，用"铁心石肠"之语来描况和赞誉梅花。参见"广平赋梅"条。

23. 玉堂金屋

唐蒋维翰《春女怨》："白玉堂前一树梅，今朝忽见数花开。儿家门户寻常闭，春色因何入得来。"[①]是一般的睹梅怨春之诗。后世采"玉堂"字面，用作咏梅语汇。玉堂，汉代宫殿名，入宋以来又以称翰林院。古乐府《相逢行》："黄金为君门，白玉为君堂。"白玉堂因而又是富贵之宅的泛称。南宋以来，多以"玉堂金屋"作为"竹篱茅舍"的对立面，认其与梅不宜，以反衬梅花的居清处幽，如刘克庄《沁园春·梦中作梅词》："天造梅花，有许孤高，有许芬芳。""日暮天寒，山空月堕，芭舍清于白玉堂。宁淡杀，不敢凭羌笛，告诉凄凉。"[②]陈元晋《梅》："吾敬林隐君，终老梅花乡。孤山足佳处，不愿白玉堂。古来贫贱交，富贵岂相忘，岁寒谁苦心，摇摇桃李场。"[③]李曾伯《太府寺梅花盛开和曾玉堂韵二首》其二："萧萧官舍自寒芳，清梦何从至玉堂。唱彻凉州太催逼，何如铁石广平肠。"[④]赵必瓈《南山赏梅分韵得观字》："与其玉堂兮金屋，孰若竹篱茅舍幽且闲。与其状元兮宰相，孰若收香敛

---

① 《全唐诗》，第 335 页。
② 唐圭璋编《全宋词》，第 4 册，第 2597 页。
③ 陆心源《宋诗纪事补遗》卷六四，山西古籍出版社 1997 年版。
④ 李曾伯《可斋杂稿》卷二七，《影印文渊阁四库全书》本。

华林墅间。"①

24. 巡檐索笑

杜甫《舍弟观赴蓝田取妻子到江陵喜寄三首》其二："巡檐索共梅花笑，冷蕊疏枝半不禁。"杜甫诗中专题写梅者仅两首，一是《和裴迪登蜀州东亭送客逢早梅相忆见寄》，一是《江梅》："梅蕊腊前破，梅花年后多。绝知春意好，最奈客愁何。雪树元同色，江风亦自波。故园不可见，巫岫郁嵯峨。"此外随遇即景而写及梅花之处不少。宋末方回在《瀛奎律髓》卷二○杜甫梅诗下写道："老杜诗凡有梅字者皆可喜，'巡檐索共梅花笑，冷蕊疏枝半不禁。''索笑'二字遂为千古诗人张本。'岸容待腊将舒柳，山意冲寒欲放梅。''未将梅蕊惊愁眼，要取椒花媚远天。''梅花欲开不自觉，棣萼一别永相望。''绣衣屡许移家酝，皂盖能忘折野梅。'此七言律之及梅者。'市桥官柳细，江路野梅香。''雪岸丛梅发，春泥百草生。''雪篱梅可折，风榭柳微舒。''绿垂风折笋，红绽雨肥梅。''梅花万里外，雪片一冬深。''秋风楚竹冷，夜雪巩梅香。''去年梅柳意，还欲搅春心。''何当看花蕊，欲发照江梅。'此五言律之及梅者，皆飨人牙颊。"据学者统计，杜诗中泛写"花"之外，专称某花最多的是梅花与菊花②，其中还不包括梅实。方回所举之外还有："安得健步移远梅，乱插繁花向晴昊。"③"春日春盘细生菜，忽忆两京梅发时。"④"盈盈当雪杏，艳艳待春梅。"⑤"梅花交近野，草色向

---

① 赵必瑑（xiàng）《覆瓿集》卷二，《影印文渊阁四库全书》本。
② 陈植锷《诗歌意象论》第十章《意象统计举隅》，中国社会科学出版社 1990 年版。
③ 杜甫《薛端薛复筵简薛华醉歌》，钱谦益笺注《钱注杜诗》，下册，第 47 页。
④ 杜甫《立春》，钱谦益笺注《钱注杜诗》，下册，第 477 页。
⑤ 杜甫《早花》，钱谦益笺注《钱注杜诗》，下册，第 643 页。

平地。"①等。虽然其中工拙有别，不像方回所说有梅字皆好，但"巡檐索笑""疏枝冷蕊""山意冲寒""江路野梅"等确是言简意炼，饶有风致。

杜甫写梅之笔体现了两种不同的审美情调和意向。两首专题梅诗作于西南漂泊之际，江畔东阁，因梅感春，遇物伤怀，梅花是抒发时序之悲、怀乡之情的媒介。而如"巡檐索笑""健步移远""乱插繁华"云云，则又是一种春兴勃发、闲情恣肆的文士雅逸情态，至少后人从中读到了这种意兴情趣。宋人还画有《杜甫巡檐索笑图》②，所写当非风雪苦吟之态，而近乎孤山闲吟放逸之趣。咏梅诗词中化用"巡檐索笑""健步移梅"之语，作用也在此。

25. 疏枝冷蕊

杜甫《舍弟观赴蓝田取妻子到江陵喜寄三首》其二："巡檐索共梅花笑，冷蕊疏枝半不禁。"以"疏"状梅枝，以"冷"称梅蕊，字炼意切，大家手笔，发即不俗。林逋以前，以"疏"状梅者，唯老杜此句。后世梅诗多取此语。

26. 东阁官梅

杜甫《和裴迪登蜀州东亭送客逢早梅相忆见寄》："东阁官梅动诗兴，还如何逊在扬州。此时对雪遥相忆，送客逢春可自由。幸不折来伤岁暮，若为看去乱乡愁。江边一树垂垂发，朝夕催人自白头。"因梅感春忆友，怨离叹逝，语言浅白，感情深挚，读来令人回肠荡气，后人至有"古今咏梅第一"的说法（仇兆鳌《杜诗详注》卷九引王世贞语）。由于杜诗的地位，此诗也就成了咏梅中最常用的典故之一，如杨时《又用

---

① 杜甫《送王侍御往东川放生池祖席》，钱谦益笺注《钱注杜诗》，下册，第649页。
② 陈杰《题老杜巡檐索笑图》，《自堂存稿》卷四，《影印文渊阁四库全书》本。

前韵和早梅二首》:"东阁诗魂动,南枝岁律回。"[1]参见"何逊咏梅"条。

27. 玉川相思

卢仝,号玉川子,中唐诗人,与韩愈相善,诗风亦奇崛,而加以险怪。其《有所思》:"当时我醉美人家,美人颜色娇如花。今日美人弃我去,青楼珠箔天之涯。天涯娟娟姮娥月,三五二八盈又缺。翠眉蝉鬓生别离,一望不见心断绝。心断绝,几千里。梦中醉卧巫山云,觉来泪滴湘江水。湘江两岸花木

图74　疏枝冷蕊(网友提供)。

深,美人不见愁人心。含愁更奏绿绮琴,调高弦绝无知音。美人兮美人,不知为暮雨兮为朝云。相思一夜梅花发,忽到窗前疑是君。"[2]此诗写有情人两地相思,情痴恍惚,把窗前新发梅株当成了情人。后来咏梅不乏引以为事典者。如许纶《梅花十首》其五:"玉川梦事不纷纭。"《次韵常之用前人韵赋梅花十绝》其六:"玉川清苦更清狂,一夜相思不可当。解道是君看亦好,不然白地断人肠。"[3]

① 《全宋诗》,第19册,第12937页。
② 《全唐诗》,第970页。
③ 许纶《涉斋集》卷一八,《影印文渊阁四库全书》本。

28. 缟裙练帨

卢仝还有一事有资咏梅者。韩愈《李花》："夜领张彻投卢仝，乘云共至玉皇家。长姬香御四罗列，缟裙练帨无等差……清寒莹骨肝胆醒，一生思虑无由邪。"[①]缟裙练帨本是写李花皓明清冽，苏轼用来衬托梅花："缟裙练帨玉川家，肝胆清新冷不邪。秾李争春犹办此，更教踏雪看梅花。"[②]

29. 昭君汉妆

王建《塞上梅（曲）》："天山路傍一株梅，年年花发黄云下。昭君已殁汉使回，前后征人惟系马。日夜风吹满陇头，还随流水东西流。此花若近长安路，九衢年少无攀处。"[③]写大漠征路梅花的无言开落、孤凄寂寞，由于联想到昭君出塞之事。后人来化用其意，以昭君喻梅，同时也兼融杜甫《咏怀古迹》"一去紫台连朔漠，独留青冢向黄昏。画图省识春风面，环珮空归月夜魂"的意境。如胡铨《和和靖八梅》："春风自识明妃面，夜雨能清吏部魂。"[④]姜夔《疏影》："昭君不惯胡沙远，但暗忆江南江北。"[⑤]刘克庄《沁园春·梦中作梅词》："天造梅花，有许孤高，有许芬芳。似湘娥凝望，敛君山黛，明妃远嫁，作汉宫妆。"[⑥]

① 韩愈撰，钱仲联集释《韩昌黎诗系年集释》卷七，上海古籍出版社 1984 年版，第 779 页。
② 苏轼《次韵杨公济奉议梅花十首》，王文诰辑注；孔凡礼点校《苏轼诗集》卷三三，中华书局 1986 年版。
③ 《全唐诗》，第 747 页。
④ 方回《瀛奎律髓》卷二〇。
⑤ 姜夔撰，夏承焘编注《姜白石词编年笺校》，上海古籍出版社 1981 年版，第 48 页。
⑥ 唐圭璋编《全宋词》，第 4 册，第 2597 页。

30. 梅妃素妆

图75 梅妃(网友提供)。

旧题唐曹邺《梅妃传》载，唐明皇梅妃，姓江名采蘋，也称江妃，莆田人。开元初，高力士选归侍明皇。善属文，自比谢道韫，淡妆雅服，而姿态明秀。性喜梅，居所均植梅花，明皇戏名之为梅妃。明皇后宠杨贵妃，逼迁上阳宫，帝每念之，曾封珍珠一斛密赐梅妃，不受。钟惺《名媛诗归》卷一〇："妃有《萧兰》《梨园》《梅花》《凤笛》《玻杯》《剪刀》《倚窗》七赋。"①此事在咏梅中见用不多，晁说之《枕上和圆机绝句梅花十有四首》第五首："莫道梅花取次开，馨香须待百层台。不同碧玉

_____

① 张璋、黄畬编《全唐五代词》，第 26 页.

小家女，宝策皇妃元姓梅。"①刘克庄《梅花十绝答石塘二林》三叠其五：
"半卸红绡出洞房，依稀侍辇幸温汤。三郎方爱霓裳舞，珍重梅姬且素
妆。"②说的都显系此事。

图 76　丰
子恺《寻香》。
南宋翁卷《舍
外早梅》诗：
"行遍江村
未有梅，一花
忽向暖枝开。
黄蜂何处知消
息，便解寻香
隔舍来。"丰
子恺此图据翁
卷诗意而绘。

---

① 《全宋诗》，第 21 册，第 13775 页。
② 刘克庄《后村先生大全集》卷一七。

31. 前村深雪、深雪一枝

五代著名诗僧齐己《早梅》："万木冻欲折,孤根暖独回。前村深雪里,昨夜一枝开。风递幽香去,禽窥素艳来。明年如应律,先发映春台。"[1]此诗当时很有名,同时尚颜(一作栖蟾作)《读齐己上人集》："冰生听瀑句,香发早梅篇。"[2]上句是说《听李尊师弹琴》诗,其中有"洒石霜千片,喷崖瀑万寻"[3]句,下句即指这首《早梅》诗。诗中第四句,原作"昨夜数枝开",同时诗人郑谷认为:"'数枝'非早,不若'一枝'佳耳",齐己依意作了修改,称郑谷为"一字师"[4],传为佳话。齐己此诗知名度也因此倍增,尤其是颔联,以深雪一枝见梅发之早,比笼统地说梅已开放要透进一步,以少胜多,语淡思巧,广受注意。"前村深雪""深雪一枝"云云,后世便用为早梅话头。如舒亶《和石尉早梅二首》:"短笛楼头三弄夜,前村雪里一枝香。"[5]

32. 梅聘海棠

后唐冯贽编《云仙散录》载《金城记》曰:"黎举常云:'欲令梅聘海棠,枨子臣樱桃及以芥嫁笋,但恨时不同耳。'然牡丹、酴醾、杨梅、枇杷尽为挚友。"这是花卉品鉴的特殊说法,聘是聘娶的意思。"夫妻"关系意在匹配,到了梅花推崇备至的南宋,对这一说法始有非议:刘克庄《梅花十绝答石塘二林》二叠第八:"年来天地萃精英,占断人间一味清。唤作花王应不忝,未应但做水仙兄。"[6]《梅花》诗中进而提

---

① 《全唐诗》,第 2066 页。
② 《全唐诗》,第 2082 页。
③ 《全唐诗》,第 2066 页。
④ 王士禛原编,郑方坤删补,戴鸿森校点《五代诗话》卷八引《十国春秋》,人民文学出版社 1998 年版。
⑤ 《全宋诗》,第 15 册,第 10402 页。
⑥ 刘克庄《后村先生大全集》卷一七。

出："真可婿芍药，未妨妃海棠。"①正如钱钟书所说："为卉植叙彝伦，乃古修词中一法。"②咏梅中君臣、主奴、兄弟、师友一类比拟评骘都属此法，对梅花品格的推示作用不小。

33. 罗亭红梅

北宋江休复《江邻几杂志》："（李煜）作红罗亭，四面栽红梅花，作艳曲歌之。韩熙载和云：'桃李不须夸烂漫，已输了风吹一半。'时淮南已归周。"③这一信息有两点意义：其一，可见至迟到五代时，红梅品种在江南地区已引起关注。其二，这是继杜甫《和裴迪登蜀州东亭送客逢早梅相忆见寄》之后，梅亭之类营景的又一例证，入宋后梅亭之称已很普遍。元代宫庭"绕罗亭植红梅百株"，"红梅初发，携尊对酌，名曰浇红之宴"④，或是受李煜红罗亭之事影响。

34. 红梅之阁

龚明之《中吴纪闻》卷一："红梅阁：吴感，字应之，以文章知名。天圣二年省试为第一，又中天圣九年书判拔萃科，仕至殿中丞。居（苏州）小市桥，有侍姬曰红梅，因以名其阁。尝作《折红梅》词曰：'喜轻澌初泮，微和渐入，芳郊时节。春消息，夜来陡觉，红梅数枝争发。'"可见阁外植有红梅。红梅为梅中艳品，阁者较之亭、台也偏富态，两者配合相得益彰，因而梅阁称红梅者颇多。如南宋常州荐福寺⑤、临安

---

① 方回《瀛奎律髓》卷二〇。
② 钱钟书《谈艺录》修订本，第315页。
③ 王士禛原编，郑方坤删补，戴鸿森校点《五代诗话》卷一引《江邻几杂志》。
④ 陶宗仪《元氏宫掖记》，《说郛》卷一一〇上。
⑤ 陈岩肖《庚溪诗话》卷下，丁福保辑《历代诗话续编》，中华书局1983年版，上册，第175页。

（今浙江杭州）府治[①]、温州府治[②]均有红梅阁。文士也多有吟咏，如宋李石有《红梅阁二首》，[③]明孙慎行有《春日登红梅阁》。[④]

图77　常州红梅阁（网友提供）。

35. 百花头上

王曾《早梅》绝句："雪压乔林冻欲摧，始知天意欲春回。雪中未问和羹事，且向百花头上开。"[⑤]王曾（978—1038），宋青州益都人，咸平五年进士第一，累官吏部侍郎，真宗朝拜参知政事，仁宗朝两拜

---

① 周淙《乾道临安志》卷二，《影印文渊阁四库全书》本。
② 李贤等《明一统志》卷四八，《影印文渊阁四库全书》本。
③ 李石《方舟集》卷五，《影印文渊阁四库全书》本。
④ 孙慎行《玄晏斋集》玄晏斋诗选卷三，明崇祯刻本。
⑤ 王曾《早梅》，《全宋诗》，第3册，第1589页。

宰相，朝廷倚以为重，封沂国公。"百花头上"原指唐人进士及第有探花宴。王曾以进士第一及第，刚好与诗中所说"百花头上"巧合，时人以为吉兆，传为美谈。《湘山野录》卷上："王沂公曾布衣时，以所业赞吕文穆公蒙正，卷有早梅句云：'雪中未问和羹事，且向百花头上开。'文穆曰：'此生次第已安排作状元、宰相矣。'后皆尽然。"

后来咏梅祈祷祝愿功名进取的，多用此典故。如陈鉴之《寄题长溪杨耻斋梅楼，楼乃其先世读书之所》："乃翁爱书书满楼，万轴插架堪汗牛……后来应有跨竈者，百花头上文正公。吾知乃翁好梅意，不独区区为名第。"[1]然以梅花为荣进之兆，与梅花高风亮节格格不入，所以后来不乏对此事讥诮不满者。如方回说："近世有谓王曾梅花绝句'雪中未问和羹事'者为状元宰相谶，浅近小器者之评。"[2]"凡前辈自许，只许退，不许进。王沂公梅诗，偶尔做着状元宰相，乃谓诗必以荣进为兆，乃俗论也。"[3]

36. 梅妻鹤子

清吴之振《宋诗钞》卷一三《和靖诗钞序》："逋不娶无子，所居多植梅畜鹤，泛舟湖中，客至则放鹤致之，因谓梅妻鹤子。"林逋，宋真宗朝著名隐士。《宋史》入隐逸传："林逋，字君复，杭州钱塘人，少孤，力学，不为章句。性恬淡好古，弗趋荣利，家贫衣食不足，晏如也。初放游江淮间，久之归杭州，结庐西湖之孤山，二十年足不及城市。真宗闻其名，赐粟帛，诏长吏岁时劳问……尝自为墓于其庐侧，临终为诗，有'茂陵他日求遗稿，犹喜曾无封禅书'之句。既卒，州

---

① 陈鉴之《东斋小集》，曹庭栋编《宋百家诗存》卷三一，《影印文渊阁四库全书》本。

② 方回《跋宋广平梅花赋》，《桐江集》卷四。

③ 方回《瀛奎律髓》卷二〇，韩仲止《梅花》诗下。

为上闻，仁宗嗟悼，赐谥和靖先生，赙粟帛……逋不娶，无子，教兄子宥，登进士甲科。宥子大年，颇介洁自喜，英宗时为侍御史。"[1]林逋早年放游江淮，现存诗作多有行旅登览之什，如《旅馆写怀》《汴岸晓行》《淮甸南游》《池阳山居》《过芜湖县》等，又多士人官员交游送别、酬和赠答之篇，如《舒城僧舍呈赠李仲宣文学》《寿阳城南写望怀历阳故友》等。归隐杭州西湖后，士林闻名造访者可谓络绎不绝，至于与其往来之缁黄逸流更是不计其数，后来又有朝廷诏问赐给，其孤山隐居其实并不寂寞枯淡。平居更有湖山胜景、花草美木、舟客僧邻、道朋诗友，"画共药材悬屋壁，琴兼茶具入船扉"[2]，名目多样，内容丰富，现存诗歌中都一一得到了反映，展示了十世纪与十一世纪之交一位湖山隐士日常生活的优雅闲适。但为后世所特为注意的主要是其中两项：畜鹤与咏梅。

图 78　林风眠《梅妻鹤子》。

关于养鹤，沈括《梦溪笔谈》卷九［人事］："林逋隐居杭州孤山，常畜两鹤，纵之则飞入云霄，盘旋久之，复入笼内。逋常泛小艇，游西湖诸寺，有客至逋所居，则一童子出应门，延客坐，为开笼纵鹤，良久，

---

① 脱脱等《宋史》卷四五七，中华书局 1977 年版。
② 林逋《复赓前韵且以陋居幽胜诧而诱之》，《全宋诗》，第 2 册，第 1229 页。

逋必棹小船而归，盖尝以鹤飞为验也。"林逋《小隐自题》等诗中也写到了所养之鹤："鹤闲临水久，蜂懒采花疏。"[1] "闲门自掩苍苔色，来客时惊白鸟飞。"[2]

关于梅花，林逋现存咏梅三题，共八首，都是七律，世称"孤山八梅"。如此连篇累牍前无古人，尤其是其中"疏影横斜""雪后园林"等联世人极尽称羡。林逋所咏不尽是居舍所植，兼有湖山闲游所见，如《梅花三首》其二："几回山脚又江头，绕着孤芳看不休。"[3]西湖孤山唐时即多梅花，白居易《忆杭州梅花因叙旧游寄萧协律》诗中即有"三年闲闷在余杭，曾为梅花醉几场。伍相庙边繁似雪，孤山园里丽如妆"[4]的句子。想必到林逋时，孤山一带梅花当更盛。林逋的连篇吟咏也属是得地独厚，积年成习。鹤作为隐逸的象征源远流长，梅花从此与隐士结下不解之缘，打上隐士的烙印，于是便有了林逋"梅妻鹤子"的说法。

这一说法的正式出现可能是宋以后的事。林逋生前孤山隐所是否植梅时人未予特别注意，当时咏梅和梅花还远不似后来那么富于意义，有关情形可能多属后人口碑流传中的追拟和增饰。明田汝成《西湖游览志》卷二："放鹤亭，在孤山之北，嘉靖中钱唐令王钲作……先是，至元间儒学提举余谦既葺处士之墓，复植梅数百本于山，构梅亭于其下。郡人陈子安以处士无家，妻梅而子鹤，不可偏举，乃持一鹤，放之孤山，构鹤亭以配之，并废。"虽然这一说不见于宋人载籍，但宋人一些缅怀林逋的作品已有了这份意思。如刘克庄《梅花十绝》："和靖终身欠孟光，

---

① 《全宋诗》，第 2 册，第 1192 页。
② 林逋《湖上隐居》，《全宋诗》，第 2 册，第 1208 页。
③ 《全宋诗》，第 2 册，第 1218 页。
④ 《全唐诗》，第 1120 页。

只留一鹤伴山房。唐人未识花高致，苦欲为渠聘海棠。"①董嗣杲《和靖先生墓》："有鹤有童家事足，无妻无子世缘空。"②都是说林逋鹤当其子、梅宜为妻，虽然放绝俗缘，却以自足无憾。

关于林逋有无子嗣，宋代还有一段小插曲。南宋有位林洪，字龙发，号可山，泉州人。据《梅磵诗话》等记载，理宗朝上书言事，自称为和靖七世孙。又冒充杭州籍贯，获取乡荐名额。当时有人作诗嘲笑道："和靖当年不取妻，只留一鹤一童儿。可山认作孤山种，正是瓜皮搭李皮。""俗云以强认亲族者为瓜皮搭李树云。"③宋伯仁《读林可山西湖衣钵》："只为梅花全属我，不知和靖有仍孙。"④似对此事也表示否定。林逋未娶无嗣，宋人言之已明。梅尧臣《林和靖先生诗集序》明言："先生少时多病，不娶无子。"⑤但后来陆续有林逋嗣裔为世道及，如北宋末李彭《林占处士和靖先生之孙也与予厚善，今死矣，作两绝句吊之》⑥，此林当为逋之侄孙。《宋史》林逋本传："逋不娶，无子，教兄子宥，登进士甲科。"林逋现存诗有《喜侄宥及第》⑦。去林逋不远的钱塘人强至（1022—1076）《经和靖林先生旧隐》诗："卷轴门人收箧笥，岁时族子奉烝尝。"自注："隐居不娶，诸侄承祀。"⑧可见林逋在世即以林宥辈承祧，林逋后代当属此脉。宋

---

① 刘克庄《后村先生大全集》卷一七。
② 董嗣杲《西湖百咏》，《影印文渊阁四库全书》本。
③ 韦居安《梅磵诗话》卷中。陈世崇《随隐漫录》卷三所载小异："姜石帚嘲曰：'和靖当年不娶妻，因何七世有孙儿。盖非鹤种并龙种，定是瓜皮搭李皮。'"
④ 宋伯仁《西塍集》，《影印文渊阁四库全书》本。
⑤ 梅尧臣《宛陵先生集》卷六〇。
⑥ 《全宋诗》，第 24 册，第 15960 页。
⑦ 《全宋诗》，第 2 册，第 1230 页。
⑧ 《全宋诗》，第 10 册，第 6965 页。

末高翥《拜林和靖墓》："玉函香骨老云根，占断孤山水云村。荐菊泉香涵竹影，种梅地冷带苔痕。生前已自全名节，身后从谁问子孙。惟有年年寒食日，游人来与酹清尊。"①可能林逋嗣脉香火不旺，南宋时绝继，以至有人冒名钓誉，而诗人孤山凭吊也多感慨系之。

37. 孤山处士

图79　杭州西湖孤山林逋墓。叶鑫摄。

　　林逋隐居孤山，以隐士咏梅给梅花带来划时代的意义，梅花的清韵高格开始透现。对此古人咏梅时对"孤山处士林逋"多及誉美，如辛弃疾《浣溪沙·种梅菊》："百世孤芳肯自媒，直须诗句与推排。不

---

① 厉鹗《宋诗纪事》卷六〇。

340

然唤近酒边来。自有渊明方有菊，若无和靖即无梅。"①舒岳祥《题王任所藏林逋索句图》其三："千秋万古梅花树，直到咸平始受知。"②吴锡畴《林和靖墓》："遗稿曾无封禅文，鹤归何处认孤坟。清风千载梅花共，说着梅花定说君。"③卫宗武《次华谷咏梅韵》："一自孤山题品后，此花标格孰能名。"④吴龙翰《拜林和靖墓》："清风千古镇长在，见著梅花如见君。"⑤参见"梅妻鹤子"等条。

38. 暗香疏影

宋林逋《山园小梅》："疏影横斜水清浅，暗香浮动月黄昏。"林逋咏梅现存七律八首，世称"孤山八梅"。林逋属"晚唐体"诗人，写诗颇下功夫于一联一句，"喜于对意"⑥，而忽视全篇的匀称和谐，这是当时"晚唐体"诗人的通病，林逋"孤山八梅"为人经常称道的其实只是三联：一、"疏影横斜水清浅，暗香浮动月黄昏。"（林逋《山园小梅二首》其一） 二、"雪后园林才半树，水边篱落忽横枝。"（《梅花三首》其一） 三、"湖水倒窥疏影动，屋檐斜入一枝低。"（《梅花三首》其三）其中"疏影"一联知名度最大。

明清诗评家认为此联是点化前人诗联而得，明李日华《紫桃轩杂缀》卷四："江为诗'竹影横斜水清浅，桂香浮动月黄昏'，林君复改二字为'疏影''暗香'以咏梅，遂成千古绝调。诗字点化之妙，譬如仙者丹头在手，瓦砾俱金矣。"宋人论诗较重隶事袭故，点铁成金、脱胎换骨之类话头

① 辛弃疾撰，邓广铭笺注《稼轩词编年笺注》，上海古籍出版社 1978 年版，第 496 页。
② 舒岳祥《阆风集》卷八。
③ 厉鹗《宋诗纪事》卷七六。
④ 卫宗武《秋声集》卷三,四库全本。
⑤ 吴龙翰《古梅遗稿》卷一,《影印文渊阁四库全书》本。
⑥ 蔡启《蔡宽夫诗话》，郭绍虞辑《宋诗话辑佚》，第 406 页。

特多，但未见有标举林逋此联为例的。可能江为残句久湮不彰，宋人莫知由来。后人围绕此事，有肯定林逋点化之妙、出蓝胜蓝的，但也有憾其"不免偷江东之诮"[①]的。

在宋人诗话文评中，"疏影"联最得称道。林逋稍后的欧阳修、司马光在他们的诗话笔记中便记录了时人对此联的好评。当然其间认识、接受有一个过程。欧阳修《归田录》卷二："处士林逋居于杭州西湖之孤山。逋工笔画，善为诗……颇为士大夫所称。又梅花诗云：'疏影横斜水清浅，暗香浮动月黄昏。'评诗者谓：'前世咏梅者多矣，未有此句也。'"司马光《温公续诗话》："人称其梅花诗云，'疏影横斜水清浅，暗香浮动月黄昏'，曲尽梅之体态。"[②]随着人们的广泛注意，也就自然出现了一些不同的看法，如有认为林逋此联"咏杏与桃李皆可用"[③]，又有认为"近似野蔷薇"的[④]。针对桃杏皆可的说法，苏轼明确指出，"疏影"联"决非桃李诗"[⑤]，"杏李花不敢承当"[⑥]。所谓"不敢承当"，不仅是形似上的不切，更是格调上的不侔。苏轼从林诗中读到了一种不可移易、不容僭替的品格意趣。宋末方回对苏轼的话曾加以解释和发挥："彼杏、桃、李者，影能疏乎？香能暗乎？繁秾之花，又与'月黄昏''水清浅'有何交涉？且'横斜'、'浮动'四字，牢不可移。"[⑦]针对"野蔷薇"之说，也有人提出："陈辅之云，林和靖'疏影横斜水清浅，暗

---

① 王士禛《带经堂诗话》卷一二，清乾隆二十七年刻本。
② 何文焕辑《历代诗话》，第 275 页。
③ 王直方《王直方诗话》引王君卿语，郭绍虞辑《宋诗话辑佚》，中华书局 1980 年版，上册，第 13 页。又《侯鲭录》卷八。
④ 陈辅《陈辅之诗话》，郭绍虞辑《宋诗话辑佚》，上册，第 292 页。
⑤ 苏轼《评诗人写物》，孔凡礼点校《苏轼文集》卷六八，中华书局 1986 年版。
⑥ 王直方《王直方诗话》，郭绍虞辑《宋诗话辑佚》，上册，13 页。
⑦ 方回选评，李庆甲集评校点《瀛奎律髓汇评》卷二〇。

香浮动月黄昏'，殆似野蔷薇，是未为知诗者。予尝踏月水边，见梅影在地，疏瘦清绝，熟味此诗，真能与梅传神也。野蔷薇丛生，初无疏影，花阴散漫，乌得横斜也哉？"①王楙《野客丛书》卷二二："'疏影横斜水清浅'，野蔷薇安得有此潇洒标致？"真理越辨越明。这些辨论，从选字造语、组景衬托及实际经验等方面，肯定了林逋诗的贴切传神，加深了人们对林逋咏梅创意的感受和认识，同时也进一步扩大了林逋咏梅的影响。

后世对林逋此联也不乏疵议的。关键在"黄昏"两字的理解，是作为时间概念之黄昏人定时分，还是指月色的昏黄朦胧。若指时之黄昏，难与清浅属对，于是明人杨慎便辨其"谓夜深香动，月为之黄而昏，非谓人定时也。盖昼午后，阴气用事，花房敛藏，夜半后，阳气用事，而花敷蕊散香。凡花皆然，不独梅也。"②清田同之《西圃诗说》对此又表异议："（升庵）此解固是，然和靖以此咏梅，愚意以为不甚允协。盖南唐江为已先有句云：'竹影横斜水清浅，桂香浮动月黄昏'，细玩其情形理致，殊觉一字难移，恰是竹、桂。即就'月为之黄而昏'一解论之，亦自是桂花，

图80 ［清］童钰《月下墨梅图》。扬州市博物馆藏。

---

① 费衮《梁溪漫志》卷七，知不足斋丛书本。
② 杨慎《升庵诗话》卷一。

不是梅花。而古今诵之，不辨未详耶。抑附和盛名耶，吾不能无间然矣。"①"黄昏"二字作为时间概念不如"月落参横"之幽峭清寂，作为花气月色，又偏于温暖朦胧，以之烘托仲秋桂花之幽馥沁发很是切当，林逋这里移桂接梅，合二为一，难尽妥贴。当然瑕不掩瑜，林逋此联不失灵丹一粒，千古绝调。

关于林逋咏梅哪一联更好，宋人也有不同的意见。黄庭坚《书林和静（靖）诗》："欧阳文忠极赏林和静'疏影横斜水清浅，暗香浮动月黄昏'之句，而不知和靖别有一联云：'雪后园林才半树，水边篱落忽横枝'，似胜前句。不知文忠缘何弃此而赏彼，文章大概亦如女色，好恶止系于人。"②后来论者或是欧阳，或祖山谷。对于这种分歧，方回解释道："山谷专论格，欧公专取意趣精神耳。"③言下之意是"雪后"一联长在"格"，"疏影"一联则富于"精神意趣"。然而何谓"格"，中国诗学所讨论的"格"一般有两义，一是格式，一是品格。方回所说的"格"，到底是前者还是后者？何以"疏影"一联独称"精神意趣"，是否意味着"雪后"一联就没有"精神意趣"？这些方回都没有具体交代。清人吴之振《宋诗钞·和靖诗钞序》则认为欧、黄是"一取神韵，一取意趣"。杨万里之子杨长孺有《梅花说》一文，以理学形神体用的辩证观阐发两联诗的不同："《易》曰乾为天，前辈论乾与天异，谓天者乾之形体，乾者天之性情。某因触类而思之，不但乾与天异而已，事事物物莫不皆有形体、性情。林和靖咏梅，'疏影横斜水清浅'二句，此为梅写真之句也，梅之形体也。'雪后园林才半树'二句，此为梅传

---

① 郭绍虞编选，富寿荪校点《清诗话续编》，上海古籍出版社1983年版，第2册，第761页。
② 黄庭坚《豫章黄先生文集》卷二六，四部丛刊本。
③ 方回《瀛奎律髓》卷二〇。

神之句也，梅之性情也。写梅形体是谓写真，传梅性情是谓传神。"①
上述这些讨论立场不同，观点各异，但都不无启发。大致说来，"疏影"
联主要依靠静态的意象组合，营造出一幅洋溢着幽雅疏淡意味的画面，
宋人说的"梅经和靖诗堪画"②，就是指的这种水边与月下，枝影与幽
香两组意象整体组合"诗中有画"的视境效果。虽然诗句是纯意象的，
立足于勾画梅花的"体态"，也就是杨长孺所说的"写真"，而意味也
便烘托而出，即古人所谓以象见意，以形写神，方回所说的"精神意趣"，
吴之振所说的"神韵"也许即指这种以形写神的效果。而"雪后园林"
一联虽然也是两组意象，但在视觉上不是静态的组合并列，而是有远
近不同的变化，尤其是用了"才""忽"两个表示时间概念的虚词，使
梅花开放的时间过程大大地凸显了，诗歌意味有了新的亮点。杨长孺
所说的"性情"、吴之振所说的"意趣"可能就是指这种梅花开放动态
过程所展现的幽拔峭劲的神情。由于两个虚字的作用，"雪后"一联也
显得意脉流走，与"疏影"联纯粹实词意象的组合不同，有一种跌宕起伏、
波俏曲折的语势效果，黄庭坚为代表的江西诗人特别注重这种语脉语
势，不知方回所说的"格"，是否就指这种句格语势效果。

尽管各种议论纷纭，但毋庸置疑，"疏影"一联是林逋咏梅中最成功，
最具影响的一笔。我们还是看看宋人的赞誉："暗香和月入佳句，压尽
今古无诗才。"③"曾把梅诗细品题，逋仙去后可容追。君看疏影暗香

---

① 曾枣庄、方琳主编《全宋文》，上海辞书出版社、安徽教育出版社 2006 年版，
   第 297 册，第 59 页。
② 林希逸《题梅花帖（为徐山长作）》，《竹溪鬳斋十一稿续集》卷四，《影印
   文渊阁四库全书》本。
③ 王十朋《腊日与守约同舍赏梅西湖》，《梅溪王先生文集》前集卷八，《四部
   丛刊》本。

图81　林逋墓与放鹤亭，见清王复礼《孤山志》卷首。

句，二百年来无此诗。"[1]"暗香疏影后，能吟有几人。"[2]"写照乍分清浅水，传神初付黄昏月。"[3]林逋此联的主要成就可以从这几个方面去认识：一是"暗香""疏影"抓住了梅花形象美的两大特征；二、以水、月为梅传神写照，写出了梅花清雅疏淡的意趣；三、梅花置于夜色之中，写出了闲静幽谧的神情。正是由于如此契于物理、餍于人意，加之造语简明精炼，使"暗香""疏影"诸语成了咏梅中使用频率最高的词汇。

39. 水边篱落、竹篱茅舍

林逋《梅花三首》其一："雪后园林才半树，水边篱落忽横枝。"江南地区梅花普遍，尤多见于水边闲地、屋角篱畔，咏梅中便多以此为梅花之环境和衬景，不仅切合梅花生态实际，同时也易于烘托出一种淡雅、淳朴、闲静、野逸的意味。刘学箕《梅说》："梅贵清瘦，不贵敷腴。雪后园林，水边篱落，似全其真，若处之名园上苑，对之急管繁弦，是四皓之去商山，夷齐之入瑶室矣。"[4]后世咏梅化用"水边

① 史弥宁《访孤山》，《友林乙稿》，《影印文渊阁四库全书》本。
② 赵汝鐩《西湖访梅》，《野谷诗稿》卷五，陈起编《南宋六十家小集》本，汲古阁景宋钞本。
③ 汪莘《满江红》，唐圭璋编《全宋词》，第3册，第2195页。
④ 刘学箕《方是闲居士小稿》卷下，《影印文渊阁四库全书》本。

篱落""竹篱茅舍"诸语比比皆是："曾见竹篱和树夹，高枝斜引过柴扉。对门独木危桥上，少妇髻鬟犹带归。"①"城中桃李休相笑，林下清风汝未知。本是前村深处物，竹篱茅舍却相宜。"②"脉脉含情无一语，水边篱落立多时。"③"山际楼台水际村，见梅常是动吟魂。全身此日清芬里，篱落疏斜不喜论。""与其玉堂兮金屋，孰若竹篱茅舍幽且闲。与其状元兮宰相，孰若收香敛华林壑间。"④"只恐东君招不得，好修犹在竹篱边。"⑤或据实或用典，梅花置身于村野幽闲的环境，尽展古雅闲淡之风流。

40. 孤山咏梅

北宋诗人林逋结庐西湖孤山，不娶不仕，养鹤种梅，隐居逍遥。西湖孤山梅花由来已久，中唐白居易即有"伍相庙边繁似雪，孤山园里丽如妆"⑥的诗句，可见当时孤山园林梅花之盛。林逋对梅花比较喜爱，居处种梅较多，梅花也就成了诗歌的常见题材，"几回山脚又江头，绕着瑶芳看不休"，"吟怀长恨负芳时，为见梅花辄入诗"⑦。诗集中有咏梅七律八首，时称"孤山八梅"⑧。林逋八诗着意表现的是梅花的清雅幽静之美和自己的赏爱之意。其中最突出的莫过于《山园小梅二首》其一，尤其是"疏影横斜水清浅，暗香浮动月黄昏"一联，正面写梅

① 梅尧臣《京师逢卖梅花五首》，《全宋诗》，第 5 册，第 3066 页。
② 谢逸《梅六首》其二，《全宋诗》，第 22 册，第 14850 页。
③ 孙觌《梅》，《鸿庆居士集》卷六，《影印文渊阁四库全书》本。
④ 赵必豫（xiàng）《南山赏梅分韵得观字》，《覆瓿集》卷二，《影印文渊阁四库全书》本。
⑤ 曹彦约《同官约赋红梅成五十六字》，《全宋诗》，第 51 册，第 32181 页。此误收作毛滂诗。曹彦约，南宋人。
⑥ 白居易《忆杭州梅花因叙旧游寄萧协律》，《全唐诗》第 1120 页。
⑦ 林逋《梅花三首》，《全宋诗》，第 2 册，第 1218 页。
⑧ 方回《瀛奎律髓》卷二〇。

之枝影、幽香之美，辅以水、月烘托，鲜明地传达出梅花疏雅幽静的神韵，洵为警策。

林逋咏梅改变了以往梅花一般春花时艳的特色与地位，标举梅花疏雅闲静的神韵和品格，在咏梅史乃至于整个梅花审美欣赏史上，有着划时代的意义。对此，南宋以来认识愈明，诗人多有言之。如辛弃疾《浣溪沙·种梅菊》："自有渊明方有菊，若无和靖即无梅。"①舒岳祥《题王任所藏林逋索句图》其三："千秋万古梅花树，直到咸平始受知。"②卫宗武《次华谷咏梅韵》："一自孤山题品后，此花标格孰能名。"③林逋也因此与梅花结下了千古不解之缘，成了梅花的精神知音和人格代表。南宋吴锡畴《林和靖墓》"清风千载梅花共，说着梅花定说君"④，吴龙翰《拜林和靖墓》"清风千古镇长在，见着梅花如见君"⑤，赞叹的正是这一意思。

41. 认桃辨杏（青枝绿叶）

石延年（994—1041），字曼卿，幽州人，家于宋城（今河南商丘），仁宗朝初期著名诗人，诗风豪迈健举，技法较为精湛，时人目为"诗豪"。其《红梅》诗："梅好唯伤白，今红是绝奇。认桃无绿叶，辨杏有青枝。烘笑从人赠，酡颜任笛吹。未应娇意急，发赤怒春迟。"⑥石延年的时代，红梅尚是梅中新品，文人题咏极少，石延年可算是较早尝试的一位。前两联正面刻画，一写色，一写形。后两联出以拟人，把红梅想象为

① 辛弃疾撰，邓广铭笺注《稼轩词编年笺注》，第 496 页。
② 舒岳祥《阆风集》卷八，《影印文渊阁四库全书》本。
③ 卫宗武《秋声集》卷三，《影印文渊阁四库全书》本。
④《全宋诗》，第 64 册，第 40400 页。
⑤ 吴龙翰《古梅遗稿》卷一。
⑥《全宋诗》，第 3 册，第 2005 页。

醉颜娇怒的美人，构思也可谓新颖生动。此诗之出名却是由于苏轼的批评。苏轼在元祐三年写给儿子苏过的一篇短文中提到此诗："诗人有写物之功，'桑之未落，其叶沃若'，他木殆不可以当此。林逋梅花诗云，'疏影横斜水清浅，暗香浮动月黄昏'，决非桃李诗。皮日休白莲花诗，'无情有恨何人见，月晓风清欲堕时'，决非红梅诗。此乃写物之功。若石曼卿红梅诗云：'认桃无绿叶，辨杏有青枝。'此至陋语，盖村学中体也。"①此前苏轼在元丰间贬黄州自作《红梅》诗中即对石诗表示过不满："诗老不知梅格在，更看绿叶与青枝。"②苏轼论诗重视"传神""写意"，具体到写梅，要求写出梅花"孤瘦霜雪"的品格和闲静高雅的意趣，而石氏"认桃"一联停留事物外形的较异认同，是不得"梅格"意趣的。苏轼这些论述对梅花美的认识和咏梅艺术的发展产生了很大的影响，而石延年的"认桃辨杏""青枝绿叶"云云也就成了拘形泥似、寻枝摘叶的反面典型，经常为人们所提及。

42. 不知梅格

宋苏轼《红梅》："诗老不知梅格在，更看绿叶与青枝。""梅格"即梅花的品格神韵。苏轼在《红梅三首》中明确提出了这一观念。《红梅三首》其一："怕愁贪睡独开迟，自恐冰容不入时。故作小红桃杏色，尚余孤瘦雪霜姿。寒心未肯随春态，酒晕无端上玉肌。诗老不知梅格在，更看绿叶与青枝。"③红梅是梅中另类，花期稍晚、花色红艳，都与桃、杏近似。北宋初期人们对红梅所知甚少，尤其是当时的北方人，赏梅的机会本就不多，红梅更是罕见，因而常把红梅与杏花相混淆。如何

---

① 苏轼《评诗人写物》，孔凡礼点校《苏轼文集》卷六八。
② 苏轼撰，王文诰辑注，孔凡礼点校《苏轼诗集》卷二一，中华书局 1982 年版。
③ 苏轼撰，王文诰辑注，孔凡礼点校《苏轼诗集》卷二一，中华书局 1982 年版。

加以区别，宋仁宗朝的著名诗人石延年《红梅》诗中有这样两句："认桃无绿叶，辨杏有青枝。"①意思是说，红梅与桃相比不如其花期有绿叶映衬，而与杏相比又多了一份青枝条秀之美。从植物学的认知来说，这不失为简明的经验之谈。但以诗歌的艺术标准说，这又是极其浅拙的笔法，是只认"形似"而不求"神似"。苏轼把这种辨枝认叶的方式斥为村学先生给小儿所讲的本草一类课程。苏轼认为，诗人写物贵在写出此物独具、不可移夺的气质神理，林逋"疏影横斜"一联就是成功的典范，它"决非桃李诗"②。具体到红梅，苏诗告诉我们，桃杏之色只是其虚与应俗的外表，内在不失的是梅花固有的本色，是梅花超越春色流辈的独特风致，也即所谓"梅格"。于是，梅花美在其"格"，写梅当写"格"，梅格"桃杏当不得"，梅花美在"孤瘦霜雪姿"等观念体认代表了当时梅花审美的最新认识。

43. 竹外一枝

苏轼《和秦太虚梅花》："多情立马待黄昏，残雪消迟月出早。江头千树春欲暗，竹外一枝斜更好。"③《遁斋闲览》："东坡咏梅一句云：'竹外一枝斜更好'，语虽平易，然颇得梅之幽独闲静之趣。"④清人纪昀："实是名句，在和靖'暗香''疏影'一联上，故无愧色。"⑤苏轼此句的成功有两个要素，一是以翠竹衬梅，写出了梅之清秀娟俏；二是一枝斜引，写出了梅之幽独隽拔之神情。苏轼稍早些的《红梅》："乞与

① 又范成大《梅谱》说此诗梅尧臣诗，程杰校注《梅谱》，中州古籍出版社2016年版，第6页。

② 苏轼《评诗人写物》，孔凡礼点校《苏轼文集》卷六八。

③ 苏轼撰，王文诰辑注，孔凡礼点校《苏轼诗集》卷二。

④ 魏庆之《诗人玉屑》卷一七引，上海古籍出版社1978年版，第379页。

⑤ 苏轼撰，王文诰辑注，孔凡礼点校《苏轼诗集》卷二二王文诰注引，第1185页。

图82 [宋]林椿《梅竹寒禽图》。上海博物馆藏。

徐熙画新样，竹间璀璨出斜枝。"[1]以画喻梅，也重在梅竹交映，一枝斜出的组合效果（构思上可能受到了晚唐五代花竹折枝画的启发）。影响所及，这一组合方式成了梅花形象的一个定格，"竹外一枝"成了后世咏梅惯用的套语、画梅习见的构图。

44. 江头千树

苏轼《和秦太虚梅花》："多情立马待黄昏，残雪消迟月出早。江

---

① 苏轼撰，王文诰辑注，孔凡礼点校《苏轼诗集》卷二一。

头千树春欲暗,竹外一枝斜更好。"[1]后世多以"江头千树"指成片梅景,语意与"竹外一枝"及齐己"前村一枝"适为相对。韩淲《雪晴南圃放步》:"腊闰春为早,梅花处处多。不知千树暗,无奈一枝何。"[2]

45. 罗浮幽梦、月落参横

《龙城录》:"隋开皇中,赵师雄迁罗浮,一日天寒日暮,于松竹林间见美人,淡妆素服出游。时已昏黑,残雪未消,月色微明。师雄与语,言极清丽,芳香袭人,因与之扣酒家共饮。少顷,一绿衣童来歌舞。师雄醉寝,但觉风寒袭人。久之,东方已白,起视,乃在梅花树下,上有翠羽,啾嘈相顾,月落参横,但惆怅而已。"[3]

赵师雄,正史无载。《龙城录》,传为柳宗元所撰。龙城指柳州,南朝梁始置龙州及龙城县,唐贞观间改名柳州,柳宗元曾谪居柳州。是书两《唐书·艺文志》均未载,宋初《太平广记》也未见采用,其为世所知始于北宋后期。

当时关于作者就有异议,宋人多认为是托名伪作。何薳《春渚纪闻》卷五〔古书托名〕:"《龙城录》乃王铚性之所为,《树萱录》,刘焘无言自撰也。"何薳,北宋哲宗徽宗钦宗时人,入南渡尚存,父亲何去非,元祐间因苏轼举荐得官。当时认为王铚伪托的还有张邦基,其《墨庄漫录》卷二:"近时传一书曰《龙城录》,云柳子厚所作,非也,乃王铚性之伪为之。"卷八复言:"性之之伪作《龙城记》果不诬。"王铚,字性之,汝阴人。绍兴初,官迪功郎,权枢密院编修官,因纂集《祖宗兵制》,受到宋高宗的赏识,诏改京官,后罢为右承事郎,主管台州

---

① 苏轼撰,王文诰辑注,孔凡礼点校《苏轼诗集》卷二二。
② 韩淲《涧泉集》卷九,《影印文渊阁四库全书》本。
③ 胡仔《苕溪渔隐丛话》后集卷三〇引。

崇道观。晚年，遭受秦桧的摈斥，避地剡溪山中，日以觞咏自娱。有《补侍儿小名录》《四六话》《雪溪集》《默记》等撰述传世。关于伪托者，洪迈《容斋随笔》卷九又称："或以为刘无言所作。"南宋吴曾《能改斋漫录》卷五引赵师雄事出处作《异人录》，文字与上述《龙城录》文字大同小异，不知可是同书异名①。

由书之伪托，进而怀疑赵师雄事是小说家无稽之谈。张邦基即认为："其梅花鬼事，盖迁就东坡诗'月黑林间逢缟袂'及'月落参横'之句耳。"②这一推想不无道理。苏轼梅诗与林逋大有不同，多写深更月下的孤寻幽觅，所见梅花又多拟为缟衣美人、幽夜怨魂，创造出如梦如幻、幽冥惝恍的境界。如：

多情立马待黄昏，残雪未消月出早。（《和秦太虚梅花》）

风清月落无人见，洗妆自趁霜钟早。惟有飞来双白鹭，玉羽枝头斗清好。（《再和潜师梅花》）

月黑林间逢缟袂，霸陵醉尉误谁何。（《次韵杨公济奉议梅花十首》其一）

相逢月下是瑶台，藉草清樽连夜开。明日酒醒应满地，空令饥鹤啄莓苔。（《次韵杨公济奉议梅花十首》其二）

月地云阶漫一樽，玉奴终不负东昏。临春结绮荒荆棘，谁信幽香是返魂。（《次韵杨公济奉议梅花十首》其四）

北客南来岂是家，醉看参月半横斜。他年欲识吴姬面，秉烛三更对此花。（《再和杨公济梅花十绝》其十）

---

① 洪迈《容斋五笔》记其父洪皓《江梅引·访寒梅》词："引领罗浮，翠羽幻青衣，月下花神言极丽，且同醉。"自注："赵师雄罗浮见美人在梅花下有翠羽啾嘈相顾诗云：'学汝欲待问花神。'"是说赵师雄当时还有诗。

② 张邦基《墨庄漫录》卷二。

松风亭下荆棘里，两株玉蕊明桑暾。海南仙云娇堕砌，月下缟衣来扣门。酒醒梦觉起绕树，妙意有在终无言。先生独饮金勿叹息，幸有落月窥清樽。（《十一月二十六日松风亭下梅花盛开》）

罗浮山下梅花村，玉雪为骨冰为魂。纷纷初疑月挂树，耿耿独与参横昏。先生索居江海上，悄如病鹤栖荒园。天香国艳肯相顾，知我酒熟诗清温。蓬莱宫中花鸟使，绿衣倒挂扶桑暾。抱丛窥我方醉卧，故遣啄木先敲门。麻姑过君急扫洒，鸟能歌舞花能言。酒醒人散山寂寂，惟有落蕊黏空樽。（《再用前韵》）

玉妃谪堕烟雨村，先生作诗与招魂。人间草木非我对，奔月偶桂成幽昏。暗香入户寻短梦，青子缀枝留小园。披衣连夜唤客饮，雪肤满地聊相温。松明照坐愁不睡，井华入腹清而暾。先生来年六十化，道眼已入不二门。多情好事余习气，惜花未忍都无言。留连一物吾过矣，笑领百罚空罍樽。（《花落复次前韵》）

细较赵师雄事与苏诗尤其是松风亭七古，迁谪、罗浮、月落参横、缟衣美人、翠鸟、酒醒寂寥，无论情境、用语都殊多相似之处。后世注苏者也多引《龙城录》赵师雄事以明苏诗来历，如王文诰更是执此无疑。然观苏轼构思立意，前后自有一个发展深化的过程。早年之和秦观、参寥二诗，黄昏、月落之意是出于对秦观诗的应和，秦观《和黄法曹建溪梅花》有"月没参横画角哀，暗香消尽令人老"[1]之句。"风清月落无人见"句则是用皮日休《白莲》"无情有恨无人见，月晓风清

① 《全宋诗》，第 18 册，第 11076 页。

欲堕时"语意，苏轼对此句颇为欣赏①。元祐间次杨公济二十绝及晚年松风亭三首始自写其事，对景感怀，托物寓情，寄兴幽微，愈往后愈深挚。诗中所写也都切合苏轼个中处境，很难说是编述他人故事。诗中苏轼还间有注释，如"绿衣倒挂"句，苏轼自注道："岭南珍禽，有倒挂子，绿毛红喙，如鹦鹉而小，自东海来，非尘埃中物也。"②当时所见如此，非为用事。苏轼松风亭三诗举世瞩目，人们激赏其玉妃谪堕、罗浮幽梦构筑的神奇境界，未见有人视其为用赵师雄之事。如晁补之《和东坡先生梅花三首》："归来山月照玉蕊，一杯径卧东方暾。罗浮幽梦入仙窟，有屦亦满先生门。欣然得句荔支浦，妙绝不似人间言。诗成莫叹形对影，尚可邀月成三樽。"③谢逸《梅六首》其一："罗浮山下月纷纷，曾共苏仙醉一尊。不是玉妃来堕世，梦中底事见冰魂。"④都对苏轼的诗意极辞赞美。在他们心目中，是苏诗开创了罗浮幽梦的独特意境，苏轼是罗浮梦仙的事主。《龙城录》之为世所知是苏轼身后的事，如果出于王铚、刘焘（无言）辈伪托，不能排除牵附苏诗意境的嫌疑。

尽管赵师雄事本身的是非真伪难以论定，但随着《龙城录》的出现，此事在南宋广为人知却是不争的事实。《直斋书录解题》卷一一著录《龙城录》时就特别指出："称柳宗元撰，龙城谓柳州也，罗浮梅花梦中事出其中。"赵师雄事的知名于此可见一斑。南宋以来咏梅赋梅多见使用此事。

这一典事的表现功能是很特别的。首先是深更残月的故事氛围，为咏梅带来了幽寂凄清、朦胧怅惘的独特效果。这集中体现在"月落

① 苏轼《评诗人写物》，孔凡礼点校《苏轼文集》卷六八。
② 苏轼撰，王文诰辑注，孔凡礼点校《苏轼诗集》卷三八。
③ 《全宋诗》，第 19 册，第 12827 页。
④ 《全宋诗》，第 22 册，第 14850 页。

图 83 〔清〕费丹旭《罗浮梦景图》。无锡市博物馆藏。

参横"上。洪迈说："今人梅花诗词，多用参横字。"①"月落参横"语出曹植《善哉行》："月没参横，北斗阑干。"杜甫《送严侍郎到绵州同登杜使君江楼宴》有"城拥朝来客，天横醉后参"句。秦观始引入咏梅，但其意不在写景，而是暗用唐大角《梅花》曲意，以表伤春叹逝之情。苏轼始着意以此设定背景，营造气氛。反顾晚唐诗人咏梅始用月色烘托，然而唐人只以月光写梅色。林逋"暗香"句以月色衬梅香，作用很是突出，但时当"黄昏"，效果主要在展示梅之幽静闲雅之趣。苏轼多写"月落参横"之景，为梅花形象带来了凄清孤峭、幽怨惝恍的意味。赵师雄之事的出现进一步强化了这份晓风残月的感觉，"梅花佳处是孤影，月落参横真见之"②。

其次，是梦的情景为梅事带来了幽意惝恍的心理内容。梦大都出于心理上的怅惘和期待，是一种相对幽微复杂的情态。苏轼元祐间和杨公济七绝中始多梦魂醉意之措语，晚年松风亭诸诗深更残月、幽冥阒寂中的梅花更是醉意朦胧，亦真亦幻，如梦如影，表现出诗人宦海沉浮、生命漂泊的落寞与徘徊。情景发生地

---

① 洪迈《容斋随笔》卷一〇，《影印文渊阁四库全书》本。
② 赵蕃《桃花十绝句》其九，《章泉稿》卷四，《影印文渊阁四库全书》本。

的罗浮山，以地理上的荒僻遥远和气象上的烟迷瘴暗更是予人以凄楚迷茫的感觉。"莫教陇驿携春去，且向罗浮唤梦回。"①"数声羌笛知何处，迷却罗浮一片山。"②这些魂飞梦萦的想象大大拓展了梅花形象的抒情意味。

再次，是梅花形象的拟人化尤其神仙化，不仅丰富了咏梅体物的想象，而且也强化了梅花的超逸格调。胡仔《苕溪渔隐丛话》后集卷30列举了唐宋之际好多花神卉仙的传说："余尝谓小说载事，好为附会，以耸动人观听，使读之者忘倦，每窃疑之。凡言花卉，必须附会以妇人女子，如玉蕊花则言有仙女来游，杜鹃花则言有女子司之。"说到梅花，就举了赵师雄之事。苏轼咏梅多拟为美人、玉奴、玉妃，把梅花想象为冰姿玉质、幽影返魂，咏梅形象为之栩栩如生，同时也寄托了一份内心的幽怨。赵师雄故事出于小说家言，情景形象更为具体生动。这类花卉传说，本在渲染花卉之美妙特异，而对于梅花来说，则进一步赋予了超凡脱俗的意味。罗浮本即道教胜地，神仙传说络绎不绝。宋末李龙高《梅百咏·罗浮》："谩说师雄醉月边，稚川曾隐此山巅。料伊不是丹砂力，只服梅花换得仙。"③南宋蒋捷即认为"罗浮梅花，真仙事也"，作《翠羽吟》词演绎其飞仙步虚之意④。方夔《梅花五绝》其三："罗浮仙子月下归，三叠谁歌绝妙辞。便是梅花难着笔，老通只有七分诗。"⑤陈著《梅山记》说："物之受变是莫如梅……寒栗冽而后神定而色应。""虽浣花叟于此动兴，犹未竟底蕴，孤山处士诗以收名，亦

① 高鹏飞《次王元吉咏梅》，《林湖遗稿》，高翥《菊涧集》附，四库全书。
② 何景福《梅魂》，《铁牛翁遗稿》，《影印文渊阁四库全书》本。
③ 《全宋诗》，第 72 册，第 45381 页。
④ 唐圭璋编《全宋词》，第 5 册，第 3446 页。
⑤ 方夔《富山遗稿》卷一〇，《影印文渊阁四库全书》本。

不过太平隐趣。卓哉，玉局翁（苏轼）登大庾岭，寄罗浮村，炼成冰魂雪骨，世之人一追想及毛发森洒吁止矣。"①都高度评价了苏轼以来罗浮梅事在强化梅花之清峭幽逸品格上的特殊贡献。

46. 玉妃谪堕

出自苏轼松风亭所作第三首《花落复次前韵》："玉妃谪堕烟雨村，先生作诗与招魂。"（见前"罗浮幽梦"条），后来成了咏梅常用语汇，如谢逸《雪后折梅赋》："恐青女之下临，喑玉妃之堕谪。况孤峭以相高，两含情而脉脉。"②《梅六首》其一："罗浮山下月纷纷，曾共苏仙醉一尊。不是玉妃来堕世，梦中底事见冰魂。"③李光《和杜得之探梅之什》："家山富梅林，开落纷无数。端如玉妃谪，清绝欲谁顾。"④何梦桂《梅魂》："玉妃厌世谢尘寰……数声羌笛知何处，迷却罗浮一片山。"（《铁年翁遗稿》，四库全书本）苏轼之前，皮日休已以玉妃拟梅，其《行次野梅》："茑拂萝梢一树梅，玉妃无侣独裴回。"⑤只表孤独，未言谪堕。"谪堕"自上谪下的意思，突出了梅花品格，也切合苏轼身世。王十朋《梅花次贾元识韵》："仙客空中飘素袂，玉妃月下试新裁。"⑥也只比玉妃，着意在花之明丽。进而追溯，韩愈那里曾以"玉妃"拟雪，其《辛卯年雪》："白霓先启涂，从以万玉妃。"李光《总持师示近诗一轴辄次最后神字韵梅花一篇》："水边难睹似梅人，且看垂垂一树新。独许玉妃陪寂寞，可须青女助精神。"⑦这里的"玉妃"是雪不是梅。梅花雪花同时而形似，

---

① 陈著《本堂集》卷五〇，《影印文渊阁四库全书》本。

② 谢逸《溪堂集》卷一。

③ 《全宋诗》，第 22 册，第 14850 页。

④ 《全宋诗》，第 25 册，第 16380 页。

⑤ 《全唐诗》，第 1552 页。

⑥ 王十朋《梅溪王先生文集》，前集卷七。

⑦ 《全宋诗》，第 25 册，第 16407 页。

以玉妃拟梅可能受到玉妃拟雪的启发。

47. 藐姑仙子（姑射神人）

《庄子·逍遥游》："藐姑射之山，有神人居焉，肌肤若冰雪，绰约若处子。"这一神仙形象既切合梅花素葩冷蕊的外在特征，又足以比托梅花的高超品格。北宋中期以来，随着对"梅格"的肯定和推重，此事就成了咏梅中的常用比喻。石延年《咏梅》："姑射真人冰作体，广寒仙女月为容。"[①] 王安石《次韵徐仲元咏梅二首》："肌冰绰约如姑射，肤雪参差是太真。"[②] 郑獬《雪中梅》："姑射仙人冰作体，秦家公主粉为身。"[③] 米芾《咏梅二首》："姑射真人自少群，要亲高节许交君。"[④] 张耒《梅花十首》："姑射仙姿不畏寒，谢家风格鄙铅丹。"[⑤]《梅》："尽将七泽清霜气，洗出姑射绰约身。"[⑥]《腊初小雪后圃梅开二首》："一尘不染香到骨，姑射仙人风露身。"[⑦] 王铚《重赋梅花》："韵高水天冷相照，清极雪月寒交光。姑射神仙莹冰骨，水精宫人素霓裳。"[⑧] 赵崇鉘《梅》："姑射神所为，伯夷圣之清。"[⑨] 方岳《乞梅花》："乘云而下惟姑射，得圣之清者伯夷。"[⑩] 陈纪《念奴娇·梅花》："清气乾坤能有几，都被梅花占了。玉质生香，冰肌不粟，韵在霜天晓。林间姑射，高情迥出

① 《全宋诗》，第 3 册，第 2007 页。
② 王安石《临川先生文集》卷二〇。
③ 《全宋诗》，第 10 册，第 6876 页。
④ 《全宋诗》，第 18 册，第 12261 页。
⑤ 《张耒集》卷二八。
⑥ 《张耒集》卷三一。
⑦ 《张耒集》卷三二。
⑧ 王铚《雪溪集》卷四。
⑨ 赵崇鉘《鸥渚微吟》，《宋槧南宋群贤小集》本。
⑩ 方岳《秋崖集》卷八。

尘表。"①顺次看来,由最初着眼其"冰肌雪肤",逐步过渡到"清气""仙姿",反映了"梅格"认识的不断深化。

48. 攀条嚼蕊

苏轼《浣溪沙》:"废圃寒蔬挑翠羽,小槽春酒冻真珠。清香细细嚼梅须。"李纲《初见梅花三绝句奉呈王丰甫待制》:"每将香剂学江梅,及嗅梅花始觉非。月夜故园浮动处,攀条嚼蕊几时归。"嚼食梅花是古代文人的风雅之举。

49. 梅花三弄

宋曾觌《水龙吟》:"听韶华半夜,江梅三弄,风袅袅,良宵永。"《念奴娇》:"阑干星汉,落梅三弄初阕。"元黄庚《闻角》:"谯角呷呜到枕边,边情似向曲中传。梅花三弄月将晚,榆塞一声霜满天。"明朱权《臞仙神奇秘谱》卷中:"梅花三弄,又名梅花引、玉妃引。臞仙按,《琴传》曰:是曲也,昔桓伊与王子猷闻其名而未识,一日遇诸途,倾盖下车共论,子猷曰'闻君善于笛',桓伊出笛作梅花三弄之调,后人以琴为三弄焉。"

梅花三弄传为古曲名,其实可能属于附会。魏晋乐府横吹有《梅花落》,后世视为笛曲之代表,见前"羌笛梅落"条。《世说新语·任诞第二十三》记晋桓伊善吹笛,曾应邀为王子猷"作三调,弄毕,便上车去,客主不交一言"。至唐时便有所谓"桓伊三弄"之说,如李郢《赠羽林将军》:"唯有桓伊江上笛,卧吹三弄送残阳。"弄,音乐术语,既作动词,意为弹奏,也用为乐曲名,或指乐曲单位,如南朝乐府有《江南弄》,《新唐书·礼乐志十二》记琴曲"蔡邕五弄、楚调四弄"等。《梅花落》、笛曲、桓伊,这样几个因素在宋代咏梅作品中经常地联系一起,逐步形成了"梅花三弄"的习惯说法。如吴感《折红梅》:"凭谁向说,

---

① 唐圭璋编《全宋词》,第5册,第3392页。

三弄处，龙吟休咽。"①孔夷《水龙吟》："疏影沉没，暗香和月，横斜浮动。怅别来，欲把芳菲寄远，还羌管吹三弄。"②曾觌《水龙吟》："听韶华半夜，江梅三弄，风袅袅，良宵永。"《念奴娇》："阑干星汉，落梅三弄初阕。"③"梅花三弄"不只附会为笛曲，也见于角曲（详见前"霜天晓角"条）。林逋《霜天晓角》："冰清霜洁，昨夜梅花发。甚处玉龙三弄，声摇动枝头月。"④该调当本于唐代《大梅花》《小梅花》一类角曲，词中所用却是笛曲之事，可见唐宋之际所谓"梅花三弄"于笛曲、角曲两方面都不足当真，一种习惯的联想和说法而已。明以来琴曲有《梅花三弄》。

50. 花光写影

释仲仁，会稽人，生卒年不详，与黄庭坚、邹浩、惠洪等交往颇密，主要生活于哲宗、徽宗朝。为衡山南麓华光（一作花光）山华光寺长老⑤，法号妙高⑥，时人称华光仁老，或省称华光、仁老。他以墨梅著名。画梅早已有之，但均用彩色，仲仁则始以水墨为之，"世人画梅赋丹粉，山僧画梅匀水墨"⑦。这在画梅技法上是一大变化。花光画梅以水墨点纸，晕染成瓣，白地墨花，观之如影，以至于有"华光画梅，但画其影"的说法。元吴太素《松斋梅谱》卷一："墨梅自华光始，华光者乃故宋哲宗时人也，尝住持湖南潭州（按：当作衡州）华光寺，人以华光而称之也。爱梅，静居丈室，植梅数本，每发花时，辄床于其树下终日，

---

① 唐圭璋编《全宋词》，第 1 册，第 120 页。
② 唐圭璋编《全宋词》，第 2 册，第 638 页。
③ 唐圭璋编《全宋词》，第 2 册，第 1310 页。
④ 唐圭璋编《全宋词》，第 1 册，第 7 页。
⑤ 邹浩《道乡集》卷三三《天保松铭并序》："衡州华光山，实衡岳之南麓。"
⑥ 惠洪《妙高仁禅师赞》，《石门文字禅》卷一九。
⑦ 华镇《南岳僧仲仁墨画梅花》，《云溪居士集》卷六，《影印文渊阁四库全书》本。

人莫能知其意。值月夜见疏影横窗，疏淡可爱，遂以笔戏摹其状，视之殊有月夜之思，由是得其三昧，名播于世。"①卷三："花光写梅，但画其影。"②把花光墨梅笔法说成是得之于月夜窗影，不免有几分附会臆想，但从一个侧面反映了花光墨晕作梅如影如幻的特殊效果。花光画梅又好以山水平远、"烟重雨昏"之景作映衬③，而其一般山水画也多烟雨迷濛之象，从整体上更给人玄影幽淡的感觉。

华光画梅标志着梅花题材进入文人水墨写意画的行列，与传统花鸟画的着色勾填相比，墨晕画梅，易白为黑，是典型的铅华不御、遗貌取神。李纲《戏题墨画梅花》："道人画手真三昧，力挽春风与游戏。露枝烟蕊忽嫣然，自得工夫畦径外。由来黑白无定姿，浓淡间错相参差……群芳种种徒繁缛，脱略丹青尤拔俗。妙质聊资陈氏煤，幽姿好伴文生竹。世呼墨竹为墨君，此花宜称墨夫人。铅华不御有余态，世间颜色皆非真。"④梅花之格本不在颜色丹采，而在"幽姿""妙质"，水墨画梅"铅华不御"，更得梅花"拔俗"之神韵。吕本中《墨梅》："古来寒士每如此，一世埋没随蒿莱。遁光藏德老不耀，肯与世俗相追陪。"⑤墨梅的不着颜色，体现了退藏处密、韬光养晦的人格精神。因此在宋人看来，华光墨梅与孤山之咏一样是梅花神韵的最好体现。"毫端直似林逋鬼，千年万年作知己。"⑥"笔到华光空幻相，句如和静蔼地声。"⑦华光与林逋一起被作为道窥天机、与梅传神的代表。林逋是咏梅圣手，

---

① 吴太素《松斋梅谱》卷一《原始》。
② 吴太素《松斋梅谱》卷三《梅说》。
③ 惠洪《题墨梅》，《石门文字禅》卷二六。
④ 陈邦彦辑《御定历代题画诗类》卷八三。
⑤ 吕本中《东莱先生诗集》卷一二。
⑥ 谢逸《墨梅》，《全宋诗》，第22册，第14857页。
⑦ 余观复《梅花》，《北窗诗稿》，《宋椠南宋群贤小集》本。

华光是画梅先师。

51. 缁尘素衣

陈与义《和张规臣水墨梅五绝》其一："巧画无盐丑不除，此花风韵更清姝。从教变白能为黑，桃李依然是仆奴。"其三："粲粲江南万玉妃，别来几度见春归。相逢京洛浑依旧，唯恨缁尘染素衣。"北宋花光仁老创立墨梅之初，即以水墨替丹彩，以墨色点纸，晕染成瓣，花色易白为黑，流行一时。梅花本为白粉傅填，现出以墨染，这是最醒目的变化。这两首诗陈与义即以"无盐""缁衣"形容。朱熹说："墨梅诗自陈简斋以来，类以白黑相形。"① "巧画无盐丑不除，此花风韵更清姝。"在陈与义看来水墨画梅，不仅无损其美，反添了更多意味。同时李纲《戏题墨画梅花》有更具体的申述："道人画手真三昧，力挽春风与游戏。露枝烟蕊忽嫣然，自得工夫畦径外。由来黑白无定姿，浓淡间错相参差……群芳种种徒繁缛，脱略丹青尤拔俗。妙质聊资陈氏煤，幽姿好伴文生竹。世呼墨竹为墨君，此花宜称墨夫人。铅华不御有余态，世间颜色皆非真。"② 梅花之格本不在颜色丹采，而在"幽姿""妙质"，水墨画梅"铅华不御"，更得梅花"拔俗"之神韵。吕本中《墨梅》："古来寒士每如此，一世埋没随蒿莱。遁光藏德老不耀，肯与世俗相追陪。"③ 从墨梅的不着颜色，读解领会到退藏处密、韬光养晦的人格精神。后来元代画家王冕《墨梅》诗："我家洗砚池边树，朵朵花开淡墨痕。不要人夸颜色好，只留清气满乾坤。"④ 更是以最简洁明白的语言道出了水墨写梅遗貌取神，弃色得真、独标"清气"的艺术表现特征。

---

① 朱熹《跋汤叔雅画梅》，《朱文公文集》卷八四。
② 陈邦彦辑《御定历代题画诗类》卷八三。
③ 吕本中《东莱先生诗集》卷一二。
④ 陈邦彦辑《御定历代题画诗类》卷八三。

图84 ［明］徐渭《梅花图》。纸本墨笔，南京博物馆藏。

52. 奉敕村梅

扬无咎（1097—1169），字补之，一说名补之，字无咎。号逃禅老人、清夷长者，清江（今属江西）人。早年曾举进士，落第。秦桧专权，他耻于依附，屡征不起，一生未入仕宦，晚年居山林，与向子諲等人诗酒唱酬，人品高洁，时人称之。诗词字画皆清雅遒丽，尤工于绘画，善作墨梅，"墨梅擅天下，身后寸纸千金"[①]，为华光后又一画梅大家。其法继承华光仲仁而有所发展，多作横幅折枝、推篷，变水墨点瓣为白描圈线，"其枝干苍老如铁石，其葩蕧芳敷如玉雪"[②]，风格清雅秀润。传世墨梅真迹有《四梅花图》《雪梅图》《墨梅图》等。据元人记载，宋高宗爱其宫梅，"将召见，一夕遁去"[③]，又说当时有人把扬补之墨梅带到宫中，皇帝不喜，"谓曰：'村梅'，补之因自题曰：'奉敕村梅'。"[④]元袁桷《清容居士集》卷四六《跋杨补之月赋》："逃禅老人，出处清峭，当与魏林同传。思陵爱其所作宫梅，将召见之，一夕遁去，此真方外士。"虞集《道园遗稿》卷五《题赠叶梅野序》："近代杨补之作梅，自负清瘦，

---

① 刘克庄《扬补之词画》，《后村先生大全集》卷一〇九。
② 刘克庄《花光梅》，《后村先生大全集》卷一〇七。
③ 袁桷《跋扬补之〈月赋〉》，《清容居士集》卷四六。
④ 虞集《梅野诗序》，《皇元风雅》后集卷四。宋方蒙仲《墨梅》："补之敕谥村。"《全宋诗》，第64册，第40052页。陆文圭《题补之梅》："含章殿里雪中开，曾共君王索笑来。着在荒蹊枯竹畔，可知准敕号村梅。"

有持入德寿宫者，内中颇不便于逸兴，谓曰村梅。补之因自题曰奉敕村梅。"此说出于元人，并不可靠，当是附会之言，应为广大文人处士举世隐逸时势下的自慰想象，竟成了墨梅领域一道流行佳话。

53. 江路野梅

元夏文彦和《图绘宝鉴》卷四："丁野堂，名未详，住庐山清虚观，善画梅竹。理宗因召见，问曰：'卿所画者，恐非宫梅。'对曰：'臣所见者，江路野梅耳。'遂号野堂。"此事与扬补之"奉敕村梅"一样，应同出元人的附会想象之辞，并不可靠。

54. 倚竹佳人

杜甫《佳人》一诗描写了一个战乱中惨遭遗弃而又能高洁自持的女子，其中不无诗人自己忠心耿耿而废职漂泊的感慨寄托，诗中这样开头和结尾："绝代有佳人，幽居在空谷。自云良家子，零落依草木……摘花不插发，采柏动盈掬。天寒翠袖薄，日暮倚修竹。"南宋以来，此景此意逐渐为咏梅所利用，如陆游《射的山观梅》其一："照溪尽洗骄春意，倚竹真成绝代人。餐玉元知非火食，化衣应笑走京尘。"[1]刘克庄《梅花十绝答石塘二林》九叠其二："翠袖佳人寒倚竹，素衣仙子昼看花。村墟忽有殊尤观，茅屋俄成富贵家。"[2]姜夔《疏影》："客里相逢，篱角黄昏，无言自倚修竹。"[3]此典既切梅竹相依之景，更得梅花幽峭高洁之韵。

---

① 陆游著，钱仲联校注《剑南诗稿校注》卷一七。
② 刘克庄《后村先生大全集》卷一七。
③ 姜夔撰，夏承焘编注《姜白石词编年笺校》，第48页。

图85　石涛《灵谷探梅图》。南京博物馆藏。

55. 雪中高士

以美人喻梅花终不免仍存脂粉气，不脱儿女态，梅花所代表的刚毅品格、高尚道德正是高人贤士的境界，反过来也只有高人贤士的形象当得起这些精神内涵："骚人以荃荪蕙茝比贤人，世或以梅花比贞妇烈女，是犹屈其高调也。"（宋冯时行《题墨梅花》）"脂粉形容总未然，高标端可配先贤。"（刘克庄《梅花十绝答石塘二林·三叠》）"此花不必相香色，凛凛大节何峥嵘……神人妃子固有态，此花不是儿女情。"（熊禾《涌翠亭梅花》）"咏梅当以神仙、隐逸、古贤士君子比之，不然则以自况。若专以指妇人，过矣。"①

基于以上认识，南宋以来的梅花作品充斥着以"丈夫"比拟的现象。如郑刚中《梅花三绝》便一气推出三个比喻："梅常花于穷冬寥落之时，偃傲于疏烟寒雨之间，而姿色秀润，正如有道之士，居贫贱而容貌不枯，常有优游自得之意，故余以之比颜子"；"至若树老花疏，根孤枝劲，皤然犯雪，精神不衰，则又如耆老硕德之人，坐视晚辈凋零，而此独撄危难而不挠，故又以之比颜真卿"；"又一种不能寄林群处，而生于溪岸江皋之侧，日暮天寒，寂寥凄怆，则又如一介放逐之臣，虽流落憔悴，内怀感慨，而终有自信不疑之色，故又以之比屈平。"（郑刚中《梅花三绝并序》）郑清之《冬节沍寒约客默坐……》一诗则出以四喻："衣冠古岸绮季至，介胄嶙峋亚夫色。从来魏征真妩媚，要是广平终铁石。"另外具有代表性的还有："灵均清劲余骚雅，夷甫风姿堕寂寥。"（张九成《咏梅》）"苦节雪中逢汉使，高标泽畔见湘累。"（陆游《涟漪亭赏梅》）"长共竹君松友伴，岂容蝶使蜂媒入。似惠和、伊任与夷清，兼三德。"（李曾伯《满江红》）"饭颗一时工部瘦，首阳千古伯夷清。""违物行归廉士洁，

---
① 方回《瀛奎律髓》卷二〇。

傲时身中圣人清。"(曾丰《赋梅三首》)"风流晋宋之间客，清旷羲皇以上人。"(张道洽《梅花》)"瘦成唐杜甫,高抵汉袁安。"(李鼐《早梅》)"瘦如颗饭逢工部，老似磻溪卧子牙。"(戴昺《次韵东渠兄观梅》)"白头朔漠穷苏武,瘦骨西山饿伯夷。"(蒲寿宬《回谒蓝主簿道傍见梅偶成》)"数枝冲淡晚唐句，一种孤高东晋人。""江南野史余芳论，绝世清如古逸民。"①"闲淡可参仁者静，丰神已造圣之清。"②"我观梅花如大贤，天地闭时全其天。群表独立超众甫,高标孤绝无比肩。孤竹伯子圣之清，闻风凛凛顽皆廉。独步战国性善翁，次庶几焉鲁仲连。众醉独醒湘累屈，苦节雪窖苏属国。三国无俦葛武侯，有晋征士陶靖节。作者七人梅花徒，赋中曷不勤招呼。"③如此等等，真是举不胜举。

风神清逸的高人、枕流漱石的隐者、苦节忠国的志士、行吟骨立的骚客，不同的拟象体现不同的品格意蕴，适应不同的主体胸臆及其表现目的。这其中最核心的是两类形象：一是幽隐之士，所谓"绝似人间隐君子,自从幽处作生涯"(戴复古《梅》);一是贞节之士,所谓"人中商略谁堪比,千载夷齐伯仲间"(陆游《梅》)。这正对应了王国维《此君轩记》一文中所概括的士人品德理想:"古之君子,其为道者也盖不同,而其所以同者，则在超世之致与不可屈之节而已。"隐士体现的是一种脱弃尘俗的人生理想，即所谓"超世之致"，而贞士代表的是坚贞不移的意志操守，即所谓"不屈之节"。

"高士"拟喻比"美人"拟喻更鲜明集中地指向道德人格象征之义。与早期咏梅只正面摹写色、香相比，思想上有明显深化。古人对此多

---

① 僧明本《梅花百咏》附《和冯海粟作》《梅花百咏·评梅》。
② 邹之麟《梅花》，汪灏等《广群芳谱》卷二三。
③ 陈栎《题春先亭》，《定宇集》卷一六。

图86 ［明］戴进《踏雪寻梅图》。立轴，美国私人藏。
此图网友提供。

有清醒的意识和明确追求。陆游在《开岁半月湖村梅开无余，偶得五诗，以烟湿落梅村为韵》其三中写道："梅花如高人，妙在一丘壑。林逋语虽工，竟未脱缠缚。乃知尤物侧，天下无杰作。"郑清之《冬节沍寒约客默坐……》："月香水影儿女语，千古诗肠描不得。"方岳《雪后梅边》其八："高人风味天然别，不在横斜不在香。"刘黻《梅花》："说着色香犹近俗，丹心只许伯夷知。"在他们看来，林逋"疏影"云云，也只是"摹写香与影"（陆游《宿龙华山中，寂然无一人，方丈前梅花盛开，月下独观至中夜》），而梅花那"高人"境界是"色香"一类描写无法体现的。当然，这种评骘抑扬也许只是一种标新立异的言语伎俩，事实上宋人咏梅多受林逋启发，林逋在香、影的正面描写之外还有"水月"渲染烘托、与诗人僧禅相联系等方法，但南宋出现的这些訾议不满也清楚地反映了有关审美认识的提高以及艺术表现方式的推移更新。从林逋以来，人们不断发现梅花的品格意趣与"比德"内涵，现在干脆用现实和理想中的士人道德先范来拟喻梅花，使两者间建立起简明直通的指称关系。梅花的士人品节象征之义因此得到了最明确、最充分的揭示。可以说，高士拟喻是咏梅描写中最简明也是"最高级"的"比德""写意"方式。

56. 巢许夷齐

巢父、许由，相传尧时隐士，尧帝欲让位于二人，皆不受，隐于箕山。伯夷、叔齐，商朝孤竹君的两个儿子，相传其父遗命要立次子叔齐为继承人。孤竹君死后，叔齐让位给伯夷，伯夷不受，叔齐也不愿登位，先后都逃到周国。周武王伐纣，两人曾叩马谏阻。武王灭商后，他们耻食周粟，逃到首阳山，采薇而食，饿死在山里。南宋以来咏梅中经常以这四位上古隐士来比拟梅花的清贞气节。如陆游《雪中寻梅》其二：

"幽香淡淡影疏疏，雪虐风饕亦自如。正是花中巢许辈，人间富贵不关渠。"①《梅》:"人中商略谁堪比，千载夷齐伯仲间。"②陈纪《念奴娇·梅花》:"除是孤竹夷齐，商山四皓，与尔方同调。世上纷纷巡檐者，尔辈何堪一笑。"③

57. 矾弟梅兄

梅花与松、竹平起平坐后，可以说是占得了花卉审美品级的"制高点"，引得咏物创作中众花卉前来趋仰比附，或攀"朋"结"友"，或称"兄"道"弟"。如咏酴醾:"天将花王国艳殿春色，酴醾洗妆素颊相追陪。绝胜浓英缀枝不韵李，堪友横斜照水搀先梅。"（卢襄《酴醾花》）咏山矾:"只有江梅合是兄，水仙终似号夫人。季方政尔难为弟，每恨诗评未逼真。"（方岳《山矾》）咏玉蕊花:"唐昌观里东风软，齐王宫外芳名远。桂子典刑边，梅花伯仲间。"（史达祖《菩萨蛮·赋玉蕊花》）梅花的格调品位成了其他花卉审美评价和表现的标尺，与梅花的比肩跻列也成了赞美其他花卉的方式。这种"称兄道弟"方式在宋代的流行，当推原到黄庭坚《王充道送水仙花五十枝欣然会心为之作咏》中"山矾是弟梅是兄"一语④，诗云:"凌波仙子生尘袜，水上轻盈步微月。是谁招此断肠魂，种作寒花寄愁绝。含香体素欲倾城，山矾是弟梅是兄。坐对真成被花恼，出门一笑大江横。"⑤水仙、山矾同属白洁幽雅之花，以兄弟论之，可见梅花的品格韵味。但在黄庭坚

① 陆游著，钱仲联校注《剑南诗稿校注》卷一一。
② 陆游著，钱仲联校注《剑南诗稿校注》卷五六。
③ 唐圭璋编《全宋词》，第5册，第3392页。
④ 钱钟书曾指出《淮南子》中这一修辞法更早的例子，见《谈艺录》修订本）第11页。
⑤ 《全宋诗》，第17册，第11415页。

那里，还着眼于梅花、水仙、山矾相继开放的先后次序。而南宋以来，随着梅花品格的完全确立，这一说法已重在品位格调的参比附美，松竹、水仙、山矾等物的友缔弟附，梅花如此置身于"社会关系"的纵横网络之中，其居尊处优的地位被标示得确凿无疑。这种人伦关系的比拟，以一种独特的话语方式简明地体现了相应的审美认识。

58. 梅花清友

宋龚明之《中吴纪闻》卷四："张敏叔尝以牡丹为贵客，梅为清客，菊为寿客，瑞香为佳客，丁香为素客，兰为幽客，莲为净客，酴醾为雅客，桂为仙客，蔷薇为野客，茉莉为远客，芍药为近客，各赋一诗，吴中至今传播。"张景修，字敏叔，常州人，治平四年进士，曾知饶州浮梁县、梓州、寿州，终祠部郎中，年七十余，有《张祠部集》，已佚。《锦绣万花谷》后集卷三七："花中十友：曾端伯十友《调笑令》云，取友于十花。芳友者，兰也。清友者，梅也。奇友者，

图 87　姜泓《水仙茶梅图》。立轴，绢本设色，纵 118.3 厘米，横 42.9 厘米，南京博物馆藏。

蜡梅也。殊友者，瑞香也。净友者，莲也。禅友者，蓍蒿也。佳友者，菊也。仙友者，岩桂也。名友者，海棠也。韵友者，荼蘼也。仍有玉

友来奉佳宾，谓酒也。"曾慥《调笑·清友梅》："清友，群芳右。万缟纷披兹独秀。"

59. 岁寒三友

元陶宗仪《辍耕录》卷二八《爇（ruò）梅花文》："周申父之翰，寒夜拥垆爇火，见瓶内所插折枝梅花，冰冻而枯，因取投火中，戏作下火文云：'……春魁占百花头上，岁寒居三友图中。'"张元干《岁寒三友图》："苍官森古鬣，此君挺刚节。中有调鼎姿，独立傲霜雪。"

松、竹、梅，并称"岁寒三友"。这一说法很可能最初见于绘画。南北宋之交的周之翰《爇梅赋》："岁寒居三友图中。"①明指三友为题的绘画作品。与周之翰同时词人张元干有题《岁寒三友图》诗："苍官森古鬣，此君挺刚节。中有调鼎姿，独立傲霜雪。"②客观再现了"三友"画的基本构图。同时画家中，已知扬补之有"三友"画。楼钥《题徐圣可知县所藏杨补之二画》其二："梅花屡见笔如神，松竹宁知更逼真。百卉千华皆面友，岁寒只见此三人。"③所题显系《岁寒三友》。此后，"岁寒三友"成了咏梅诗词中常见的立意和说法。如葛立方(葛胜仲之子)《满庭芳·和催梅》"结岁寒三友，久迟松筠"④，朱淑真《念奴娇·二首催雪》"梅花依旧，岁寒松竹三益"⑤，曹冠《汉宫春·梅》"应自负，孤标介洁，岁寒独友松篁"⑥，姚述尧《念奴娇·梅词》"更看难老，岁寒长友松竹"⑦

---

① 周之翰《爇梅赋》，《古今图书集成》卷二〇六［草木典·梅部艺文］。陶宗仪《南村辍耕录》卷二八《爇梅花文》，文字稍异。
② 张元干《芦川归来集》卷四，《影印文渊阁四库全书》本。
③ 楼钥《攻愧集》卷一一，四部丛刊本。
④ 唐圭璋编《全宋词》，第 2 册，第 1341 页。
⑤ 唐圭璋编《全宋词》，第 2 册，第 1407 页。
⑥ 唐圭璋编《全宋词》，第 3 册，第 1531 页。
⑦ 唐圭璋编《全宋词》，第 3 册，第 1550 页。

等。

"岁寒""三友"语出《论语》。《论语·子罕》："岁寒，然后知松柏之后凋也。"《论语·季氏》："益者三友，损者三友。友直、友谅、友多闻，益矣。友便辟、友善柔、友便佞，损矣。"松、竹都是古儒推榜的人格象征、"比德"之物，自古以来便相提并论。而梅花先春而发，芳国独步，其抗颜岁寒的品格堪与并肩齐美。"岁寒三友"这一说法的价值就在于使梅花跻身"比德"之列，进一步明确了其君子人格的象征意义。在"岁寒三友"说出现之前，诗人喻梅赞梅，多只写其侣霜似雪，赞美其形质素洁，现在以圣言为标签，与松竹相比并，使其突破了"一丘一壑"意趣的局限，成了更符儒家伦理规范，更具道德意义的崇高形象。而称"朋"呼"友"的方式，一方面体现了儒家即物究理、友德齐贤的道德实践之义，另一方面也反映出封建士大夫寓物为乐、雅意自适的美学观念和精神意态。"岁寒三友"作为一个组合形象，拧合了松柏这一传统儒者之象与梅花这一新型隐者之象（竹介乎两者之间），有着"骨气"与"清气"兼融一体的典型特征，代表着宋元之际时代精神和审美心理的基本走向。

60. 梅花纸帐

宋朱敦儒《鹧鸪天》："道人还了鸳鸯债，纸帐梅花醉梦间。"陈达叟《本心斋素食谱》序："本心翁斋居宴坐，玩先天易，对博山炉，纸帐梅花，石鼎茶叶，自奉泊如也。"[①]

宋以前，长江、黄河流域还未种棉花，人们穿丝、麻织品的衣服，冬着皮毛和丝麻絮。宋朝起，棉花分别从海南两广北上，从西域传入

---

① 陈达叟《本心斋素食谱》序，《生活与博物丛书》饮食起居编，上海古籍出版社 1993 年版，第 316 页。

西北地区，元代以后种植面积迅速推广，超过丝麻，衣着随之变化。汉时最高人口 6000 万，南北朝 4000 万，初唐 6000 万。唐宋时长江流域的人口剧增，农垦主要解决粮食粮食并且问题，衣着问题紧张。造纸术和造纸业的发展，原料来源丰富、加工技术、纸张种类等发展，纸张除用于印刷书册、佛经、画、文书、糊窗糊壁等，也用以做纸衣、纸袄、纸褥等，另做纸帽、帐、甲、棺等。

在宋代梅花欣赏最为鼎盛时期，有一种叫梅花帐的生活设施。其法见于南宋后期林洪《山家清事》"梅花纸帐"条："法用独床，傍植四黑漆柱，各挂以半锡瓶，插梅数枝，后设黑漆板，约二尺，自地及顶，欲靠以清坐。左右设横木一，可挂衣。角安斑竹书贮一，藏书三四，挂白麈一。上作大方目顶，用细白楮衾作帐罩之。前安

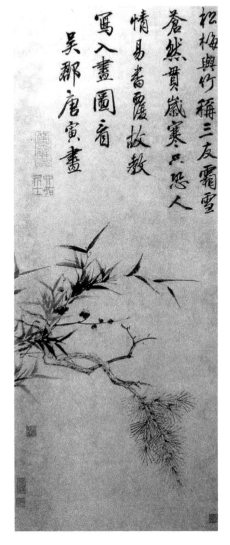

图 88　［明］唐寅《岁寒三友图》。

小踏床，于左植绿漆小荷叶一，置香鼎，然紫藤香。中只用布单、楮衾、菊枕、蒲褥，乃相称'道人还了鸳鸯债，纸帐梅花醉梦间'之意。古语云：'服药千朝，不如独宿一宵。'倘未能以此为戒，宜亟移去梅花，

毋污之。"①这应是一种僧人道士修行生活式的设施。从众多宋人有关的诗词吟咏中还可看出，所谓梅花帐，主要还是指画有梅花图纹的帐幔，北宋末即已出现。朱松《三峰康道人墨梅三首》注："康画尝投进，又为朱勔画全树帐极精。"②康道人，生平未详，曾为朱勔画墨梅帐。朱敦儒《鹧鸪天》："道人还了鸳鸯债，纸帐梅花醉梦间。"③刘应时《祐上人制纸帐作诗谢之》："睡里山禽弄霜晓，梦回明月上梅花。"④陈起《纸帐送梅屋小诗戏之》："十幅溪藤皱縠纹，梅花梦里閟氤氲。裴航莫作瑶台想，约取希夷共白云。"⑤说的不一定都是纸帐，也未必是蚊帐，有时可能是指帷幕之类，但都是画有梅花的用品和饰品。宋代人口增加，丝麻供应相对紧张，而纸的生产却比较发达，于是出现了纸制的衣被帐幔等日用品，清贫之家和僧隐之士多见使用。纸上画梅，尤其是水墨写梅比较方便，想必当时纸帐多以墨梅图案装饰。但林洪所说的情景似乎要远为复杂，也非帐上画梅，而是帐架上挂瓶插梅。无论帐上画梅还是榻旁插梅，都是营造一种清雅简朴，恍若罗浮清梦的睡卧氛围。释明本《纸帐梅》："春融剡雪道人家，素幅凝香四面遮。明月满床清梦觉，白云堆里见疏花。"（冯子振、释明本《梅花百咏》）只是梅画出以形象，而插枝兼取香气。宋以后类似的情景并不常见，但人们在有关纸帐的描写中，总不免联想到宋人这一生活创意。

61. 梅边吹笛、旧时月色

宋姜夔《暗香》："旧时月色，算几番照我，梅边吹笛。"这是一幅

---

① 林洪《山中清事》，明顾氏山房小说本。
② 《全宋诗》，第 33 册，第 20750 页。
③ 唐圭璋编《全宋词》，第 2 册，第 843 页。
④ 刘应时《颐庵居士集》卷下。
⑤ 《全宋诗》，第 58 册，第 36760 页。

很优雅的生活画面，后世引为语典很普遍。如清人"长洲宋浣花先生词笔幽峭，直登白石之堂。盖平生极服姜夔，故颜其其室曰'梅笛庵'，取'梅边吹笛'语意也"①。清人百龄有《题顾伴蘩明府＜梅边吹笛＞图》。②周之琦《祝英台近》:"舞山香，翻水调，檀板为谁拍。小谱亲题，曾倩画眉笔。几回月上雕阑，停针倦绣，闲听我、梅边吹笛。"③

62. 锄月种梅

南宋刘翰《种梅》诗:"凄凉池馆欲栖鸦，采笔无心赋落霞。惆怅后庭风味薄，自锄明月种梅花。"④最后一句当时即得到杨万里的称赏⑤。完全同样的句子后来又出现在元代王恽《学圃亭》⑥、萨都拉《赠来复上人四首》⑦诗中，清乾隆帝更是为此句专题赋诗⑧，类似的句意出现的频率更高，可见这一意境的经典意义和共鸣效果。

就梅花观赏来说，野外寻梅远不如自家庭院有梅来得方便⑨，而且梅之栽培极为简易，种核育苗或移栽树株都不费事。从清徐石麒《花佣月令》可知，从腊月至初夏五六月间，均可下种育梅，而移栽则在农历二三月间。事情虽然简单，但在古人的心目中却是整个梅文化中的风雅一环。南宋江湖诗人赵崇嶓《移梅》:"邻家争乞丽春栽，玉手

---

① 邹弢《三借庐赘谭》卷五，清光绪申报馆丛书余集本。
② 百龄《守意龛诗集》卷二四丙寅，清道光读书乐室刻本。
③ 周之琦《心日斋词集》怀梦词，清刻本。
④ 《全宋诗》，第45册，第27842页。
⑤ 杨万里《诚斋诗话》，《诚斋集》卷一一四。
⑥ 王恽《秋涧集》卷三〇。
⑦ 萨都拉《雁门集》卷四。
⑧ 爱新觉罗弘历《赋得"自锄明月种梅花"》，张廷玉《皇清文颖》卷首十二，《影印文渊阁四库全书》本。
⑨ 庄㫤《和司马提学倡和诗韵八首》其七，《定山集》卷一。

轻分带月培。窗下老翁迁入骨，清斋三日为移梅。"①为了当得起梅花的高洁，移栽前特为斋坐三日，清静身心。这似乎有点神乎其事，但由此也可见，人们心目中赋予种梅超越一般稼穑之事的高雅意味。古人诗中经常出现种梅的情景是"锄月种梅""锄雪种梅""锄云种梅"。锄雪还多少有些实际可能，耕云锄月就主要属于想象了，其意都在渲染种梅之事幽逸脱俗的情趣。

63. 梅具四德

《朱子语类》卷六八："文王本说元亨利贞，为大亨利正，夫子以为四德。梅蕊初生为元，开花为亨，结子为利，成熟为贞。物生为元，长为亨，成而未全为利，成熟为贞。"②"元亨利贞"通常被认为是乾卦的四种性质，后世多称代表四德、四时等。此处朱熹以梅开花结实不同阶段作比喻，后世遂称梅具乾卦"元、亨、利、贞"四德。

64. 梅花四贵

南宋王质《墨梅》："贵简不贵繁，妙在有无间。满眼寻不见，约略见纤纤。贵老不贵稚，妙在荣枯际。芳态减初年，其中寓幽意。贵瘠不贵肥，愈瘦愈清奇。瘦到无何有，正好玩空枝。贵含不贵开，风度韬胚胎。游蜂啄不得，乃始抱全才。"清人总结为"四贵"。③清宫梦仁《读书纪数略》卷五四："梅四德四贵：初蕊为元，开花为亨，结子为利，成熟为贞。贵稀不贵繁，贵老不贵嫩，贵瘦不贵肥，贵含不贵开。"所谓"四贵"应出于王质，说的是画梅所宜，也是赏梅之宜。

---

① 《全宋诗》，第 60 册，第 38079 页。
② 黎靖德《朱子语类》卷六八，明成化九年陈炜刻本。
③ 王质《雪里集》卷一二，《影印文渊阁四库全书》本。

65. 傍梅读易

魏了翁《十二月九日雪融夜起达旦》诗："远钟入枕报新晴，衾铁衣棱梦不成。起傍梅花读《周易》，一窗明月四檐声。"朋友间乐于称道，魏了翁"后贬渠阳，于古梅下立读易亭"[①]。家铉翁《跋浩然风雪图》一文谈到孟浩然风雪觅诗这一诗家胜事时曾有这样一通议论："此灞桥风雪中诗人也，四僮追随后先，苦寒欲号。而此翁据鞍顾盼，收拾诗料，气色津然贯眉睫间，其胸次洒落，殆可想矣。虽然，傍梅读易，雪水烹茶，点校孟子，名教中自有乐地，无以冲寒早行也。"[②]在他看来，孟浩然之事（此事实由后世附会）固然为士人一雅，但终属诗人苦吟之迹，不如魏了翁所为，纯然圣贤气象，从容中道，平实

图89 ［清］汤禄名《明月种树图》。台北故宫博物院藏。图中人把锄倚梅树而立，梅花枝头，一轮明月斜挂天宇。

---

① 罗大经《鹤林玉露》甲编卷六。
② 家铉翁《则堂集》卷四。

和易，温文蔼如。后来"傍梅读易"成了咏梅常见事典，代表着理学家所标举的仁者意度、名教之乐。同时也代表其即物即理、因梅体悟天理流机、阴阳变化的独特理趣。魏了翁《肩吾摘取"傍梅读易"之句以名吾亭且为诗以发之用韵答赋》："人情易感变中化，达者常观消处息。向来未识梅花时，绕蹊问讯巡檐索。绝怜玉雪倚横参，又爱青黄弄烟日。中年易里逢梅生，便向根心见华实。候虫奋地桃李妍，野火烧原葭菼苖。方从阳壮争门出，直待阴穷排闼入。随时作计何太痴，争似此君藏用密。"《海潮院领客观梅》："梅边认得真消息，往古来今一屈伸。"家铉翁《墨梅》其二："冰崖孤芳，雪林早春。伴我读易，见天地心。"[①]理学家从梅花中读到了天地初心、乾坤消息。元代以来进一步出现了"梅花太极图"的说法。

66. 梅开认年

宋刘克庄《梅开五言一首》："陶翁书甲子，楚客纪庚寅。村叟无台历，梅开认小春。"[②]小春指农历十月，此时梅花初萌，欧阳修词《渔家傲》有"十月小春梅蕊绽"之句。刘克庄"梅开认小春"一句是说梅花总是冬末春初应时开放，通过梅花可以了解时节。而这一期间，恰逢中国传统节日元日（今称春节），于是又有了"梅开认年"的说法。明王稚登《湖上梅花歌》："虎山桥外水如烟，雨暗湖昏不系船。此地人家无玉历，梅花开日是新年。"

67. 梅占五福

《永乐大典》卷二八一〇郭昂诗："不知造物从何理，占得人间五福先。"五福说出自《尚书·洪范》，一曰寿，二曰富，三曰康宁，四

---

① 家铉翁《则堂集》卷五。
② 刘克庄《后村先生大全集》卷四七，《四部丛刊》景旧钞本。

380

曰攸好德，五曰考终命。梅花五瓣形状，报春先发，充满生气，正可象征五福。梅占五福寄托了人们对美好生活的向往，宋元以来成了民俗文化中流行的吉庆祥瑞符号。

图 90　［清］紫檀嵌竹丝梅花式凳。

高 46 厘米，面径 34 厘米，故宫博物院藏。

68. 梅累十年

嘉定十四年（1221），刘克庄作《落梅》诗："一片能教一断肠，可堪平砌更堆墙。飘如迁客来过岭，坠似骚人去赴湘。乱点莓苔多莫数，偶粘衣袖久犹香。东风谬掌花权柄，却忌孤高不主张。"①诗开头描绘落梅凄凉的景象，透露出诗人的惋惜伤感之意。颔联以"迁客骚人"比喻，既形象地表现了梅花被摧飘落的情形，也赋予了其高洁的人格。颈联写梅虽飘落，但香气犹存。尾联感慨议论，春风掌握着百花的生杀予夺大权，偏偏忌妒梅花的"孤高"，不知怜惜护持，听任飘零凋落。

就咏梅而言，此诗无论立意、技巧都无过人处。但正是这首普普通通的咏物之作，后来却引出了一场官司。宁宗嘉定末（1224）、理宗宝元初（1225），权相史弥远专擅朝政，废宁宗所立皇太子为济王，矫诏改立理宗，并逼济王自杀。史弥远的恶劣行径遭到了当时朝中正义之士的激烈反对，如真德秀、邓若水、洪咨夔等人纷纷上书为济王鸣冤，斥责史弥远擅权废立，一一都遭贬逐。在朝野一片反对声中，史弥远及其爪牙到处寻找证据，网罗罪名，以排斥异己。当时被挖出作为诽谤时政罪证的有陈起的"秋雨梧桐皇子府，春风杨柳相公桥"，曾极《春》诗中的"九十日春晴景少，一千年事乱时多"，以及刘克庄这首《落梅》诗末两句等，称其谤讪当政。为此，陈起被发配流放，曾极被贬死舂陵。恰巧陈起为江湖诗人们编辑刊行大型诗歌丛刊《江湖集》，也被毁板，印出的书被禁毁。当权者还效法北宋末年的做法，诏禁士大夫作诗。这就是文学史上著名的"江湖诗祸"。宝庆三年（1227）案发时，刘克庄在建阳（今属福建）县令任上，幸得郑清之（与史弥远关系密切）代为开脱，才免除下狱治罪的处分。但他并未因此脱尽干系，绍定二年（1229）解建阳任赴潮州通判，刚上任即被劾去，究其原因即出于旧事报复。

刘克庄《病后访梅九绝》其一说："梦得（按：刘禹锡字梦得）因

---

① 刘克庄《后村先生大全集》卷三。

桃数左迁，长源（按：李泌字长源）为柳忏当权。幸然不识桃和柳，却被梅花累十年。"至于心理上的影响就远不止十年了，刘克庄在《杨补之墨梅跋》中说："予少时有《落梅》诗，为李定、舒亶（案：两人制造'乌台诗案'陷害苏轼）辈笺注，几陷罪苦。后见梅花辄怕，见画梅花亦怕。"①其《贺新郎·宋庵访梅》一词也说："老子平生他过，

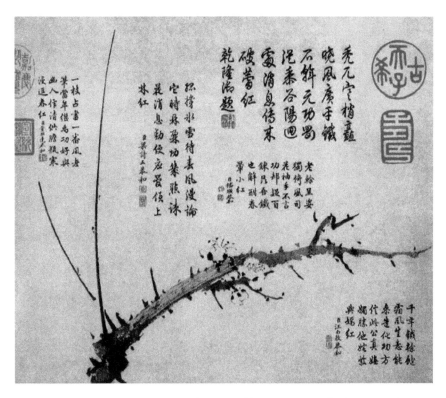

图91　［元］吴镇《墨梅图》。纸本水墨，纵29.6厘米，横35厘米，辽宁省博物馆藏。

为梅花受取风流罪。"②当然，他也由此开始了大量写作梅花诗词，

① 刘克庄《后村先生大全集》卷九九。
② 刘克庄《后村先生大全集》卷一九〇。

并对因此而名垂青史很是自信①。

69. 修到梅花

谢枋得《武夷山中》："十年无梦得还家，独立青峰野水涯。天地寂寥山雨歇，几生修得到梅花。"②谢枋得（1226—1289），字君直，号叠山，信州弋阳（今属江西）人。宝祐四年（1256）与文天祥同科中举。曾任考官，因指责贾似道奸政，黜居兴国军（今湖北阳新）。德祐元年（1275）知信州（今江西上饶），率军抵抗元兵，战败城陷，隐姓埋名入武夷山中。后流寓建阳（今属福建），卖卜教书为生。平生以忠义气节自任，元朝屡召出仕，均坚辞，后被强制送往大都（今北京），绝食而死。此诗作于抗元兵败十年后，谢枋得家乡失守时，妻儿被掳，早已无家可归，而抗元武装渐趋沉寂，复国无望，因而剩下的只是孤守山野，抗节守志。这样的政治局势，对绝世孤臣是十分严峻的考验。诗人何以自处？诗人没有明说，只是对梅花深致羡慕。梅花那样的境界几生几世才能修得？沉思感慨的语气中包含了多少敬仰与自砺，不难感受其沉重的分量。结句以梅花形象自励，在这翻天覆地之下，梅花形象成了一个气节人格的标尺和警示，象征着亡国遗民的忠诚故国、坚贞不屈，这是一种远非太平闲隐、湖山清旷所可比拟的贞心与苦节。透过作者那无比崇敬的心理，不难感受到梅花孤峭苦节的气格神韵在人们心目中已推之弥高，爱之弥笃。

70. 梅花道人

元夏文彦和《图绘宝鉴》卷五："吴镇，字仲圭，号梅花道人，嘉

---

① 刘克庄《病后访梅九绝》其九："菊得陶翁名愈重，莲因周子品尤尊。从（一作"后"）来谁判梅公案，断自孤山迄后村。"《后村先生大全集》卷九。
② 谢枋得《叠山集》卷一。

图92　[元]王冕
《南枝春早图》。绢本，
立轴，台北故宫博物院
藏。画中梅主干自右下
向上生出，两干扶摇右
弯，在上端枝条左撇，
枝干交叠，虬曲有力。
题诗："和靖门前雪作
堆，多年积得满身苔。
疏华个个团冰雪，羌笛
吹他不下来。"此诗此
画写出了老梅着花，寒
吹不落的坚忍，也不免
让人联想到王冕孤峭冷
傲心态。

兴魏塘镇人。"他长期隐居乡间，曾在村塾中教书，去杭州等地卖卜，一生足迹不出太湖流域，生前不甚为人所知，后世画名日盛，与黄公望、倪瓒、王蒙并称"元四家"。画山水居多，师法巨然，长于用墨，间学马、夏皴法，善用湿墨表现山川林木郁茂景色，笔力雄劲，墨气沉厚，与巨然"淡墨轻岚"有所不同。画竹学文同，有所发展，人称"橡林法"(吴镇隐居地称橡林)，冠盖当时。

也许从艺术追求上说，吴镇着意最多、造诣最深的应是画竹，他著有《竹谱》，对画竹论述很多。但对他的生活和人格来说，结缘最深的却是梅花：自号梅花道人，所居曰梅花庵，画中常自署梅花庵主、梅沙弥、梅道人。据明人诗文笔记，其所居遍植梅树，号梅花村，花放时常徘徊吟咏赏其间。生前曾自题墓碑"梅花和尚之塔"，后遭遇盗墓者，一见以为僧墓，而免于掘发。[①]这些都不免有几分夸饰想象、神乎其说的色彩，吴镇以梅花自号，其用意主要不在花色吟赏的兴趣，而是以梅花作为易学象数的象征。南宋中期以来傍梅读《易》、梅信究"易"就成了梅花观赏中的一个新倾向，方术中出现"梅花数"一派。吴镇"隐居不仕，生平耽精《易》理，垂帘卖卜"[②]，梅花正是其占卜之术的象征。

71. 羌笛不落

王冕《素梅》："和靖门前雪作堆，多年积得满身苔。疏花个个团冰雪，羌笛吹他不下来。"[③]所谓素梅，相对于红梅而言，指线圈花头的水墨梅画。同时王逢《题王冕墨梅》："(冕)尝骑牛游京城，名贵咸侧目。

---

① 钱棻《梅花道人遗墨原序》，吴镇《梅花道人遗墨》，《影印文渊阁四库全书》本。
② 钱棻《梅花道人遗墨原序》，《梅花道人遗墨》卷首。
③ 王冕《竹斋集》续集。

平生嗜画梅，有自题云：'冰花个个团如玉，羌笛吹他不下来。'或以是刺时，欲执之，一夕遁去。"①据此，此诗当作于至正七八年游大都时，诗结句羌吹不下云云，当元代社会条件下，又值改朝换代之前夜，使人易生蔑视蒙古统治的联想。但王冕在京所寓正是蒙族大臣泰不华（1304—1352）家，此行也当期有所遇，与元初江南遗民文人已是不同，不可能对元蒙政权图存异志。诗意也只在说明老梅着花、寒吹不落的坚忍而已。但这一经历，倒也反映了王冕那漫不经心、随意酬酢、口无遮拦的狂逸性格与创作姿态。

72. 九里种梅

据宋濂《王冕传》，王冕预感天下将乱，"乃携妻孥隐于九里山，种豆顷亩，粟倍之。种梅花千树，桃杏居其半。芋一区，薤韭各百本，引水为池，种鱼千余头，结茅庐三间，自题为梅花屋"②。

王冕（1303？—1359）③，字元章，别号会稽外史，晚年作画多

---

① 王逢《梧溪集》卷五。
② 宋濂《王冕传》，王冕《竹斋集》附录。
③ 王冕生年原有后至元元年（1335）、至元二十四年（1287）两说，均由其子王周的生卒年误属或据其年龄逆推，已为学界否定。其生年无确切资料可以落实，只能大致推测。现存王冕作品中最早的年代信息是至元二年（1342）两首诗：《结交行送武之文》"今年丙子旱太苦，江南万里皆焦土"，《喜雨歌赠姚炼师》"今年大旱值丙子，赤土不止一万里"。王冕儿子王周的生卒年有吕升《山樵王先生行状》明文记载，生于至元（误作至正）乙亥即至元元年（1335），卒于明永乐五年（1707）。一般多以为王冕52岁左右生王周，是王冕当生于至大三年（1310）左右。我们认为王冕出生应该更早些，王冕30岁所作《自感》长诗，回顾自己"蹭蹬三十秋，靡靡如蠹鱼。归耕无寸田，归牧无尺刍。羁逆泛萍梗，望云空叹吁。世俗鄙我微，故旧嗤我愚。赖有父母慈，倚门复倚闾"，提到的只是父母，感慨的只是上对父母，无以"反哺"，深怀愧疚，却无一句下对妻儿之意，可见其30岁时尚未成家立业，全赖父母供养。也就是说，王冕结婚生子应在30岁之后，我们设若此后即积极张罗结婚生子，他应比王周大32岁左右，则其生年当在大德七年（1303）前后。

图 93　［明］唐寅《梅花书屋图》。

署煮石山农，诸暨（今属浙江）人。他出身农家，学习比较刻苦，为同里王艮爱重，据说后来浙东理学大家韩性闻其好学，收为弟子。曾参加进士考试，不中，遂绝意科场，放浪江湖。读古兵书，戴高檐帽，被绿蓑衣，着长齿木屐，或骑黄牛，手持《汉书》以读，人皆以为狂生。四处游历，到过山东、河南、巴蜀、辽东、湖湘及长江中下游广大地区。晚年携妻孥隐居九里山。所说九里山何在，后世有绍兴、余姚、诸暨（今均属浙江）等不同说法，其中因王冕是诸暨人，有关王冕隐居诸暨九里山的呼声最高，影响最大。然而质诸王冕本人作品和同时文人记载，王冕晚年隐居地应在绍兴城南九里，余说均不能成立。①

王冕隐居九里山，以种梅知名。他一生狂浪，晚年隐逸山林，因而性习所近，于花卉中矜赏梅竹。早年屋舍周围茂竹密蔽，环境幽美，遂以竹名斋②。自称"平生爱梅颇成癖"③，晚年嗜爱尤笃。早在浪游四方时，王冕就酝酿了这份理想："便欲卜筑山之幽。断桥流水无人处，添种梅花三百树。直待雪晴冰满路，骑驴相逐寻诗去。"④晚年的王冕在诗中自豪地告诉友人："有怀若问草堂翁，门外梅花三百树。"⑤"今日风光好，梅花满屋春。"⑥种豆南山之中，于花气弥漫中饮酒读书、吟诗作画，这是何等自如的境界。

73. 铁脚嚼梅

宋以来号称铁脚的道人、僧侣颇多，如《道藏》所载元代道士王处一，冯子振诗中所说"铁脚刘道人"即是。杜巽才《霞外杂俎》卷首明东谷居士敖英《〈霞外杂俎〉序》："嘉靖丁酉秋，予有蜀台之役，一日泊舟空舲滩上，以候风色……小憩石上，以观泉流。俄有一翁曳杖而来……遂与翁别，翁袖中探此书授予，且告曰：此铁脚道人所纂也。"敖英《〈霞外杂俎〉后语》："予得此书，尝物色所谓铁脚道人者，有楚客言，二十年前曾见道人于荆南，虬髯玉貌，倜傥不羁人也。尝爱赤脚走雪中，兴

---

① 详参程杰《中国梅花名胜考》内编二"王冕隐居九里山"条，中华书局2014年版。

② 刘将孙《竹斋记》，《养吾斋集》卷二一。记中称"余家抵暨阳不百里"，应是诸暨邻县人的作品，而刘将孙乃刘辰翁子，江西庐陵人。集中另有《竹斋记》一篇，"为闽县朱尹作"。此篇或因篇名相同而误收，待考。

③ 王冕《题月下梅花》，《元诗选》二集卷一八。

④ 王冕《秋山图》，《竹斋集》卷下。

⑤ 王冕《送林叔大架阁上京》，《竹斋集》卷下。

⑥ 王冕《次韵答申屠子迪府推》，《竹斋集》卷中。

图94　[清]倪田
《梅花仕女图》。南京
博物院藏。

发则朗诵南华《秋水篇》。又爱嚼梅花满口，和雪咽之，或问咽此何为，道人曰：吾欲寒香沁入肺腑。其后去采药衡岳，夜半登祝融峰，观日出，乃仰天大叫，曰：云海荡吾心胸。居无何，飘然而去，莫知所之。或曰道人姓杜氏，名巽才，魏人。"此事经明何镗《古今游名山记》、王思义《香雪林集》、张岱《夜航船》等书转载，广为传布。

74. 林中美人

范德机《木天禁语》："咏妇人者，必借花为喻；咏花者，必借妇人为比。"[1]这几乎是一个文学定律，古今中外概莫能外。同样，在梅花描写中，以佳人作比是一个比较普遍的手法。不过南朝咏梅初起时多出以怨春闺怨口吻，由梅开梅落联想到韶光流逝，美貌难驻，所谓"花色持相比，恒愁恐失时"（萧纲《梅花赋》）。中唐以来，以女色喻梅渐见增多。如皮日休《行次野梅》："茑拂萝梢一树梅，玉妃无侣独裴回。好临王母瑶池发，合傍萧家粉水开。"唐彦谦《梅》："玉人下瑶台，香风动轻素。"所喻重点在粉、香等"形似"姿色。

入宋后尤其是北宋中期以来，这类比拟进一步增加，且用为比喻的美人有所拣择，集中于月宫嫦娥、瑶池仙姝、姑射神女、深宫贵妃、

① 何文焕辑《历代诗话》，第748页。

林中美人、幽谷佳人等高雅、冷峭、幽独、神仙"美人"（如咏红梅则是酣醉美人、嗔怒美人、服丹美人）。如："姑射仙人冰作体，秦家公主粉为身。素娥已自称佳丽，更作广寒宫里人。"（郑獬《雪中梅》）"如云不比东门女，若雪岂非姑射人。"（彭汝砺《湖湘路中见梅花寄子开》其三）"此意比佳人，争奈非朱粉。惟有许飞琼，风味依稀近。"（晁补之《生查子·梅》）"姑射仙姿不畏寒，谢家风格鄙铅丹。"（张耒《梅花十首》）"一尘不染香到骨，姑射仙人风露身。"（张耒《腊初小雪后圃梅开二首》）与晋唐人比喻姿色、伤春绮怨不同，这些美人或身份特殊，或品位不凡，或风度高雅，或性格孤峭，着意在表现梅花高雅、超逸的神韵品格。

75. 梅兰竹菊

梅、兰、竹、菊相提并美，称"四君子"，主要用指绘画，成熟较晚，明确出现于明代后期。陈继儒《题〈梅竹兰菊四谱〉小引》："夫三春舒丽，百卉竞芳，大都非妖艳则浓华，为俗眼睁睁，而文房清供，

图95　[清] 罗聘《二色梅花图》。中国三峡博物馆藏。

独取梅竹兰菊四君者，无他，则以其幽芬逸致，偏能涤人之秽肠，而澄莹其神骨，以故诸水墨家亦注注求工此四种，不极其肖不止。"

76. 罗家梅派

罗聘（1733—1799），字遁夫，号两峰，原籍安徽歙县，迁居扬州。是"扬州八怪"中年龄最小者。父母早逝，孤寒无依，然刻苦好学，二十余岁随金农学画，得其神似，常为之代笔。鬻字卖画为生，曾三赴京师，因《鬼趣图》哄动当时文坛。擅长山水、人物、花卉各科，尤善画梅。金农对他的画梅很满意，说他"放胆作大干，极横斜之妙"（金农《冬心画梅题记》）。其画法大致近金农，但用笔厚重，形象准确，较金农严谨秀雅。多作粗干淡花，或墨晕背景，或勾花敷粉，手法丰富，笔致疏放，浓淡交映，别具风貌。传世作品有《梅花图轴》（故宫博物院藏）、《三色梅图轴》（吉林博物院藏）等。其妻方婉仪（1732—1778），号白莲，也善画梅。其子罗允绍、罗允缵，其女罗芳淑，均得家法，工写梅，"好事者谓之罗家梅派"①。

（原载程杰《宋代咏梅文学研究》，第 351 ~ 421 页，安徽文艺出版社2002 年版，此处有增补。本篇蒙程宇静女士修订，增补良多。）

---

① 冯金伯《墨香居画识》，王鋆《扬州画苑录》卷一，清光绪十一年刻本。

龚自珍《病梅馆记》写作时间与相关梅事考

龚自珍《病梅馆记》托物讽世的思想价值众所周知，但对其创作时间与原因却不甚了了。该文未署写作年月，根据最初的文集编排和文章内容，可以大致认定是作者四十八岁即道光十九年（1839）四月辞官南归以后的作品。从龚氏辞官南归到道光二十一年（1841）八月去世，头尾有三年。《病梅馆记》具体写于何时，一般都认为是南归当年即道光十九年，吴昌绶《定庵先生年谱》、郭延礼《龚自珍年谱》均编于该年①。2004 年商务印书馆出版的樊克政《龚自珍年谱考略》后出转精，于龚氏生平事迹考订最为翔实。该谱于《病梅馆记》系年也一仍旧说，并举龚氏《己亥杂诗》透露的从苏州邓尉购梅苗之事实作为佐证，可喜的是樊克政同时也提出了作于次年的可能："不过也应看到，龚自珍虽于本年曾托人从邓尉买梅，但此事延至明年才办妥的可能尚不能完全排除。还有，龚自珍于明年游江宁，并曾住龙蟠里之四松庵，这也有可能是该文一开头便提到'江宁之龙蟠'的缘故。由此看来，该文作于明年的可能性也是存在的。"②笔者近年对古人艺梅赏梅活动稍有关注，联系明清时期江宁即今南京地区艺梅情况，反复揣读此文，深感樊氏所言这第二种可能即《病梅馆记》作于道光

---

① 分别见龚自珍《龚自珍全集》，上海人民出版社 1975 年版，第 625 页；郭延礼《龚自珍年谱》齐鲁书社 1987 年版，第 199 页。

② 樊克政《龚自珍年谱考略》，商务印书馆 2004 年版，第 495 页。

二十年的可能性更大，而且龚氏江宁之行对江宁梅花的了解构成了此文写作最直接的缘起。我们的论述从"江宁之龙蟠"切入。

一、"江宁之龙蟠"

《病梅馆记》开篇即举当时产梅胜地："江宁之龙蟠、苏州之邓尉、杭州之西溪，皆产梅。"这里"龙蟠"何指？众所周知，如今南京东郊钟山风景区明孝陵南有梅花山，艺梅上万株，是全国规模最大的赏梅胜地。古语有"钟山龙蟠，石城虎踞"之说，"龙蟠"是否即指钟山一带？但钟山一带明初建孝陵以来多植松树，不以梅花闻。今南京梅花山风景，主要是汪伪政府末期，尤其是新中国建立后几十年当地经营的成果，甚至民国政府最初营建中山陵花圃果园时，梅花仍只是其中极普通的植物，种植数量远不突出。而龚文所举另两处即苏州邓尉、杭州西溪，明代中叶以来梅花之盛即名满天下。清徐枋《吴氏邓尉山居记》："（邓尉）山多植梅，环山百里皆梅也……春初梅放，极目如雪，遥望诸山若浮于玉波银海中，仅露峰尖，翠微欲动而香气袭人，过于蒸郁。"[1]"邓尉香雪"（"邓尉观梅"）是清乾隆间著名的"姑苏十景""吴山十二景"之一。梁诗正《西湖志纂》："西溪探梅：西湖北山之阴过石人岭为西溪，溪水湾环，山径幽邃，直薄余杭县界，受南湖之浸，群山绕之，凡三十六里，自古荡以西并称西溪。居民以树梅为业，花时弥漫如雪，故旧有'西溪探梅'之目。"[2]称数十里乃至百里，也许不免言过，但两地皆处城之远郊，一为连绵山地，一为湖渚湿地，居民以为生业，

---

① 徐枋《居易堂集》卷八，《四部丛刊三编》本。
② 梁诗正《西湖志纂》卷一，《影印文渊阁四库全书》本。

种植规模之巨不难想见。而与此相应，钟山一带乃至于整个江宁即今南京地区没有类似规模的艺梅名胜。明代后期"金陵四十景"、清乾隆间"金陵四十八景"中都没有梅花名目。明清时期钟山一带乃至于整个南京城郊最著名的梅花景观莫过于钟山南麓的灵谷寺梅花坞，明万历、崇祯间，即为当地士民春来踏青赏梅的首选去处。当时于若瀛记载："灵谷之左偏，曰梅花坞。约五十余株，万松在西，香雪满林，最为奇绝。"①焦竑《灵谷寺梅花坞》："山下几家茅屋，村中千树梅花。藉草持壶燕坐，隔林敲石煎茶。"②一说五十，一说千树，或有纪实与文饰之不等，但寺庙与陵区山户所植，即或"五十"是"五千"之误，也远不如邓尉、西溪居民从业、规模种植那样的盛况和气势。入清后灵谷寺的梅花逐渐湮废，乾隆后徒有空名而已。清人著作中虽也偶有"龙蟠旧地，江山如画，金陵景色偏佳。寝殿侵云，宫楼映日，春风十里梅花"③之类的描写，质诸史志却了无印证，显系文人画士虚张想象托怀故国之辞，并不能当真。既然钟山一带不以"产梅"闻名，龚氏所言"龙蟠"也就另有所指。

从文理上说，既然与"苏州之邓尉、杭州之西溪"连举，所称"龙蟠"也应与邓尉、西溪一样，属正式地名。当时江宁即南京地区带"龙蟠"二字的地名是龙蟠里。今人注释《病梅馆记》，于"龙蟠"二字多解作南京清凉山下龙蟠里，应该说是很合理的选择。据嘉庆以来江宁府及上元县方志，龙蟠，里巷名，"在盋山前，西直城垣，有甓门，

① 于若瀛《弗告堂集》卷四，明万历刻本。
② 张豫章等《御选宋元明四朝诗》卷一一八，《影印文渊阁四库全书》本。
③ 史唯圆《望海潮》，南京大学中文系全清词编纂研究室《全清词（顺康卷）》，中华书局 2002 年版，第 3836 页。

榜曰古龙蟠里（桑根先生所建题）。"①最早出现这一地名的方志是《嘉庆新修江宁府志》，该书"石头山"条下："石头山……有驻马坡……按坡在今龙蟠里北。"②可见这一地名在龚自珍的时代已经出现，但历史不久，声名未显。龙蟠里位于当时江宁府城内西北偏，这一带冈峦起伏，西南抵城墙，东为乌龙潭，北为盋山、清凉山（又名石头山），东北为小仓山等。所谓龙蟠里只是乌龙潭与盋山之间长约一里的坊道，其历史和知名度都远不如附近的石头城、清凉山、盋山、乌龙潭、随园小仓山。遍检道光以前南京方志图经，未见有"龙蟠"或"龙蟠里"的专门条目，遍检《四库全书》《四部丛刊》及清人所编《国朝金陵文钞》《国朝金陵诗汇》《盋山志》等文献，也未见有以"龙蟠"或"龙蟠里"为题目的诗文作品。因此，不是亲履此地，很难想象会了解，进而在诗文中引据这一名不见经传、很不起眼的小地名。这是首先值得注意的。

龚自珍一生两次到江宁，第一次是嘉庆二十一年（1816），其父龚丽正由安庆知府升任苏松太兵备道，驻上海，龚自珍由安徽赴上海侍任，乘舟沿江东下，途经江宁，有《卖花声·舟过白门有纪》词为证③。但此次属中途经停，未能畅游。第二次在二十五年后的道光二十年（1840）秋九月，即辞官南归的第二年。早在辞官南归途中，龚自珍就有转道金陵的打算，但未能成行，这次是专程往游。先住城东南青溪一带，不久迁居龙蟠里四松庵，在此游山会友，有《应天长》等词。《应天长》词序云："移寓城北之四松庵，溪山幽绝，人迹罕至。"四松庵在盋山前，故址即今南京图书馆龙蟠里分部，山门外即"龙蟠里"街道。词云："梦

---

① 顾云《盋山志》卷一，清光绪九年刊本。

② 姚鼐《嘉庆新修江宁府志》卷六，《续修四库全书》本。

③ 关于龚自珍此次途经江宁的时间，郭延礼《龚自珍年谱》作嘉庆二十年（1815）。此据樊克政《龚自珍年谱考略》，第90页。

回曾似到，记得卷中秋晓（自注：曩藏李成《溪山秋晓图》，意境仿佛似之）。"①梦中似曾相识，可见以前未曾来过这一带，这是第一次亲临。从龚自珍此行有关作品，包括与友人离别赠答中多称秋天、西风可知，他大约在九月底离开江宁。《病梅馆记》则应作于此行之后即道光二十年九月之后。

二、"龙蟠"之梅花

龙蟠里为府城里巷，又处内城偏隅，即有梅景营植，其规模也必定有限，远不能与邓尉、西溪相比。龙蟠里周边地区，入清以来常见称赏的梅花景观共有三处：

（一）隐仙庵古梅。隐仙庵在清凉山北，去龙蟠里约三里，有古梅一株，相传为六朝物，道光八年枯死，后来循名补栽②。

（二）小仓山随园"小香雪海"。小仓山在清凉山东，龙蟠里东北。袁枚在此经营随园，园中有芍药台、绿净轩、蔚蓝天、水精域、诗城等景点，"诗城之下种梅五百本，曰小香雪海。"③"乾嘉诸老觞咏其间，

---

① 龚自珍《龚自珍全集》，第583页。
② 汤贻汾《题钱石叶少尹画梅》题注："白门隐仙庵、能仁寺、陶谷三老梅皆相传六朝物而隐仙最先。嘉庆初予犹及见，不知何年枯死，庵主王朴山移他梅傍其旧干，宛然孙枝，不久复枯，今再补者槎丫成荫矣，少尹作图贻予遂为题之。"朱绪曾《国朝金陵诗征》卷四六，光绪十一年刊本。又甘熙《白下琐言》卷四："隐仙庵，相传陶宏景隐于此，故名。道士王朴山纵酒能诗，以棋琴自命，盖放荡之流也。庵有古梅，六朝故物。又老桂二株，为宋时树。秋日金粟盈庭，游人蚁集。戊子，梅忽凋萎，桂亦偕枯。是秋朴山病死，门庭阒寂，风景无存。"民国十六年甘氏重刊本。
③ 唐赞衮《金陵名胜》，《天津图书馆孤本秘籍丛书》影印清抄本。

称极盛焉。"太平天国时居民垦种山谷，逐渐壅废不名①。

（三）盋（bō）山园梅。盋（今写作钵）山，在清凉山南，占地约十多亩，龙蟠里在其山前脚下。盋山园本有四松庵，嘉庆间陶熙卿购得，即其地营建私园，种树修路，于山顶建阁便览。姚鼐为作《余霞阁记》："江宁城西四松庵，僧弥朗居也……嘉庆十八年冬，陶熙卿暨其从子子静，乃出财饬其敝坏，种卉木，治石磴，作室，为陶氏读书之所。"②同时邑人马沅（字湘帆，道光九年与龚自珍同年进士）作有《盋山补种花树记》："盋山小园，旧以梅著名，岁久荒圮。嘉庆癸酉（引者案：即十八年），予友陶君子静招予读书其中。宿莽具剪，芳华载馨，相厥土宜，杂莳他树。遂乃缭垣以竹，界道以栏，栏左老梅，映带丛桂，中间高柳夫疏。其阴云蔷薇珠藤，匝篱缘壁，来禽若榴，纵横数步。其右多石少土，不容大树，略补疏梅，悉种垂柳，春烟甫生，庭户如隐……嗟乎世之豪子，弄金玉，玩罗绮，纵涉情于卉木，只溺志于凡艳，安能移家林之蔽芾，就空山之癯瘠。今陶子分梅余壤，植柳特多，其他花树但作点缀，意将即处士之孤山，为先生之三径耶。若陶子者可谓能继其宗风，而保其秀世者矣，予故乐为之记。"可见陶氏最初经营时，所植以柳树为主，意承五柳先生宗风。也间植疏梅，仅作点缀而已。两年后马沅又作《盋山宴游诗序》："入岁半月，余寒拗花，积晦忽霁，芳春始来。陶子昆季，招游西城。酒人八九，步自城上。晴阳送暖，和风动衣。春草欲生，冻泥若絮……石城西下，乃登盋山。种梅百树，归春一园。萼绿臞（qú）仙，与子旧侣。"③可见此次聚友

---

① 胡祥翰《金陵胜迹志》卷九，民国十五年刊本。
② 顾云《盋山志》卷七。
③ 陈作霖《国朝金陵文钞》卷七，光绪二十三年刊本。

览赏，植梅百株，较前应是较大的改观。这一数量与盋山的大小正相适应，清末民初陈作霖《石城山志》（民国六年刊本）记载，仍是"园中江梅百株"，可见嘉庆十八年以来未见增添。

图 96　《游龙戏凤》，图片引自百度梅花吧，
网友"临水御风"提供。

上述三处，隐仙庵古梅、随园香雪海各自独立，不在龙蟠里范围，很难与龙蟠里这一地名相联系。盋山园梅花百株，可以说是龙蟠里附近最为集中的一块，地缘上与龙蟠里最为密切，而其种植时间也正当龚自珍旅居前二十多年。龚氏所称"龙蟠"之梅，理应以盋山为主。但遗憾的是以"百株"之规模，真不知何以与邓尉、西溪连绵数十里相比称，且被置于诸例之首。这不能不使我们进一步寻找其他缘由。

笔者稽考明清之际金陵梅花栽培之迹，发现这样一个史实：金陵地区的盆梅制作技术较为领先，而商品运营历史悠久。对此古人诗文中多有反映。

三、江宁之"病梅"

图97　《若影》，图片引自百度梅花吧，网友"临水御风"提供。

首先是郝经《巧蟠梅行》："金陵槛梅曲且纡，松羔翠箸相倚扶。紫鳞强屈蟠桃枝，藤丝缴结费工夫。白蕊红萼玲珑层，玉钱乱贴青珊瑚。江石细嵌苍藓泥，百巧直要似西湖。盈盈矮矮密且疏，北客乍见忘羁孤。闻说江南富贵家，金漆洞房新画炉。锦帘深垂春自生，绕床罗列十数株。清香透骨满意浓，翠袖捧觞歌贯珠。开残不向前村寻，送新易旧常有余。

细思只是儿童计，不是诗人与梅意。"①郝经（1223－1275），元初著名文臣，忽必烈即位时出使宋朝，被贾似道扣留真州（今江苏仪征）十五年，此诗即作于拘羁真州期间，时间大约是元世祖至元四年即宋度宗咸淳三年（1267）。诗中说的江南富家内室盆梅罗列，轮番换置清供的生活场景未必只是金陵所有，但诗人所见藤丝缴结、桩枝怪蟠、装点巧妙之梅花盆景却是产自金陵。明代于若瀛记载："长干之南七里许，曰华严寺。寺僧莳花为业，而梅尤富，白与红植相若，惟绿萼、玉蝶植倍之。率以丝缚，虬枝盘曲可爱。桃本者三四年辄胶矣，不善缚则抽条蔓引，不如不缚者为佳。以故收藏难，每岁开时，但取一二本，落后则归之。"②这是万历年间的情况，说的是金陵城南寺僧以桃本嫁接、缚制蟠梅的技艺，与郝经所写如出一辙。

再看清代的情况。康乾盛世有两首关于金陵蟠梅的诗歌值得注意。一是厉鹗《金陵移梅歌为巘谷半查赋》："小玲珑山馆隙地，高高下下多种梅。主人性癖爱奇古，更令远访江之隈。蒋陵气暖首灵谷，花匠家多住凤台。根蟠数世仍护垡，萼点十月先含胚。殷勤拣取六七本，乘涛东下将春回。江神岂是妒花者，鱼龙鼓鬣扬其颏。封姨拗怒得无恙，园丁上番工移栽。南枝记取解束缚，凡卉见之皆舆台。清泉百道足生意，微阳潜伏扶新荄。西畴居士称好事，行厨招客衔深杯。酒阑客起寒月上，疏影一一堪疑猜。挨石髯鬒锁水怪，循墙屈曲藏冻虺。预想他时雪满眼，彷佛此际香横苔。不须健步烦杜老，芳心更用狂吟催。"③另一是全祖望《七峰草堂移梅歌》："大江以北少梅花，相传降作杏六命。我疑陶

---

① 郝经《陵川集》卷一二，《影印文渊阁四库全书》本。
② 于若瀛《弗告堂集》卷四，明万历刻本。
③ 厉鹗《樊榭山房集》续集卷四，《四部丛刊初编》本。

山语未然，难缘橘户为左证。棱棱百花头上姿，肯逐黄尘易素性。迁之无道种无术，坐教嘉植困棱磴。马郎兄弟双玉雪，魂与梅花同清净。有庄明瑟如蓝田，有客看花满蒋径。暗香入梦意无厌，觅遍古欢穷绝嶝。秦淮大有槎牙种，十里江行足吟具。园官小试移山手，飞度七峰疑不胫。寂寥小雪霜叶凋，峥嵘几点春牙劲。新寒未消九九期，征风已动番番胜。乡心犹为石头悬，羁贯已随瓜步更。花王之富数花对，恰与今年梧叶称（所移共十三本）。昨闻连舟度东关，榷吏惊逐纷相侦。好事敢辞花税哆，佳话应为官阁咏。招邀更喜值同声，叩钵齐催诗思竞。我家勾余东复东，宝岩千树苍云映。当归枨触鹡鸰枝，叉手樽前醉眼瞪。"①两首写的都是扬州名士马曰琯（字秋玉，号嶰谷）、马曰璐（字佩兮，号半槎）兄弟从金陵采购、移植蟠梅盆景之事。马氏兄弟"居扬州新城东关街"，"所居对门筑别墅曰小玲珑山馆"，有红药阶、丛书楼、藤花书屋、七峰草堂、梅寮诸胜，其间藏书之富为两淮之最②，而花树艺植之景也颇可观，厉鹗等人诗中就多有酬谢马氏花卉盆景之作。厉鹗称其从金陵移梅六七本，出于城南凤台花匠之手，全祖望则说移梅十三本，是枝干槎丫之品种，可见采办之事是分批进行的。以马氏这样的淮扬名家阔户，区区盆梅非从金陵连舟载进，并派园丁随行学习培训、轮番呵护，可见当时金陵盆梅制作技艺之先进、商品造型之奇特。

与龚自珍同时的诗人对金陵盆梅制作情况也有反映。江宁侯云松《题杨石卿三十树梅花书屋》："世人爱梅花，缩本植盆盘。拗折强束缚，偃蹇具形相。情知逊天然，聊复投俗尚。岂如子云宅，绕屋得疏放。

---

① 全祖望《鲒埼亭诗集》卷三，《四部丛刊初编》本。
② 李斗《扬州画舫录》，中华书局 1960 年版，第 88 页。

横斜自栽种，交格亦偎傍。以此三十树，散作千亿状。"①以盆景制作之人工扭曲反衬杨氏园林栽种之自然疏放，意旨虽在否定，但从一个侧面透露了当时金陵市俗赏爱盆梅的情形。

上述金陵盆梅生产的情况，虽然没能找到方志方面的材料进一步印证，但还是比较明确可靠的。类似的情况在整个江浙梅产区想必也较为普遍，但金陵的盆梅无疑是最突出的，并且成了他方人士采购的品牌、学习的对象。明了这一点，对理解龚氏《病梅馆记》首举江宁之梅为例，很有帮助。想必当时龚自珍住在龙蟠里四松庵，领略到当地寺僧、园丁乃至一般市民所莳之盆梅。三十多年后的《同治上江两县志》（同治十三年刻本）卷七食货志记载："城外凤台门民善艺花及金橘，城内五台山民善植梅，鸡笼山后人善艺菊，皆以名其业。"城南凤台门是传统盆景产地，五台山则是新兴的艺梅之区，地在龙蟠里东，隔乌龙潭相望，相去不过三五里。所谓植梅为业，因处于内城，想必也应以产销盆梅为主。这种情况龚自珍的时代应该早已形成，连带附近龙蟠里一带都应有居民、寺僧以此为业者。加之龙蟠里、乌龙潭一带名家园墅分布颇密②，园丁花工中精于此道者当不在少数。这些都可能给龚自珍留下深刻印象，也可能使他顺便采购了一些。至少龚自珍离开江宁时得到了朋友的馈赠。龚自珍此行《清平乐》词序称："朱石梅以红梅四盎赠行。"词云："多谢画师慰我，红妆打桨同还。"③朱石梅，名坚，浙江山阴人，工鉴赏，擅画梅。临别赠梅，龚自珍为其作词题画。另，龚自珍友人孙麟趾此次赠别《金缕曲》中写道："把酒留无计。渺烟波，

① 朱绪曾《国朝金陵诗征》卷三〇，光绪十一年刊本。
② 顾云《盋山志》卷三。
③ 《龚自珍全集》，第 587 页。

西风一舸，载花归矣。"①这里所说的龚自珍归舟所载，想必不只是画家朱氏所送的区区四盆红梅，一定是不少的花色和数量，盆梅当是其中最重要的一种。

前引樊克政所论，注意到龚自珍南归当年即道光十九年八九月间在昆山营葺别墅羽琌山馆，曾托邻人徐屏山从苏州邓尉山求梅苗之事，但一般说来邓尉山民以果梅为业，花期的旅游观赏效益只是其副，所出树种想必多属普通苗株。龚自珍《己亥杂诗》第二〇三首写道："君家先茔邓尉侧，佳木生之杂绀碧。不看人间顷刻花，他年管领风云色。"第二一二首："海西别墅吾息壤，羽琌三重拾级上。明年俯看千树梅，飘摇亦是天际想。"揣摩其对所营梅景之瞻想，所求当是普通的植株种苗。而《病梅馆记》中称"购梅三百盆，皆病者"，回家后"毁其盆"，"解其棕缚"，明确说的是出于市井花匠束缚盆栽，以蟠曲怪奇称胜的盆景制品，而江宁正是这些"夭梅病梅"的名优产地。文中所诋议的"文人画士孤癖之隐"影响"鬻梅者"，"鬻梅者"应其所需大势"夭梅病梅""以求重价"的情景，也正是市场生产与消费关系的生动写照，江宁这样的盆梅生产和市场发达地区更容易给人造成此类强烈的感触。这是《病梅馆记》必作于道光二十年九月江宁之行后的又一理由。

顺便说一下龚氏对"病梅"的态度。此前对盆梅制作表示不满或借题托讽者不乏其人，早在盆梅起初的宋代就有讽谕诋弹之辞出现。龚自珍江宁之行拜访的汤贻汾（1778—1853），退居金陵有年，就在龚自珍造访的前一年即有《琴隐园盆梅得地成柯赠之以诗》："梅性自纵横，如何受束缚。欲置几席间，不同在邱壑。屈曲由凡夫，遇之得无虐。意造非天成，生趣叹萧索。一朝桎梏去，快若笯脱鹤。不嫌榛莽欺，

---

① 《龚自珍全集》，第 582 页。

且遂烟霞乐。苍松旧相识，相怜肯相谴。从此葆天真，年深气盘礴。"[1]
他为盆梅解缚移地，恢复其生机，可以说是"疗梅""救梅"的先行者。
但他们的议论多着眼于梅花的物性生理，其立意也只在崇尚天真，鄙弃人工；标榜率性自放，反对屈己媚俗。而在《病梅馆记》中，龚自珍透过"盆梅"生产的市场化情形，托物讽世，矛头直指"病梅"产生的社会机制，表达了反对封建专制，倡导个性解放的近代民主主义先进思想。在龚自珍所说的"江宁之龙蟠、苏州之邓尉、杭州之西溪"三地中，江宁"病梅"生产的情形对龚自珍这一思想的触发无疑是最直接、有力的。

综上所说，我们认为《病梅馆记》应作于作者道光二十年九月江宁之行后，而其最直接的触因是江宁颇富特色的盆梅产品，否则我们很难解释并无大片梅花种植的江宁尤其是"江宁之龙蟠"，何以成了这篇文章的首要关注点。至于具体写作时间，从《病梅馆记》不难感知，当在购梅移栽后不久，也就是说当在龚自珍离开江宁归昆山别墅羽琌山馆后不久，一般不会延至第二年。

（原载《江海学刊》2005 年第 6 期）

---

① 汤贻汾《琴隐园诗集》卷二四，《续修四库全书》本。

论青梅的文学意义

众所周知，梅花是传统文学的大宗题材，咏梅作品数量庞大。梅的果实紧密相关，也得到文学的引用和表现，值得我们关注。梅的果实俗称梅子，是我国重要的水果资源，开发历史悠久，应用范围广泛，资源价值和社会作用都较突出，人们相应的知识经验和生活情趣较为丰富①。反映到文学中，无论是果实意象、食用价值还是食用都受到一定的重视，不少作品或专题描写或细节涉及，表现出丰富的审美情趣和精彩的艺术描写，产生了一些经典意象、美好情景和流行话语，构成了我们文学传统中的重要内容。其中如最早见于《尚书》的"盐梅和羹"，出于《诗经》的"摽有梅"，见于《世说新语》的"望梅止渴"，都是文学中重要的篇章和掌故。还有黄梅，作为江南的一种季节和气候标志，更是获得了丰富的诗意想象和情感寄托。这些都已引起一定的关注，不少论著从不同角度涉及，我们这里略而不表，专就其他情况广泛搜罗，补充论述，以求对相关文学现象及其历史意义有一个较为全面的把握。

梅的果实古称梅实，未成熟时颜色青翠称青梅，成熟时颜色金黄称黄梅。我们这里以青梅这一特称作统称，主要出于这样三点考虑：一、在现代农业经济领域，田间直接收获，用作加工原料的主要是青梅而不是黄梅，青梅已成了梅种植业的产品乃至整个产业的通称，获得了

---

① 请参阅程杰《梅子的社会应用及文化意义》，《阅江学刊》2016 年第 1 期。

广义的概念。二、在人们的实际生活中，青梅的直接使用率要远高于成熟的黄梅，古今皆然，文学中的相关描写也要更多些。三、青梅青翠玲珑，气味青鲜，更富美感和诗意，使用这一称呼有着鲜明的感染力。因此我们放弃概念的严谨，将青梅作为整个梅子的代表。我们相信，下面的论述也可以证明这一选择是十分恰当乃至必要的。我们的论述从三个方面展开。

一、梅酸之喻

以味觉来比喻人的心理感受，是世界各民族语言、文学中普遍的现象，我国自然也不例外。如今人们口头常说的人生"酸甜苦辣"，就是一个典型的例子。以苦、酸、辛三味形容人的身心痛苦，自古以来就是汉语表达的通语常言，魏晋以来即极盛行。以酸指人情痛苦出现较早，战国楚人宋玉《高唐赋》即有"孤子寡妇，寒心酸鼻"，汉淮南王刘安《屏风赋》有"思在蓬蒿，林有朴樕，然常无缘，悲愁酸毒"之语。魏晋以来，酸与辛、苦之味，或与悲、楚、痛、寒等状词联言表达人的痛苦感觉十分普遍。

而梅实，即通常所说梅子，以酸味浓重著称，远胜于古言"五果"中的李，后世至有多食坏齿、损脾、伤骨的说法[1]。在食用醋正式出现之前，梅子是人们获取酸味的主要食材，《尚书》即有"盐梅和羹"的说法，西汉《淮南子》载有"百梅足以为百人酸"的谚语。因其风味独特，人们一直乐于采集、种植食用，在我国的水果中居有一定的

---

[1] 周守中《养生类纂》卷一九，明成化刻本。

地位。在人们的生活经验中，梅子总是酸味最典型的代表。

图 98　青梅，梅之果实，未成熟时颜色青翠，故称青梅，
以酸味浓重著称。此图网友提供。

正是由于梅酸的典型性和常识性，食梅就成了人们表达悲愁之情极其现成而简明有力的比喻。最早明确使用的是南朝诗人鲍照《代东门行》，该诗抒写游子羁旅思乡之苦："野风吹秋木，行子心肠断。食梅常苦酸，衣葛常苦寒。丝竹徒满坐，忧人不解颜。"以食梅、衣葛比喻、渲染生活的悲苦与凄凉。唐白居易《生离别》有更进一层的形容："食檗不易食梅难，檗能苦兮梅能酸。未如生别之为难，苦在心兮酸在肝。晨鸡再鸣残月没，征马连嘶行人出。回看骨肉哭一声，梅酸檗苦甘如

蜜。"檗，即黄柏，与黄连同属传统中药中的苦寒之品。这里与梅子一起作为苦、酸二味的代表，譬喻离别远行的怆痛。正是由于两位名家起头引用，此后食梅之酸就成了心酸情苦的重要喻词。类似的譬喻还有荼之苦、冰之寒、姜桂椒蓼之辛等，如唐张鷟《吏部侍郎山巨源奏称，选人极多，缺员全少，等邑之色，书判不公，词学优长，选号复少……》"食梅衣葛，无以暴其寒酸；咀蘗餐荼，不足方其辛苦"①，合用四物形容生活之穷苦。这类方式既见于人们的日常表达，也多用于诗文写作，共同构成了一套极为简洁质朴而又强力有效的说法。

此类比喻出于生活常识，有着乐府民歌式的通俗、朴素风格，在伤春怨别一类的女性题材、乐府体诗歌中频频可见。如北宋晁说之《拟古与韩集叙别》："食梅令人酸，食冰令人寒……黄蘗染素丝，苦浸为别离。别离近不远，后会犹未期。"南宋周端臣《古断肠曲》："连花折得青梅子，怕触心酸不敢尝。"元李元珪《西湖竹枝词》："燕子来时春又去，心酸不待吃青梅。"明刘琏《自君之出矣》："自君之出矣，欢娱共谁伍。思君如梅子，青青含酸苦。"清黄图珌《闺情》："妾心自是难相掉，一种离情梅子酸。"清王韬《读曲歌》："树下见郎来，抛个青梅子。郎莫嫌梅酸，妾心亦如此。"都属乐府古意式的抒情。

同样起源于民间音乐的词曲创作中更为常见，比如宋吕滨老《南歌子》："夜妆应罢短屏间，都把一春心事付梅酸。"陈著《沁园春·次韵侄演自遣》："老后时光，眉间心事，恰似怕酸人看梅。"明郭勋《一枝花·春信》："梅如豆，便和我一样心酸；柳垂丝，他和我一般皱眉。"清彭孙贻《忆帝京·次山谷韵》："一点相思如梅豆，酸滴滴，心头有。"沈朝初《如梦令》："摘得青梅如豆，低嗅，低嗅，又是酸心时候。"这

① 董诰《全唐文》卷一七二，清嘉庆内府刻本。

些诗句或伤春或怨别，多闺阁情怀和女子声吻，以生活俗语说世间常情，比喻醒豁，而言情极为诚挚，充分显示了这一常识比喻在描写悲苦感受上的独特作用。

不只是形容离别、相思之类生活常情，文人也用以表达整体的生活遭遇和生存感受。唐代诗人孟郊《上达奚舍人》："北山少日月，草木苦风霜。贫士在重坎，食梅有酸肠。"这就不是一时一事的具体感受，而是人生的整体体验。北宋徽宗朝太学生赓续御制饮食诗，有句"人间有味俱尝遍，只许江梅一点酸"，南宋江湖诗人沈说《食梅》诗"人生煎百忧，算梅未为酸"，清女诗人何桂珍有"尘事如梅味总酸"的词句[①]。虽然情景不尽相同，但都是以梅酸比喻人生的愁苦，寄托忧生、忧世的况味。有力的概括与质朴的比喻相结合，显示了几分精辟的效果与警策的意味。

梅实味酸是梅的主要生物特征，在一般咏梅中，果实的止渴、调羹之功，总是经常关注的两个方面。而清陈梓《梅实记》别出心裁："梅之品高于百花，人皆知之，乃其实亦大异凡果。予内子未嫁时所制盐梅，越今廿七年矣，启封味如新。以治滞下久虚者，无不愈。凡诸花果得梅汁，则色味不变。盖酸敛之功，所过者化。比于君子坚忍厥德，不独自淑，而有以及物。世之爱梅者毋徒赏其花，而忘其实也。"则是从梅实性酸收敛、防腐治病等药用特性和功用，来演绎和寄托品德坚定而又能济世化俗的独特"比德"意义，可以说是对梅实最深切的感悟和推崇。清代山阴女诗人金礼嬴《蠡中遗诗》："梅子酸心树，桃花短命枝。"[②]华亭林企忠《生查子》："漫道熟时甜，苦在心儿里。"无论着眼于树木

---

① 王蕴章《然脂余韵》卷四，民国刊本。
② 潘衍桐《两浙輶轩续录》卷五二，清光绪刻本。

还是果实，总将梅酸视作生命特性，来寄托人生的酸苦，角度别致而写情沉挚。

值得注意的是，在咏梅即以梅花为主题的作品中，有时也发挥联想，由"花"及"果"，借助梅子之酸寄托情志，生发意蕴。宋方岳《闲居无与酬答因假庭下三物作讽答·梅谢桃》："下欲成蹊春已残，雨红犹自有人看。极知不与君同调，但守平生一点酸。"戴复古《题姚显叔南屿书院》："漫山桃李争春色，输与寒梅一点酸。"明王绂《题王将军梅雪轩》："襄阳耆旧孟浩然，雪中骑驴耸吟肩。西湖处士林逋仙，梅边引鹤乌帽偏。二子寒酸无所托，遂与梅雪同清妍。"清郑炎《将进酒》："老去终嫌流俗迕，梅花风调尚余酸。"都是以梅子之酸视作梅花本性，来比喻士人清苦自守的品格。而宋陆游《梅花》："尤怜心事凄凉甚，结子青青亦带酸。"陈坦之《柳梢青》："梅酸初着花跗，似滴滴新愁未纾。"明刘玉《春宵词》："梅花瘦，君知否，酸心一点青如豆。"清许乃谷《和二月十八日张应昌南湖玉照堂看梅》："如何树树都成雪，心已先梅一味酸。"张鸣珂《清平乐·题画》："手捻玉梅花嗅，年年酸透春心。"则又由梅花结子之酸来比喻内心深处无法摆脱的忧愁凄苦。而宋无名氏《答陈蒙索赋梅花》："影摇溪脚月犹冷，香满枝头雪未干。只为传家太清白，致令生子亦辛酸。"[1]是花清与实酸，品格与情感两边取意，有机结合，融为一体。

众所周知，汗牛充栋的咏梅作品，多属赞美梅花，主要着意梅花凌寒独放的气节生机和疏影横斜、玉色幽香的清雅神韵。而梅子性酸，这是梅之生物特征中比花色花枝更为本质的内容。"梅子含酸桃带笑，

---

① 《全宋诗》，第 66 册，第 41398 页。

图99　青梅，青梅酸脆，用来佐酒，十分风雅。北宋晏殊《诉衷情》云："青梅煮酒斗时新。"此图网友提供。

天生物性肖人情"（清李嘉乐《笙堂送内子至京》[1]，梅花诗中引入这一元素，无论是象征品格，还是隐喻情感，总因其梅性本酸这一独特而有力的比喻，情性双遣，两相结合，不仅强化了梅花清贫自守的品格，同时也寄托了与生忧苦的幽怀潜衷，体现了人格寄托的深刻和复杂。这是梅花咏物中一个特殊的角度和思路，进一步丰富了梅花比兴寄托的意蕴和作用。

二、食梅之趣

上述是梅实之酸这一品物特性和生活常识在文学中的引用，而实

---

① 李嘉乐《仿潜斋诗钞》卷八，清光绪十五年（1889）刻本。

际的食用活动本身也富有生活情趣,成了文学乐于描写的生活情景。

诗中最早言及食梅之事的当属南朝刘宋诗人鲍照《挽歌》"忆昔好饮酒,素盘进青梅",是说以青梅佐酒。梁陈诗人陈暄有《食梅赋》,称梅为"名果",编排典故以赞其食用之美。进入唐代,"青梅""黄梅""梅熟"无论作为时令标志还是时令果品,出现几率明显增加。如杜甫《绝句》:"梅熟许同朱老吃,松高拟对阮生论。"白居易《早夏游平原回》:"紫蕨行看采,青梅旋摘尝。疗饥兼解渴,一盏冷云浆。"李郢《春日题山家》:"依岗寻紫蕨,挽树得青梅……嫩茶重搅绿,新酒略炊醅。"韩偓《幽窗》:"手香江橘嫩,齿软越梅酸。"或采摘或品食,情景都更为具体、生动。

进入宋代,随着文学创作的进一步繁盛,尤其是社会、文化重心的南移,对于食梅情景的描写就更为丰富。梅尧臣、蔡襄、曹勋、王之道、释居简即有咏青梅诗,周紫芝、葛天民、白玉蟾、沈说(一作赵汝腾)、舒岳祥等都有专题"尝新梅""尝青梅""食梅"诗,至于暮春初夏时序风物、田园闲适、饮食活动、酬赠唱和诗中细节涉及就更为普遍了。仅陆游诗中就有"生菜入盘随冷饼,朱樱上市伴青梅"(《雨云门溪上》),"苦笋先调酱,青梅小蘸盐"(《山家暮春》),"青梅荐煮酒,绿树变鸣禽"(《春晚杂兴》),"催唤比邻同晚酌,旋烧笙笋摘青梅","下豉莼羹夸旧俗,供盐梅子喜初尝"(《东园小饮》),"青梅旋摘宜盐白,煮酒初尝带腊香"(《初夏幽居偶题》),"糠火就林煨苦笋,密罂沉井渍青梅"(《初夏野兴》),"小穗闲簪麦,微酸细嚼梅"(《初夏幽居杂赋》)等等,或蘸盐或佐酒,或与其他果蔬伴食,总是暮春初夏时节典型的风味食品。

宋以来人们对青梅风味的赞美不外两点:一是时鲜清新。青梅是三春时令较早的果物,食用时并未成熟,颜色青翠,形状圆小,口味青脆酸苦,因而给人一种生小清新的感觉。尤其是青梅初形尚小时,古人多称为"尝新",如宋晏殊《诉衷情》"青梅煮酒斗时新",方夔《春晚杂兴》"青梅如豆正尝新",白玉蟾《青梅》"青梅如豆试尝新,脆核虚中未有仁",周邦彦《花犯》词中称为"脆丸"。二是粗简朴素。青梅远非山珍海味,而是山家村野新果,家常易得,草草杯盘,简单易行。人们多以竹笋、山蕨、蚕豆等配食,即是同时蔬果,也合其清贫简朴的品位和乡村野逸的气息。陆游《闰二月二十日游西湖》"岂知吾曹淡相求,酒肴取具非预谋。青梅苦笋助献酬,意象简朴足镇浮",所说即是。

在诸食梅之事中,青梅佐酒无疑是最为常见和风雅的。前引出现最早的南朝鲍照诗,说的就是这种情景。宋以来,诗中言之甚多。如宋司马光《看花四绝句呈尧夫》:"手摘青梅供按酒,何须一一具杯盘。"郭祥正《次曲江先寄太守刘宜翁五首》:"兵厨酒熟青梅小,且置玄谈伴醉吟。"范成大《春日田园杂兴》:"郭里人家拜扫回,新开醪酒荐青梅。日长路好城门近,借我茅亭暖一杯。"王洋《僧自临安归说远信》:"旋打青梅新荐酒,且须耳热听歌呼。"舒岳祥《春晚还致庵》:"翛然山径花吹尽,蚕豆青梅荐一杯。"高九万《喜乡友来》:"晚肴供苦笋,时果荐青梅。甚欲浇离恨,呼镫拨酒醅。"明杨基《虞美人·湘中书所见》:"青梅紫笋黄鸡酒,又剪畦边韭。"清厉鹗《同人集汪抱朴复园送春分韵》:"青梅荐酒情何限,白发伤春别更难。"陆应毂《夏词》:"青梅折得酒频沽,赌酒郎前未肯输。"描写的频繁,正反映生活的常见,或歌呼或感慨,总见出浓厚的兴趣和热情。

而在众多青梅荐酒中,"青梅煮酒"无疑是一个最醒豁的情景,产生了深刻的影响。对"青梅煮酒"一语,已有学者做了初步的考释,指明其本义是说两种食物,即青梅与煮酒,煮酒不是温酒或制酒的活动,而是一种酒的名称①。笔者就此也认真求证，宋人所说的确如此，如苏轼《赠岭上梅》"不趁青梅尝煮酒，要看细雨熟黄梅"，谢逸《望江南》"漫摘青梅尝煮酒，旋煎白雪试新茶"，王炎《上巳》"旋擘红泥尝煮酒，自循绿树摘青梅"，姜夔《鹧鸪天》"呼煮酒，摘青梅，今年官事莫徘徊"等，青梅、煮酒并举，都是两种时令食物。惟煮酒的性质，论者所说不够明确。煮酒之名始于唐，唐孙思邈《千金宝要》中即有以"煮酒蜡"热烙治齿孔之法，宋以来始成流行酒名，成为国家榷酤的主要酒类。其产品相当于今天的黄酒，主要由稻米酿制。酿成后未煮者俗称生酒、清酒、小酒，而加热蒸煮杀菌以防酸败，则称煮酒、熟酒、大酒，煮酒是其中一道工序，也成了此类酒的俗称。其中以腊月酿煮封贮，至来年初夏开发者，色红味佳，尤为人们称赏。宋人所说煮酒，多指这种腊月酿制，来年寒食（清明）至初夏（立夏）开饮、发售的米酒。

而此时正是梅、杏堪食的季节。身处中原的北宋文人，最初多言"青杏煮酒"，如欧阳修《浣溪沙》："青杏园林煮酒香，佳人初着薄罗裳。"《寄谢晏尚书二绝》："红泥煮酒尝青杏，犹向临流藉落花。"郑獬《昔游》："小旗短棹西池上，青杏煮酒寒食头。"李之仪《绝句》："旋倾煮酒尝青杏，唯有风光不世情。"而梅子时令较杏为早，且口味酸脆，用以佐酒也更为适宜，正如李清照《卷珠帘》所说"随意杯盘虽草草，酒美梅酸，恰称人怀抱"，因而日常生活中用之更多。宋时煮酒、清酒主要以稻米尤其是糯米酿制②，酒户多集中在江南水稻产区，而江南又是青梅主产区，因此江淮以南尤其是江南地区，以青梅佐酒的现象就更为普遍，

---

① 胥洪泉《"青梅煮酒"考释》，《西南师范大学学报（人文社会科学版）》2001 年第 2 期；林雁《论"青梅煮酒"》，《北京林业大学学报》2007 年增刊。
② 李华瑞《宋代酒的生产和征榷》，河北大学出版社 1995 年版，第 69～77 页。

人们言之也更为频繁。如前引苏轼等人所说，再如陆游《村居初夏》："煮酒开时日正长，山家随分答年光。梅青巧配吴盐白，笋美偏宜蜀豉香。"《春夏之交风日清美，欣然有赋》："日铸珍芽开小缶，银波煮酒湛华觞。槐阴渐长帘栊暗，梅子初尝齿颊香。"都是南方地区的生活情景，几乎形成了一道生活风俗。青梅与煮酒相遇，共同构成了江南地区暮春至初夏季节标志性风物，也成了这一时节的代名词。汪莘《甲寅西归江行春怀》"牡丹未放酴醾小，并入青梅煮酒时"，范成大《春日》"煮酒青梅寒食过，夕阳庭院锁秋千"，吴泳《八声甘州》"况值清和时候，正青梅未熟，煮酒新开"①，言及青梅煮酒都带着明确的时节意识。以致咏梅诗中，也多自然联想到煮酒，如谢逸《梅》"底事狂风催结子，要当煮酒趁清明"。正是这一系列生活巧合与人情酝酿，使"青梅煮酒"成了固定的食物组合。它既是流行的饮食风习，又是生动的时令标志，凝聚了人们丰富而美好的生活情趣，在人们的物质和精神生活中都留下了深刻的印迹，而文学中对此的歌咏描写也极为丰富。

正是在宋人青梅煮酒风习盛行的背景下，出现了《三国演义》曹操"青梅煮酒论英雄"的故事。值得注意的是,故事中的煮酒仍是酒名，曹刘"盘贮青梅，一尊煮酒。二人对坐，开怀畅饮"，所谓"一尊煮酒"如同说一壶煮酒，而不是生火热酒，与宋人的意思完全吻合，显然残留着宋人的生活风貌，这也许包含着故事产生时代和作者生活背景的某些信息。而元中叶以来，至少在文学中，煮酒作为酒名的现象急遽衰落，更多变成给酒加热取暖的意思。温酒一般只用于天寒、夜冷和气湿的时节和环境，而青梅一般在清明至立夏季节食用，此时盛产青梅的江南地区气温已高，若非特殊情况，饮酒不必加热取暖，我们在

---

① 吴泳《鹤林集》卷四〇，《影印文渊阁四库全书》本。

宋人作品中甚至还看到因春暖而"嫌温酒"的现象①。这样整个明清时期，随着煮酒酒名的消沉，对"青梅煮酒"的定义和理解发生了明显的转移，更多情况下人们说的是以青梅煮酒或煮青梅之酒，这正是我们今日对"青梅煮酒"这一文学掌故和生活常识的基本理解。这一逶迤复杂的历史演变，展示了这一生活风习的丰富情趣，同时也赋予这一文学意象深长的创作活力、深厚的历史积淀和深广的社会影响，构成了传统文学的一个经典意象和流行话语。对此笔者当另文专题考述②，此不赘言。

青梅食用还有一种情结值得一提。青梅酸重，多食软齿伤脾，一般少壮无妨，而年迈体衰则难以胜任，因此食梅也成了人们感慨时光荏苒，老不如少的一个话题。如元人王恽《食梅子有感》："稚岁食梅矜行辈，并拨连挥嘬长喙。近年罗列虽满前，黄熟有余聊隽味。极餐不过三数枚，老颊流酸牙莫对。物逐时新岁岁同，人到中年凡事退。潮阳南还幸不死，齿豁头童足悲嘅。我今五十齿虽牢，食不能多行亦惫。只有区区行志心，若与公同人不逮。"而明费宏《食梅》："齿输赤子先拚软，眉为苍生故自攒。"则又是老不服输，勇于担当的豪迈。这种老少变化的感慨，写来十分切实动人。

三、梅果之娱

梅之果实浑圆玲珑，未成熟时青翠碧绿，成熟后金黄夺目。其生

---

① 赵崇森《春暖》："把杯早自嫌温酒，盥手相将喜冷泉。"《全宋诗》，第 38 册，第 23717 页。
② 参看程杰《"青梅煮酒"事实和语义演变考》，《江海学刊》2016 年第 3 期。

长过程覆盖整个春三月，绵延至初夏。由于在三春花树中结实、成熟最早，因而也获得了更多时节流转的标志意义，受到较多的关注。其中最著名的莫过于"黄梅"，即梅子黄熟，此时江淮沿江地区常细雨连绵，天气湿溽，世称"梅雨""黄梅天"，给人们的日常生活和心理都带来深刻的影响。文学中相应的气候记载、风景描写和情绪感发较为丰富，形成了一个特定的时令情结和文学场景，对此有学者进行了专题研究[①]，我们不再赘言。梅子未黄时称青梅，按果实大小，又有两个阶段。一是"青梅如豆"，果实成形不久，细小如豆，这在江南地区约当春分、清明时节。如五代冯延巳（一作欧阳修）《醉桃源》："南园春半踏青时，风和闻马嘶。青梅如豆柳如眉，日长胡蝶飞。"明祁彪佳《春日口占》："青青梅子正酸牙，妆点清明三两家。"说的就是美好的仲春时节。二是梅果稍大，可以摘食，古人常以"弹丸"来形容，称作"碧弹""翠丸"之类，在江南地区约当立夏前后。明沈守正《立夏》"青梅如弹酸螫口，家家蒌蒿佐烧酒"，说的就是这种时节。这类取景在江南地区晚春、初夏季节的诗歌中较为常见，形象鲜明，富有情趣。

无论"如豆""似丸"，本身又是极富观感和手感的，而其青鲜、酸涩的气息又有特殊的嗅觉、味觉之美，这都有鲜明的欣赏价值，十分讨人喜爱，古人诗歌经常描写到人们采摘娱乐的情景。首先是儿童，梅子尤得少年儿童之欢心，儿童采摘嬉戏是诗歌中最为生动可爱的情景。李白"郎骑竹马来，绕床弄青梅。同居长干里，两小无嫌猜"，所说就是此类儿童游戏。宋赵汝腾《食梅》"儿时摘青梅，叶底寻弹丸。

---

① 渠红岩《论中国古代文学中的梅雨意象》，《人文杂志》2012 年第 5 期；《论梅雨的气候特征、社会影响和文化意义》，《湘潭大学学报（社会科学版）》2014 第 5 期。

所恨襟袖窄，不惮颊舌穿"，俞琰《即事二绝》"晓来庭下试闲看，一树青梅缀弹丸。稚子绕枝攀不得，竟寻枯竹打林端"，则是正面描写这种情景。宋赵蕃《自桃川至辰州绝句》"摘得青梅江岸边，儿童竞食也堪怜"，虽然说的是赌吃，实际童心主要应仍在采摘之趣。

不只是男童，少女的活动也得到了反映。与男童野外采摘游戏不同，少女更多是庭院、闺阁的戏耍。韩偓《中庭》："夜短睡迟佣早起，日高方始出纱窗。中庭自摘青梅子，先向钗头戴一双。"这是最早写女性以青梅装饰的。宋梅尧臣《青梅》："梅叶未藏禽，梅子青可摘。江南小家女，手弄门前剧。"所写是小家碧玉门前把玩。陈克《菩萨蛮》："绿窗描绣罢，笑语酴醾下。围坐赌青梅，困从双脸来。"是写女伴窗下赌梅同玩。而韩偓《偶见（一作秋千)》："秋千打困解罗裙，指点醍醐索一尊。见客入来和笑走，手搓梅子映中门。"写少女闺门把梅、惊鸿一瞥的身影。李清照《点绛唇》有进一步的发挥："蹴罢秋千，起来慵整纤纤手。露浓花瘦，薄汗轻衣透。见有人来，袜划金钗溜，和羞走。倚门回首，却把青梅嗅。"写天真活泼的大家闺秀，遇见陌生人慌张、娇羞的动作神情，极其生动美妙，自来深受读者喜爱。元胡天游《续丽人行次韵》"青梅如豆悬钗梁，含羞避客依垂杨"，明显是化用其情景，而清张潮《虞初新志》卷一五记夜梦美人杜丽娘，问之含笑不应，只"回身摘青梅一丸捻之"，这一动作细节显然也有李清照词的影子，都可见妙龄少女回首把梅这一动作神情带给人们美妙而深刻的印象。

少女弄梅也有男女暗恋传情之意。李白诗中的"青梅竹马"是两小无猜终成连理，而白居易《井底引银瓶》所写，"笑随戏伴后园中，此时与君未相识。妾弄青梅凭短墙，君骑白马傍垂杨。墙头马上遥相顾，一见知君即断肠"，则是一见钟情，以身相许，青梅成为两情相悦的证物。

清顾贞观《菩萨蛮》"花丛双蛱蝶，颤向钗丛贴。和笑弄青梅，是伊亲摘来"，先贴花再玩果，梅果有情，玩梅恋人。果实与鲜花一样都成了恋爱季节的重要信物和美好记忆。

青梅同样也是闺中少妇喜爱之物。中唐庾肩吾《少妇游春词》"簇锦攒花斗胜游，万人行处最风流。无端自向春园里，笑摘青梅叫阿侯"，就是写的这种情景，只是在众多簪花同伴面前，这种笑摘青梅的另类之举隐约有一种别样的情怀。在闺怨诗中，梅果还有一个作用值得一提。不少诗歌写到梅果用作驱黄莺、打鸳鸯的细节。唐人有"打起黄莺儿，莫教枝上啼。啼时惊妾梦，不得到辽西"之诗，是不满黄莺鸣声搅人好梦，后世所写多是不满莺鸣和鸳鸯勾人怀春，扰人好梦，故以青梅作弹驱赶。宋周密《浣溪沙》："生怕柳绵萦舞蝶，戏抛梅弹打流莺。最难消遣是残春。"最早写及此事。元人郑奎妻《夏词》："起向石榴阴畔立，戏将梅子打莺儿。"明彭绍贤《闺怨》："好梦不成喧坐鸟，偷将梅子打莺儿。"袁宏道《拟作内词》："拾得青梅如弹子，护花铃下打流莺。"唐时升《和申少师落花诗三十首》："数尽残红无意绪，青梅作弹打黄莺。"沈自炳《虞美人·春景》："攀梅拾豆打流莺。"都是写的这种情景。而清钱塘女画家、词人查慧《谒金门》："莺去矣，抛下青梅又几。戏语小鬟来拾起，晶盘同燕喜。　这在千秋架底，那在牡丹丛里。半晌工夫寻见未，拈毫闲画你。"则是写莺去后抛拾青梅为乐，别有一番情趣和怀抱。

不仅是儿童与妇女，即成年男人，对梅果如丸也是喜爱有加。宋僧慧洪《次韵通明叟晚春》："绿遍西园春正残，青梅小摘嗅仍看。"杨万里《新晴西园散步》："举头拣遍低阴处，带叶青梅摘一枝。"都是散步时随手摘玩。辛弃疾《满江红·钱郑衡州厚卿席上再赋》："莫折荼蘼，且留取一分春色。还记得青梅如豆，共伊同摘。"梅豆太小，应属非为口腹，而是摘玩消闲。元马臻《西湖春日壮游即事》诗写道："园丁花木巧栖桡，万紫千红簇绮筵。折得青梅小如豆，献来还索赏金钱。"仆从深知主人之好，摘奉邀赏，反映青梅之玩的普遍性。

总结全文论述可见，青梅即梅的果实与梅花相比有着相对独立的生物内容，在文学中也得到相对独立的关注和表现。与桃杏等同类水果不同，梅以味酸著称，因而与黄柏、黄连等一起成了描写各类痛苦心情最质朴而有力的比喻，在雅俗不同风格的作品中都常使用，发挥了积极的作用。青梅为江南春夏之交的时令水果，人们与时蔬搭配佐酒，简单易行而风味独特，形成了普遍的饮食风习，体现出丰富的生活情趣，成了初夏时令、田园闲适、江南行旅等诗歌中乐于描写的情景。著名的曹刘"青梅煮酒论英雄"故事正是这一生活风习的产物，这一情景在雅俗文学中相互影响渗透，构成一道文学经典意象和流行话语，产生了广泛的社会影响。青梅圆硬玲珑，气色青鲜，男女老幼乐于采摘、观赏和把玩，也表现出许多生动美好的情景，得到精彩的审美描写。总之，青梅作为一种果实，其物质性味、食品价值、外在形象和食用趣味在文学中都得到了观照和反映，也引发了丰富的审美感受和情趣，发挥了积极的表现作用，产生了不少优秀的作品，丰富了文学世界的内容。

（原载《江西师范大学学报》哲学社会科学版 2016 年第 1 期）